职业技能等级认定培训教程

# 网络与信息安全管理员

(中级)

中国就业培训技术指导中心  
人力资源和社会保障部职业技能鉴定中心　组织编写

中国劳动社会保障出版社

**图书在版编目（CIP）数据**

网络与信息安全管理员：中级 / 中国就业培训技术指导中心，人力资源和社会保障部职业技能鉴定中心组织编写. -- 北京：中国劳动社会保障出版社，2024

职业技能等级认定培训教程

ISBN 978-7-5167-6236-3

Ⅰ.①网… Ⅱ.①中…②人… Ⅲ.①计算机网络－信息安全－安全管理－职业技能－鉴定－教材 Ⅳ.① TP393.08

中国国家版本馆 CIP 数据核字（2024）第 077307 号

**中国劳动社会保障出版社出版发行**

（北京市惠新东街 1 号　邮政编码：100029）

\*

北京市科星印刷有限责任公司印刷装订　　新华书店经销
787 毫米 ×1092 毫米　16 开本　16.25 印张　266 千字
2024 年 11 月第 1 版　2025 年 6 月第 2 次印刷
定价：46.00 元

营销中心电话：400-606-6496
出版社网址：https://www.class.com.cn

版权专有　　侵权必究
如有印装差错，请与本社联系调换：（010）81211666
我社将与版权执法机关配合，大力打击盗印、销售和使用盗版图书活动，敬请广大读者协助举报，经查实将给予举报者奖励。
举报电话：（010）64954652

## 编审委员会

主　　任　吴礼舵　张　斌　韩智力
副主任　　葛恒双　葛　玮
委　　员　李　克　朱　兵　赵　欢　王小兵
　　　　　贾成千　吕红文　瞿伟洁　高　文
　　　　　郑丽媛　陆照亮　刘维伟

## 本书编审人员

主　　编　樊亦胜　何晓霞　吴　炬
编　　者　秦燕飞　张月红　谭　超　杨春华　田晓鹏
　　　　　胡亚兰　钟建成　秦祎潇　郭子逸　邵欣业
主　　审　薛　质

# 前　言

为加快建立劳动者终身职业技能培训制度，全面推行职业技能等级制度，推进技能人才评价制度改革，进一步规范培训管理，提高培训质量，中国就业培训技术指导中心、人力资源和社会保障部职业技能鉴定中心组织有关专家在《网络与信息安全管理员国家职业技能标准（2020年版）》（以下简称《标准》）制定工作基础上，编写了网络与信息安全管理员职业技能等级认定培训教程（以下简称等级教程）。

网络与信息安全管理员等级教程紧贴《标准》和职业培训包课程规范要求编写，内容上突出职业能力优先的编写原则，结构上按照职业功能模块分级别编写。该等级教程共包括《网络与信息安全管理员（基础知识）》《网络与信息安全管理员（中级）》《网络与信息安全管理员（高级）》《网络安全管理员（技师　高级技师）》《信息安全管理员（技师　高级技师）》5本。《网络与信息安全管理员（基础知识）》是各级别网络与信息安全管理员均需掌握的基础知识，其他各级别教程内容分别包括各级别网络与信息安全管理员应掌握的理论知识和操作技能。

本书是网络与信息安全管理员等级教程中的一本，是职业技能等级认定推荐教程，也是职业技能等级认定题库开发的重要依据，已纳入职业培训包教材资源，适用于职业技能等级认定培训和中短期职业技能培训。

本书在编写过程中得到公安部第三研究所、上海海盾安全技术培训中心、上海市职业技能鉴定中心等单位的大力支持与协助，在此一并表示衷心感谢。

中国就业培训技术指导中心<br>
人力资源和社会保障部职业技能鉴定中心

# 目 录 CONTENTS

**职业模块 1　网络与信息安全防护** ·················································· 1

　培训课程 1　网络安全配置与防护 ···················································· 3
　　学习单元 1　配置网络设备接口信息 ················································ 3
　　学习单元 2　配置路由和路由协议 ·················································· 20
　　学习单元 3　配置无线网络设备 ···················································· 26
　　学习单元 4　网络设备基础安全配置 ················································ 34

　培训课程 2　系统安全配置与防护 ···················································· 40
　　学习单元 1　配置 Windows 操作系统账户策略与密码策略 ···························· 40
　　学习单元 2　配置 Linux 操作系统账户策略与密码策略 ······························ 47
　　学习单元 3　配置 Windows 操作系统自带的防火墙 ·································· 54
　　学习单元 4　配置 Linux 操作系统自带的防火墙 ···································· 63
　　学习单元 5　安装部署防病毒软件 ·················································· 68
　　学习单元 6　配置 Windows 操作系统高级安全审核功能 ······························ 72
　　学习单元 7　配置 Linux 操作系统安全审核功能 ···································· 76

　培训课程 3　应用安全配置与防护 ···················································· 80
　　学习单元 1　配置常见的应用服务 ·················································· 80
　　学习单元 2　配置应用服务的基本防护 ·············································· 99

**职业模块 2　网络与信息安全管理** ·················································· 125

　培训课程 1　网络安全管理 ·························································· 127
　　学习单元 1　配置交换机的 VLAN ···················································· 127
　　学习单元 2　配置网络设备的远程管理 ·············································· 133
　　学习单元 3　管理网络设备的用户安全级别 ·········································· 139

　培训课程 2　系统安全管理 ·························································· 145
　　学习单元 1　管理 Windows 操作系统用户与组的基本配置 ···························· 145
　　学习单元 2　管理 Linux 操作系统用户与组的基本配置 ······························ 150

1

学习单元 3　管理 Windows 操作系统文件及文件夹的访问权限 …………… 156
　　学习单元 4　管理 Linux 操作系统文件及文件夹的访问权限 ……………… 165
　　学习单元 5　操作系统补丁更新 …………………………………………… 170
　　学习单元 6　防病毒软件安全保护策略配置和定期升级服务 ……………… 179
　培训课程 3　应用安全管理 …………………………………………………… 186
　　学习单元 1　企业域名备案 ………………………………………………… 186
　　学习单元 2　配置企业应用域名解析 ……………………………………… 195
　　学习单元 3　应用数据备份 ………………………………………………… 207

## 职业模块 3　网络与信息安全处置 …………………………………………… 215

　培训课程 1　网络安全事件处置 ……………………………………………… 217
　　学习单元 1　使用网络诊断工具识别并处理常见网络故障 ………………… 217
　　学习单元 2　识别常见网络层攻击 ………………………………………… 223
　培训课程 2　系统及应用安全事件处置 ……………………………………… 238
　　学习单元 1　常见系统安全事件识别 ……………………………………… 238
　　学习单元 2　恶意代码检测及清除 ………………………………………… 247
　　学习单元 3　应用数据恢复 ………………………………………………… 249

# 职业模块 ① 网络与信息安全防护

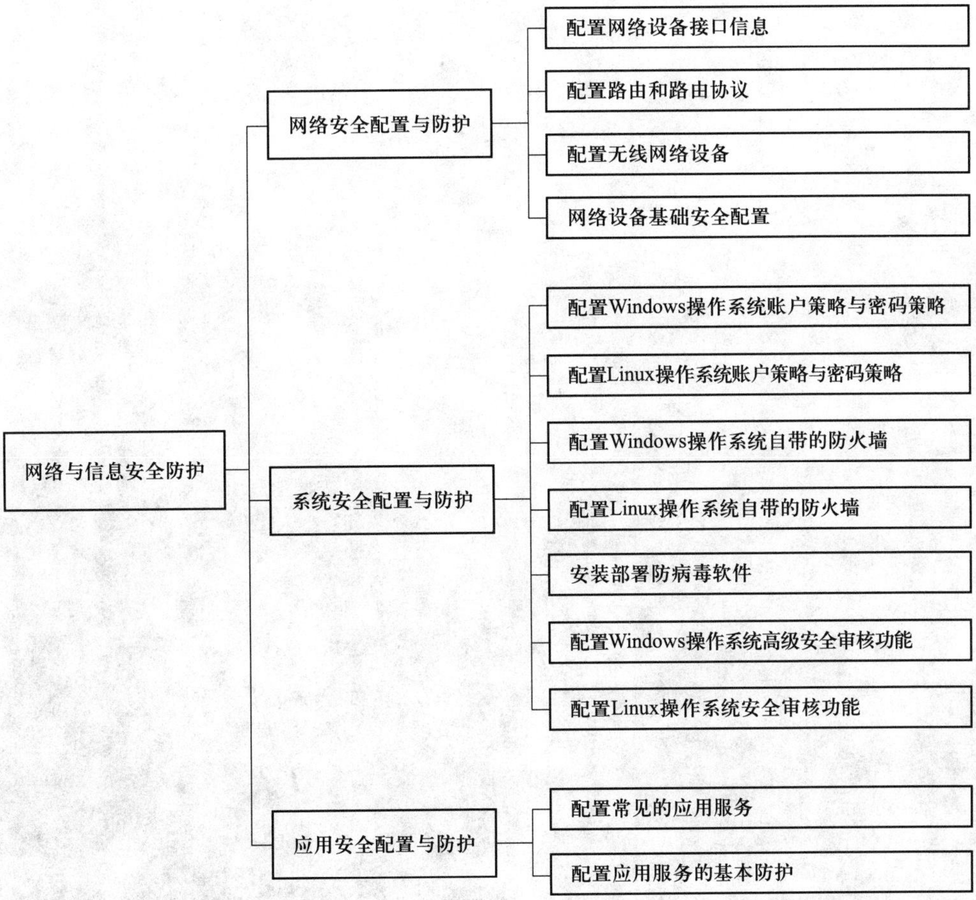

```
                                    ┌── 配置网络设备接口信息
                    ┌── 网络安全配置与防护 ──┼── 配置路由和路由协议
                    │                   ├── 配置无线网络设备
                    │                   └── 网络设备基础安全配置
                    │
                    │                   ┌── 配置Windows操作系统账户策略与密码策略
                    │                   ├── 配置Linux操作系统账户策略与密码策略
                    │                   ├── 配置Windows操作系统自带的防火墙
网络与信息安全防护 ──┼── 系统安全配置与防护 ──┼── 配置Linux操作系统自带的防火墙
                    │                   ├── 安装部署防病毒软件
                    │                   ├── 配置Windows操作系统高级安全审核功能
                    │                   └── 配置Linux操作系统安全审核功能
                    │
                    └── 应用安全配置与防护 ──┬── 配置常见的应用服务
                                        └── 配置应用服务的基本防护
```

# 培训课程 1 网络安全配置与防护

## 学习单元 1　配置网络设备接口信息

### 一、OSI 基础知识

在计算机网络中，遵循相同的信息交换规则是实现不同计算机之间互相通信的基础。这些规则包括信息的格式，以及如何发送和接收信息的一套约定和流程，统称网络协议或者通信协议。

为了实现计算机网络高效、可靠通信，网络协议的设计需要考虑诸多方面的复杂问题。为了降低设计网络协议时的复杂程度，往往将计算机网络划分为多个不同功能的层，每层的网络协议可以独立设计，层与层之间通过预定的接口进行信息交互。网络体系结构是对网络中分层模型及其各层功能的精确定义，一个重要的网络体系结构就是开放系统互联（open systems interconnection，OSI）参考模型。它是由国际标准化组织（International Organization for Standardization，ISO）、电气电子工程师学会（Institute of Electrical and Electronics Engineers，IEEE）、国际电信联盟（International Telecommunications Union，ITU）等组织提出的参考模型。

OSI 参考模型按功能将网络分成七层，由低到高分别为物理层、数据链路层、网络层、传输层、会话层、表示层和应用层，如图 1-1 所示。图中 DATA 表示要传输的数据，AH、PH、SH、TH、NH 和 DT 分别表示应用层头部、表示层头部、会话层头部、传输层头部、网络层头部和数据链路层头部。

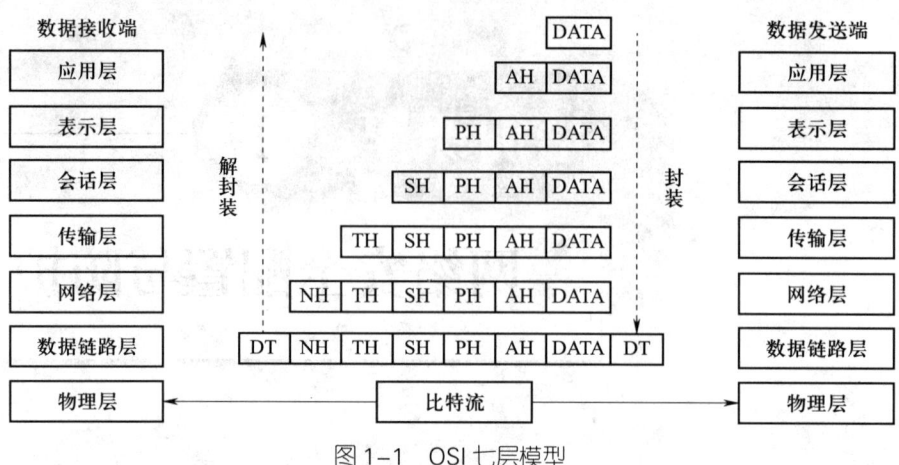

图 1-1 OSI 七层模型

### 1. 物理层

物理层的主要功能是为任意两个通过通信信道相连的节点提供一个传输比特流的虚拟链路。通信信道可以是有线的，如常见的双绞线、光纤；也可以是无线的，如微波、激光链路等。为了实现上述功能，每个节点都需要配备一个调制解调器。在数据发送端，调制解调器将比特流转化为适合在通信信道上传输的物理信号；在数据接收端，调制解调器将从通信信道上接收到的物理信号转化为比特流。

### 2. 数据链路层

数据链路层的主要功能是将物理层提供的非可靠比特流虚拟链路转化为可靠虚拟链路。为了实现上述功能，数据链路层引入了一些用来判断传输是否发生差错的冗余比特，以及发生差错后的数据重传机制。

### 3. 网络层

网络层负责将数据从发送端经过若干个中间节点传送到接收端，提供一个端到端的虚拟链路。由于要经由多个中间节点转发，因此网络层的一个重要功能就是负责选择节点进行转发，即路由。网络层的另一个重要功能是对网络中的流量进行控制，避免发生拥塞。

### 4. 传输层

传输层的一个主要功能是将网络层不可靠的端到端虚拟链路转变为可靠的虚拟链路，传输层的另一个主要功能是对端到端的流量进行控制。此外，传输层还负责在发送端将长数据进行拆分，并在接收端进行组合恢复等。

### 5. 会话层

会话层基于传输层提供的服务，负责建立、管理和维持会话，包括对参与会话用户的鉴权，以及通信失效时对会话的恢复等。

#### 6. 表示层

表示层的主要功能包括数据加密、数据压缩和编码转换。

#### 7. 应用层

应用层基于所有其他层的功能直接为用户提供服务。

上述模型的一至四层被认为是低层，这些层与数据传输密切相关；五至七层被认为是高层，包含应用程序级的数据。来自上一层的数据加上当前层的控制信息头部后被传送到下一层（封装）；相对的，来自下一层的数据去掉当前层的控制信息头部后被传送到上一层（解封装）。每一层依赖下一层所提供的服务来完成一些具体的功能，并向上一层提供特定的服务。

## 二、TCP/IP 基础知识

TCP/IP 是互联网的基础通信架构，该架构包括传输控制协议（transmission control protocol，TCP）和网际协议（internet protocol，IP）两个核心协议。TCP/IP 参考模型在一定程度上参考了 OSI 的体系结构。显然，OSI 参考模型将网络细分为七层结构是有些复杂的，因此在 TCP/IP 参考模型中，它们被简化为四层。TCP/IP 四层参考模型与 OSI 七层参考模型的对应关系如图 1-2 所示。考虑到 OSI 模型中应用层、表示层、会话层提供的服务相差不是很大，因此在 TCP/IP 参考模型中，它们被合并为应用层；网络层主要提供端到端的路由服务，传输层在此基础上进一步保证端到端数据传输的可靠性并进行流量控制，由于它们实现的功能相对独立且较为复杂，因此在 TCP/IP 参考模型中仍旧是彼此独立的两层；数据链路层和物理层共同提供可靠的点对点比特流传输服务，因此在 TCP/IP 参考模型中，它们被合并为网络接口层。

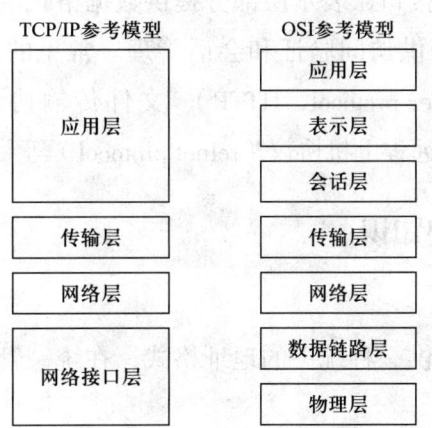

图 1-2　TCP/IP 四层参考模型与 OSI 七层参考模型的对应关系

与有七层体系结构的 OSI 协议相比，只有四层体系结构的 TCP/IP 协议要简单不少，因此，TCP/IP 协议在实际应用中效率更高、成本更低。

### 1. 网络接口层

TCP/IP 参考模型的第一层是网络接口层，有时也会被分成和 OSI 参考模型对应的物理层和数据链路层，此时 TCP/IP 参考模型变为五层。网络接口层提供与网络中物理设备相连的接口，形成传输介质所需的数据帧格式，基于物理地址进行寻址，提供物理设备间传输数据的差错控制。网络接口层通常遵循 IEEE 标准，如 IEEE 802.3 是以太网标准，IEEE 802.11 是无线局域网标准；还遵循物理层标准，如 EIA/TIA-232[①]、V.35 等。

### 2. 网络层

TCP/IP 参考模型的第二层是网络层，又称互联网层。互联网层提供和硬件无关的基于逻辑地址的寻址，选择到达目标主机的最佳路径，使数据能够在不同物理结构的子网中通过。在计算机网络中实现互联网层功能的协议就是 IP 协议。

### 3. 传输层

TCP/IP 参考模型的第三层是传输层。传输层的主要功能是保证应用程序之间能进行逻辑通信，如建立连接、进行流量控制和差错控制。传输层的常用协议是 TCP 和 UDP（user datagram protocol，用户数据报协议），这两种协议可以分别为应用层提供面向连接和无连接的服务，对应可靠和不可靠的数据传输。此外，在网络终端设备上通常同时运行多个程序，而传输层通过端口号来识别不同的应用程序。

### 4. 应用层

TCP/IP 参考模型的第四层是应用层。这一层将 OSI 参考模型中的会话层、表示层和应用层功能集中到一起实现。其中，应用层部分为操作系统或网络应用程序提供访问网络服务的接口，表示层部分提供数据格式的转换服务，会话层部分建立端到端的连接并提供访问验证和会话管理。常见的应用层协议有超文本传输协议（hypertext transfer protocol，HTTP）、文件传输协议（file transfer protocol，FTP）、域名系统协议、远程上机协议（telnet protocol）等。

## 三、IP 地址基础知识

### 1. IP 地址概念

IP 地址在网络层提供一种统一的地址格式，在统一管理下进行分配，保证一

---

① EIA 是美国电子工业协会 Electronic Indrustry Association 的简称，TIA 是美国电信行业协会 Telecommunication Indrustry Association 的简称。

个地址对应网络上的一台主机，保证网络互连互通。根据 TCP/IP 协议，IP 地址采用 32 位的二进制格式，共分成四段，每一段是一个字节，一个字节占 8 位，中间用小数点隔开，为了方便记忆可用十进制来表示，最小值为 0，最大值为 255。例如，IP 地址 192.168.187.20 的二进制为 11000000.10101000.10111011.00010100。

2. IP 地址分类

IP 地址由网络号和主机号组成，其中网络号是由互联网名称与数字地址分配机构（the Internet Corporation for Assigned Names and Numbers, ICANN）分配的，主机号（又称主机地址）是由网络管理员分配的，网络号和主机号确保了 IP 地址的全球唯一性（私有地址除外）。

为了适应不同的网络，IP 地址被分为五类，具体见表 1-1。这五类分别是 A 类、B 类、C 类、D 类和 E 类，其中 A 类、B 类、C 类较常见，D 类用于组播，E 类用于科研。

表 1-1  IP 地址分类

| IP 地址类型 | 第一字节十进制范围 | 二进制固定最高位 | 二进制网络位 | 二进制主机位 | 每个网络中的主机数 |
| --- | --- | --- | --- | --- | --- |
| A 类 | 0~127 | 0 | 8 位 | 24 位 | $2^{24}-2$ |
| B 类 | 128~191 | 10 | 16 位 | 16 位 | $2^{16}-2$ |
| C 类 | 192~223 | 110 | 24 位 | 8 位 | $2^{8}-2$ |
| D 类 | 224~239 | 1110 | 组播地址使用 | | |
| E 类 | 240~255 | 1111 | 保留实验用 | | |

A 类、B 类和 C 类 IP 地址的组成如图 1-3 所示。具体解释如下：一个 A 类 IP 地址仅使用 1 个 8 位位组表示网络号，剩下的 3 个 8 位位组表示主机号；一个 B 类 IP 地址仅使用 2 个 8 位位组表示网络号，剩下的 2 个 8 位位组表示主机号；一个 C 类 IP 地址使用 3 个 8 位位组表示网络号，剩下的 1 个 8 位位组表示主机号。

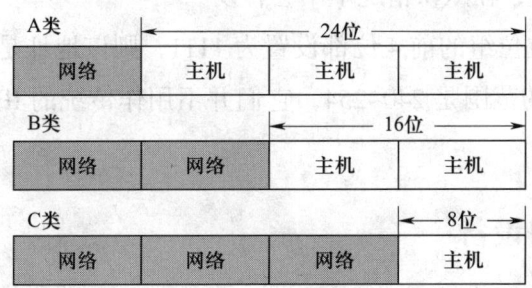

图 1-3  A 类、B 类、C 类 IP 地址的组成

注意，A 类地址不允许使用 0，而 127 是测试 TCP/IP 协议的环回地址，因此，A 类地址实际的可用范围是 1~126。根据 IP 地址类型，A 类地址每个网络中的主机数为（$2^{24}-2$）个，B 类地址每个网络中的主机数为（$2^{16}-2$）个，C 类地址每个网络中的主机数为（$2^{8}-2$）个。主机数需要减 2 是由于网络中有一些地址被保留，不能分配给网络设备使用。

网络地址：网络地址不变，主机位全为 0 的 IP 地址代表网络本身。

广播地址：网络地址不变，主机位全为 1 的 IP 地址代表网络的广播。

IP 地址具有全球唯一性，而且数量有限，随着互联网的发展，共有 IP 地址几乎枯竭。为了解决这个问题，可变长度子网掩码（variable length subnet mask，VLSM）、无类别域间路由（classless inter domain routing，CIDR）以及 IPv6 等技术被提出。还有一种有效的办法就是使用私有地址，但是私有地址是无法连接互联网的，需要使用代理或者利用网络地址转换（network address translation，NAT）技术把私有地址转换成公有地址。从原则上讲，私有地址可以是任意地址，但是私有地址不能和公有地址冲突。

网络上通常没有表 1-2 中所列的私有地址，这些地址仅供内部使用。

表 1-2 私有地址分类

| IP 地址类型 | 范围 |
| --- | --- |
| A 类 | 10.0.0.0~10.225.225.225 |
| B 类 | 172.16.1.1~172.31.255.255 |
| C 类 | 192.168.0.0~192.168.255.255 |

D 类地址的第一个字节以 1110 开始，8 位位组范围是 224~239。这些地址并不用作标准的 IP 地址，而是用来标识一组主机。它们作为多点传送小组的成员而注册。多点传送小组和电子邮件分配列表类似，可理解为使用分配列表名单将一个消息发布给一群人，可以通过多点传送地址将数据发送给一些主机。多点传送需要特殊的路由配置，在默认情况下不会转发。

如果第一个 8 位位组的前 4 位都设置为 1111，则该地址是一个 E 类地址。这些地址第一个字节的范围是 240~254，它们并不用作传统的 IP 地址。D 类地址多用于实验研究。

## 四、常见网络设备

在构建计算机网络环境时，会涉及各种各样的电缆和网络设备。本教材不具体介绍电缆,只介绍搭建计算机网络时用到的主要网络设备。网络设备可能工作在某个协议层上,也可能工作在多个协议层上。工作在不同协议层上的网络设备如图 1-4 所示。下面对常见的网络设备进行简单介绍,在后文中还将对交换机和路由器做重点介绍。

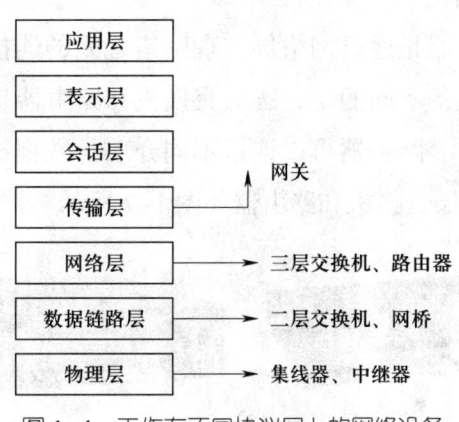

图 1-4　工作在不同协议层上的网络设备

### 1. 网络接口卡

网络接口卡又称网络适配器,简称网卡。网卡能处理物理层和数据链路层的协议,可以将各种硬件终端连接到网络。网卡分为多种类型,如内置网卡和外置网卡、有线网卡和无线网卡等。不同类型的网络接口卡如图 1-5 所示。

图 1-5　不同类型的网络接口卡

### 2. 二层交换机和网桥

二层交换机简称交换机。交换机和网桥具有相同的工作机制,交换机可以说是多端口的网桥。交换机和网桥可以处理物理层及数据链路层的协议,这两种设备可以从数据链路层上扩展网络,并根据物理地址(MAC 地址,medium access control address,介质访问控制地址)进行数据帧的转发。因此,交换机和网桥被称为二层设备。现在很少用网桥,交换机的应用更加广泛。二层交换机如图 1-6 所示。

图 1-6 二层交换机

### 3. 三层交换机和路由器

三层交换机和路由器是通过网络层实现网络之间的连接,并对分组数据进行转发的设备。与二层设备不同的是,三层交换机和路由器是根据逻辑地址(IP 地址)进行数据包转发的。路由器可以连接不同介质的数据链路,还具备一定的网络安全功能。常见的三层交换机和路由器如图 1-7 所示。

图 1-7 常见的三层交换机和路由器

a)三层交换机 b)路由器

### 4. 网关

通俗地讲,网关是一个网络到另一个网络的"关口"。由于网关可以运行在较高的协议层上,因此网关有多种类型。网关把使用不同通信协议的两个网络连接在一起,并负责协议转换,使不同网络之间可以相互转发数据,因此网关又称协议转换器。例如,家庭使用的接入网络的调制解调器就是一种网关。网关如图 1-8 所示。

图 1-8 网关

在互联网发展阶段的早期，路由器被称为"网关"，即通常所说的缺省网关。这是因为路由器可以在局域网和其他网络之间提供连接功能，在不同网络之间实现数据包的转发。局域网中的各种终端设备需要知道路由器在本网络中的 IP 地址，即网关地址，并定义指向缺省网关的路由，以实现局域网和其他网络之间的互通。后文将重点介绍互联网层的网关——路由器。

5. 防火墙设备

先介绍一下防火墙的相关知识。防火墙是内部网络和外部网络之间的网络安全系统，它根据预设的安全策略监控进出网络的数据流。防火墙有网络层防火墙、应用层防火墙、数据库防火墙之分。防火墙可以基于常规硬件上运行的软件实现，也可以基于硬件（即防火墙设备）来实现。防火墙设备如图 1-9 所示。

图 1-9　防火墙设备

### 五、路由器基础知识

路由器（router）是一种工作在网络层、用于连接多个网络或网段的网络设备。这些网络可以是几个使用不同协议和体系结构的网络（如互联网、局域网），也可以是几个不同网段的网络（如大型互联网中不同部门的网络）。

在 TCP/IP 参考模型中，网络层需要实现的一个重要功能就是路由功能。能实现三层路由功能的常见设备有三层交换机和路由器。在网络中，路由（routing）是指在网络中或多个网络之间为发送数据包选择路径的过程。以路由器为例，路由器根据接收数据包中的目标 IP 地址，结合路由器中的路由表（routing table）来确定转发数据包的路径。路由表是若干路由信息的集合。路由表中的每一个路由条目被称为路由（route），是转发数据包的路径信息。

一个典型的路由表如图 1-10 所示。在路由表中，每一行就是一条路由，每条路由都包含目标网络地址/掩码（Destination/Mask）、下一跳地址（NextHop）、转出接口（Interface）这三项主要元素。此外，还包含路由的属性，如 Proto（protocol）是指产生该条路由的协议，Pre（preference）是指路由的优先级，Cost 是指路由开销。而 Flags 标识该条路由是迭代路由，或者被下载到转发信息表。路由器通过路由表选择路由，通过转发信息表指导数据包的转发。

```
Destination/Mask      Proto   Pre  Cost   Flags  NextHop       Interface
    10.0.1.0/24       Direct   0    0       D    10.0.1.1      LoopBack0
    10.0.1.1/32       Direct   0    0       D    127.0.0.1     LoopBack0
    10.0.1.255/32     Direct   0    0       D    127.0.0.1     LoopBack0
    10.0.2.0/24       RIP     100   1       D    10.0.123.2    GigabitEthernet0/0/0
    10.0.3.0/24       RIP     100   1       D    10.0.123.3    GigabitEthernet0/0/0
    10.0.14.0/24      Direct   0    0       D    10.0.14.1     Serial2/0/0
    10.0.14.1/32      Direct   0    0       D    127.0.0.1     Serial2/0/0
    10.0.14.4/32      Direct   0    0       D    10.0.14.4     Serial2/0/0
    10.0.14.255/32    Direct   0    0       D    127.0.0.1     Serial2/0/0
    10.0.123.0/24     Direct   0    0       D    10.0.123.1    GigabitEthernet0/0/0
    10.0.123.1/32     Direct   0    0       D    127.0.0.1     GigabitEthernet0/0/0
    10.0.123.255/32   Direct   0    0       D    127.0.0.1     GigabitEthernet0/0/0
    127.0.0.0/8       Direct   0    0       D    127.0.0.1     InLoopBack0
    127.0.0.1/32      Direct   0    0       D    127.0.0.1     InLoopBack0
    127.255.255.255/32 Direct  0    0       D    127.0.0.1     InLoopBack0
    255.255.255.255/32 Direct  0    0       D    127.0.0.1     InLoopBack0
```

图 1-10　一个典型的路由表

#### 1. 路由的分类

根据路由信息的不同来源，路由表中的路由通常可分为以下三类。

（1）直连路由。设备自动发现的路由信息称为直连路由（direct route）。当路由器的接口被激活，并且配置了 IP 地址，且其物理层和数据链路层状态均为"UP"时，路由器可以自动发现与其直接相连的网络，从而在路由表中自动生成路由信息。当某个网络与设备的接口直接相连时，这个网络被称为直连网络。如图 1-11 所示，路由器 R1 有两个接口，分别连接路由器 R2 和主机 PC1。显然，R1 可以自动发现与之相连的 10.10.10.0/30 和 192.168.1.0/24 两个网络，从而在路由表中生成相应的直连路由，如图 1-12 所示的实线框里的两条路由。

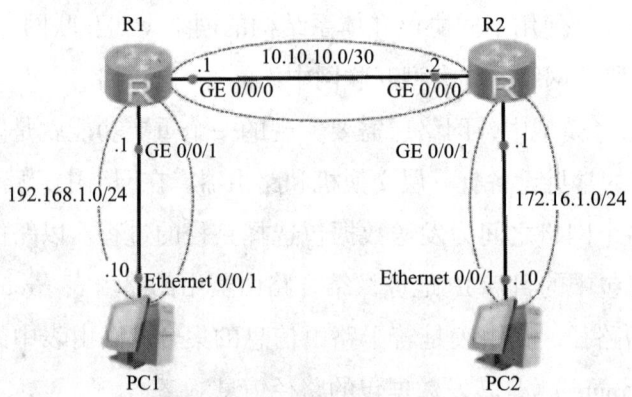

图 1-11　路由的分类示例

```
Destination/Mask      Proto   Pre  Cost   Flags  NextHop       Interface
    10.10.10.0/30     Direct   0    0       D    10.10.10.1    GigabitEthernet0/0/0
    10.10.10.1/32     Direct   0    0       D    127.0.0.1     GigabitEthernet0/0/0
    10.10.10.3/32     Direct   0    0       D    127.0.0.1     GigabitEthernet0/0/0
    127.0.0.0/8       Direct   0    0       D    127.0.0.1     InLoopBack0
    127.0.0.1/32      Direct   0    0       D    127.0.0.1     InLoopBack0
    127.255.255.255/32 Direct  0    0       D    127.0.0.1     InLoopBack0
    192.168.1.0/24    Direct   0    0       D    192.168.1.1   GigabitEthernet0/0/1
    192.168.1.1/32    Direct   0    0       D    127.0.0.1     GigabitEthernet0/0/1
    192.168.1.255/32  Direct   0    0       D    127.0.0.1     GigabitEthernet0/0/1
    255.255.255.255/32 Direct  0    0       D    127.0.0.1     InLoopBack0
```

图 1-12　直连路由

如图 1-12 所示的直连路由不止两条，其他直连路由的出现和路由器操作系统的版本有关，其中 10.10.10.3/32 和 192.168.1.255/32 是 R1 两个直连网络的广播地址；10.10.10.1/32 和 192.168.1.1/32 是 R1 连接两个直连网络的端口地址。这些直连路由是系统自动生成的。在查看路由表时，应重点关注直连网络的路由。

（2）静态路由。人工配置的路由信息称为静态路由（static route）。如图 1-11 所示，网络 172.16.1.0/24 对于路由器 R1 来说没有直连，因此，R1 无法自动发现网络 172.16.1.0/24 的路由。这种非直连的网络被称为远程网络。通往远程网络的路由，可以通过静态路由配置和动态路由配置两种方式获取。如图 1-11 所示，路由器 R1 可以通过人工配置一条以 172.16.1.0/24 为目标网络的静态路由，实现到目标网络的数据转发。

（3）动态路由。如图 1-11 所示的网络结构比较简单，可以通过人工配置静态路由实现网络的互通。如果远程网络数量庞大，通过人工配置静态路由实现网络互通将耗费巨大人力，那么在现实工作中这样做就是不可取的，甚至是不可行的。在这种情况下，可以采用动态路由。动态路由是网络设备通过运行动态路由协议获取的路由。网络设备通过运行动态路由协议，交换彼此的路由信息，在路由表中自动生成路由。路由表中的动态路由信息不需要人工维护，当网络拓扑结构发生改变时，动态路由协议会自动更新路由表。

**2. 确定最佳路由**

与日常生活中选择最佳旅行路线类似，在计算机网络中，通常存在多条可以到达目标网络的路径，为了获得更好的性能，需要从中选择一条最佳路径，这个过程就是路由选择。下面介绍与选择最佳路由有关的路由属性。

对于相同的目的地，不同的路由协议可能会有不同的路由，但不是所有能够到达目的地的路由都是最佳的。为了能够判断最佳路由，不同的路由信息源被定义一个优先级，路由优先级值见表 1-3。当同一个目的地存在多条路由时，具有较高优先级的路由信息源的路由将成为最佳路由。优先级值是反映路由可信度的指标，优先级值越小则优先级越高。直连路由的优先级值为 0，说明其优先级最高。如果优先级值是 255，则说明该路由最不可信。除了直连路由，其他路由和各种路由协议的优先级值都可以手工进行配置和修改。另外，每条静态路由的优先级值也可以配置不同的数值。

假设一台路由器上同时启用路由信息协议（routing information protocol，RIP）和开放最短路径优先协议（open shortest path first，OSPF），对于某目标网络 A，

表1-3 路由优先级值

| 路由种类/路由协议 | 优先级值 |
| --- | --- |
| 直连路由 | 0 |
| 静态路由 | 60 |
| RIP 路由 | 100 |
| OSPF 路由 | 10 |
| IS-IS[①] | 15 |

RIP 和 OSPF 可分别发现一条去往目标网络 A 的路由。另外，管理员还配置了一条去往目标网络 A 的静态路由。由此可知，路由器获取了三条到达目标网络 A 的路由，那么路由器需要从这三条路由中选择一条最佳路由，用于数据包的转发。此时，假设这三条路由的优先级值都使用默认值。比较下来，RIP 路由的优先级值 100 最大，OSPF 路由的优先级值 10 最小。所以，优先级值最小的 OSPF 路由是到达目标网络 A 的最佳路由，该 OSPF 路由会被写入 IP 路由表，用于到目标网络 A 的数据转发，其余两条路由则会处于未激活状态，不会出现在 IP 路由表中。总而言之，如果路由器上不同路由协议的路由、直连路由或静态路由都可以到达同一目标网络，那么路由器会通过比较各条路由的优先级来确定最佳路由，只有优先级最高（优先级值最小）的路由才会被写入 IP 路由表中。

## 六、交换机基础知识

通常情况下，交换机主要是指工作在 OSI 参考模型第二层即数据链路层的设备。交换机主要通过解析数据帧中的源和目标主机的介质访问控制地址，将数据帧通过交换机内部传输通道快速地从源端口转发至目标端口，从而避免与其他端口发生碰撞，提高网络总体的数据交换和传输速度。

在局域网中，还大量使用工作在 OSI 参考模型第三层的交换机，即网络层交换机，它是带路由功能的交换机，也可工作在第二层。三层交换机作为三层设备使用时，相当于一个多端口的路由器，主要用于虚拟局域网之间的数据转发。三层交换机能根据 IP 地址转发数据包。更高层的交换机是依据网络协议或端口号进行数据转发的，下面主要介绍二层交换机的知识。

---

① IS-IS 是 intermediate system-to-intermediate system 的缩写，意思是中间系统到中间系统协议。

#### 1. 二层交换机的工作原理

二层交换机拥有带宽较高的背板总线和内部交换矩阵。二层交换机所有端口都挂接在背板总线上，在其控制电路收到数据帧以后，会查找内存中的地址对照表，以确定目标 MAC 地址对应哪个端口，并通过内部交换矩阵迅速将数据帧传送到目标端口。如果目标 MAC 地址不存在，则二层交换机通过除数据接收端口之外的其他端口进行广播，且在接收到响应信息后，将其中的 MAC 地址添加到内部 MAC 地址表中。通过二级交换机的过滤和转发，可以有效地减少冲突域，但二层交换机在默认情况下不能分割广播域。如果需要分割广播域，可以在二层交换机上使用虚拟局域网的功能实现，或者借助网络层设备实现。

#### 2. 二层交换机的组成

二层交换机的面板设有很多 RJ-45 端口，除了少数几个端口用于配置交换机，大部分端口都用于连接计算机或其他设备。面板上还有反映工作状态的指示灯。可以将二层交换机看作一台特殊的计算机，其内部硬件的作用和计算机内部硬件的作用十分类似。

（1）中央处理器。二层交换机的中央处理器使用专用集成电路（application specific IC，ASIC），以实现数据的高速传输。

（2）只读存储器。只读存储器相当于计算机的 BIOS（basic input/output system，基本输入输出系统）。二层交换机加电启动时，将首先运行只读存储器中的程序，以实现对内部硬件的自检，并引导启动操作系统。只读存储器的程序在系统断电时不会丢失。

（3）闪速存储器。闪速存储器简称闪存，它是一种可擦写、可编程的只读存储器。闪速存储器包含操作系统及微代码。闪速存储器相当于计算机操作系统的硬盘分区，但运行速度要快得多。可通过在闪速存储器中写入新版本操作系统来实现对二层交换机软件的升级。闪速存储器的程序在系统断电时不会丢失。

（4）非易失性随机存储器。非易失性随机存储器用于存储配置文件，设备启动后将根据配置文件对设备进行配置。非易失性随机存储器的内容在系统断电时不会丢失。

（5）动态随机存储器。动态随机存储器是一种可读写存储器，相当于计算机的内存，其内容在系统断电时将完全丢失。

（6）交换机端口的内部电路。关于二层交换机端口内部电路的知识，本书不做介绍，请读者自学。

### 3. 二层交换机的常用端口

二层交换机上有多种采用不同技术的端口，可起到不同的作用，也可实现不同速率的连接和转发，同时所连接的传输介质也有可能不同。二层交换机面板如图 1-13 所示。

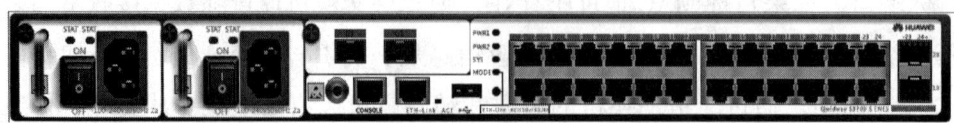

图 1-13　二层交换机面板

二层交换机的常用端口主要有以下几种。

（1）以太网端口。此类端口的速率为 10 Mbit/s，目前已基本淘汰。

（2）快速以太网端口。此类端口的速率为 100 Mbit/s，俗称百兆端口。目前在接入层交换机上，此端口还在广泛使用，但随着技术的发展，它将逐步被千兆端口取代。

（3）吉比特以太网端口。此类端口的速率为 1 000 Mbit/s，俗称千兆端口。

（4）万兆及以上端口。目前还有更高速率的万兆及以上端口，万兆及以上端口往往采用光纤作为传输介质。

除了上面介绍的几种用于网络数据传输的端口，二层交换机等网络设备上还有一个比较常用的端口，即控制台端口。此端口用于管理员登录，可对其进行配置、管理等操作。

### 4. 二层交换机的操作系统

二层交换机工作时也需要操作系统。管理员通过该操作系统进行设备功能和性能的配置和管理，所以，操作系统是二层交换机的核心。

## IP 地址与子网划分

### 一、操作准备

1. 计算机一台，其操作系统为 Windows 7 及以上。

2. 网络设备模拟软件 Cisco Packet Tracer 8。

## 二、操作要求

为了保护业务安全,某公司需要构建安全的网络。请根据给定的网络拓扑图进行网络基本连接,并配置网络设备的接口及信息,使各设备可以满足基本的信息传递要求。目前预设的网络拓扑图如图 1-14 所示。

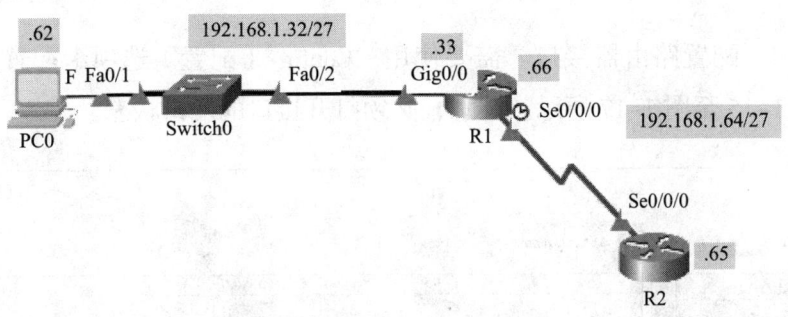

图 1-14 目前预设的网络拓扑图

公司要求网络管理员完成以下配置工作。

1. 在 Cisco Packet Tracer 8 中,根据网络拓扑图搭建网络,并划分子网的地址空间。

2. 分配适当的地址给接口并进行记录。

3. 配置并激活 Serial 接口(串行接口,简称串口)和以太网接口。

4. 测试连通性并进行配置验证。

## 三、操作步骤

步骤 1　检查网络要求。已经有 192.168.1.0/24 地址块供网络设计使用,该网络包含以下网段:一是连接到路由器 R1 的局域网,要求具有能够支持 30 台主机的 IP 地址;二是路由器 R1 与路由器 R2 之间的链路,要求每一端都有 IP 地址。

步骤 2　分配适当的地址给设备接口,具体步骤如下。

(1)分配子网中第一个有效的主机地址给 R1 的局域网接口。

(2)分配子网中最后一个有效的主机地址给 PC0。

(3)分配第二个子网中第一个有效的主机地址给 R2 的广域网接口。

(4)分配第二个子网中第二个有效的主机地址给 R1 的广域网接口。

步骤 3　在地址表中记录要使用的地址,地址表见表 1-4。

表1-4 地址表

| 设备名 | 接口 | 地址 |
|---|---|---|
| R1（路由器） | Gig0/0 | 192.168.1.33/27 |
| | Se0/0/0 | 192.168.1.66/27 |
| R2（路由器） | Se0/0/0 | 192.168.1.65/27 |
| PC0 | 以太网卡 | 192.168.1.62/27 |

步骤4 配置路由器接口。需要使用"Config"（配置）选项卡配置路由器接口，如图1-15至图1-17所示。注意，必须打开接口的端口状态。

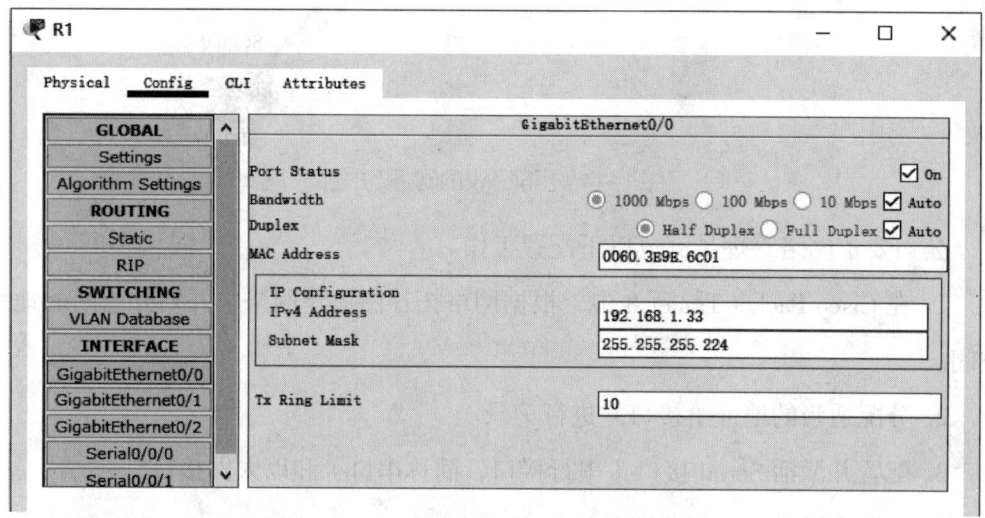

图1-15 配置R1的Gig0/0以太网接口

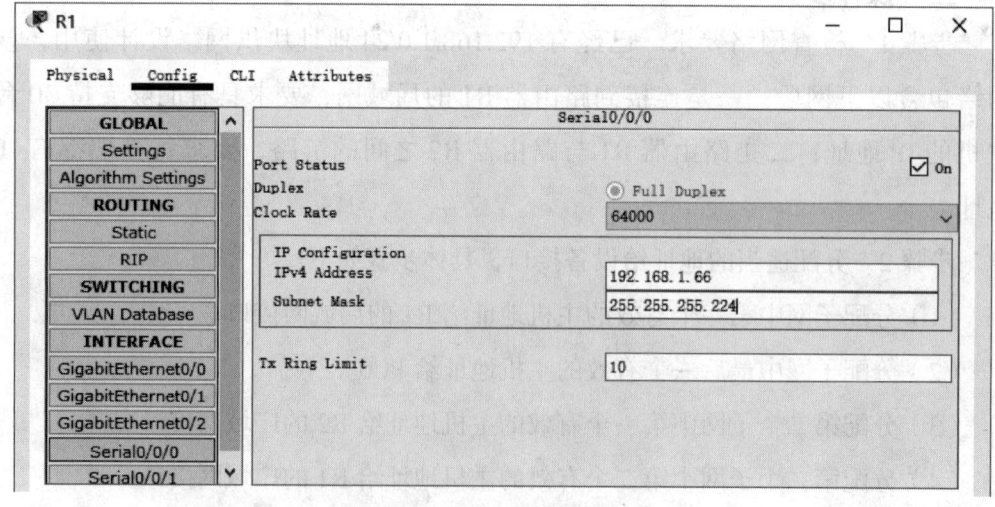

图1-16 配置R1的串口地址

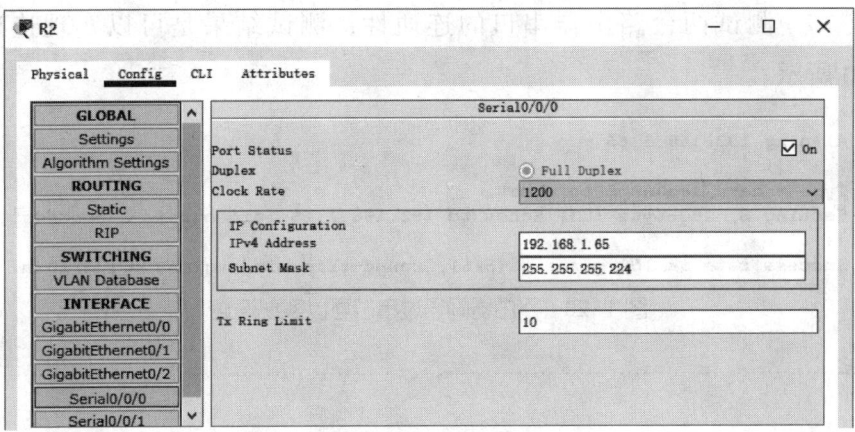

图 1-17 配置 R2 的串口地址

步骤 5　配置 PC0 接口。使用网络设计中确定的 IP 地址和默认网关来配置 PC0 的以太网接口，如图 1-18 所示。

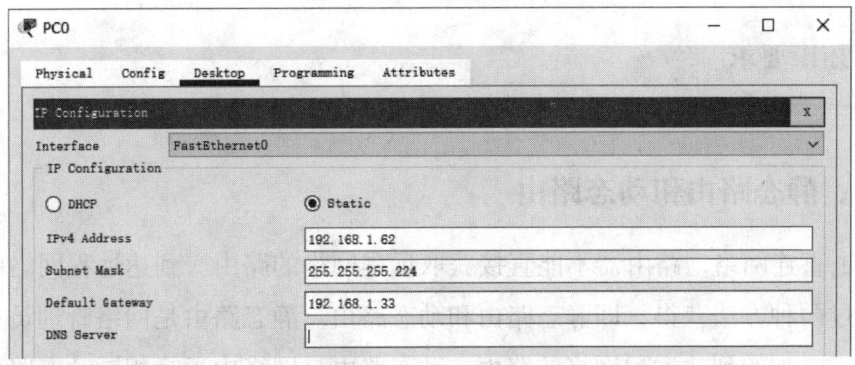

图 1-18 PC0 的网络配置

步骤 6　测试 PC0 到网关的连通性，连通测试成功的界面如图 1-19 所示。

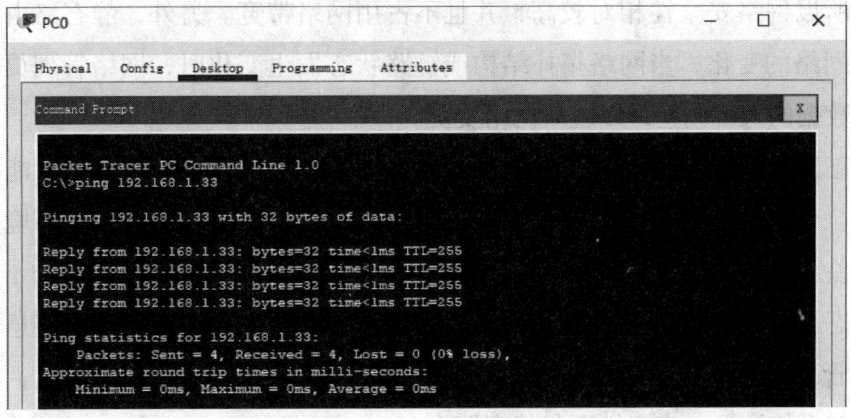

图 1-19 连通测试成功

步骤7　测试两台路由器串口的连通性，测试结果是可以实现连通，如图1-20所示。

```
R1#ping 192.168.1.65

Type escape sequence to abort.
Sending 5, 100-byte ICMP Echos to 192.168.1.65, timeout is 2 seconds:
!!!!!
Success rate is 100 percent (5/5), round-trip min/avg/max = 1/3/10 ms
```

图1-20　路由器间通过串口可以实现连通

# 学习单元2　配置路由和路由协议

## 知识要求

### 一、静态路由和动态路由

除了直连网络，路由器不能直接获取远程网络的路由。到达远程网络的路由可以通过两种方法获得，即静态路由和动态路由。静态路由是网络管理员在路由表中手工添加的到达远程网络的路由。动态路由是网络中运行相同动态路由协议的路由器彼此之间进行交换以更新消息，获得远程网络的路由信息并写入路由表中的路由。与动态路由相比，静态路由不需要在路由器之间进行静态路由信息的交换，所以网络安全性相对较高，并且不占用网络带宽。另外，静态路由无法自动适应网络的变化，当网络拓扑结构或链路状态发生变化时，网络管理员需要进行路由数据的人工调整，以应对网络变更。

静态路由的优点：对CPU、内存等硬件的需求不高，不占用带宽，能提高网络的安全性。静态路由的缺点：配置工作量大，容易出错；适应拓扑环境变化的能力较差。

动态路由的优点：可以自动适应网络状态的变化，自动维护路由信息而不需要网络管理员的参与。动态路由的缺点：需要路由器相互交换路由信息，占用网络带宽与系统资源；安全性不如静态路由。

## 二、配置静态路由

静态路由的配置方法很简单，但是扩展性差，在大型复杂网络中用静态路由并不适合。因此，静态路由适用于网络拓扑结构简单、规模较小的网络环境。同时，静态路由也可以用于路由备份和路由表的简化。静态路由信息在缺省情况下是私有的，不会传递给其他路由器。

配置静态路由的一般步骤如下：为路由器的每个接口配置 IP 地址；确认本路由器有哪些网段；确认网络中有哪些属于非本路由器直连网段的相关路由信息；在路由表中添加所有非本路由器直接网段的相关路由信息。配置命令格式如下：

ip route 目标 IP 网络号　目标 IP 网络号的子网掩码　直连路由器的出口地址

配置方法如下：第一种是在路由网段后面指定下一跳接口名称；第二种是在路由网段后面写出下一跳地址（下一个接受该数据的路由器同本路由器直连的 IP 地址）。静态路由的配置示例如图 1-21 所示。

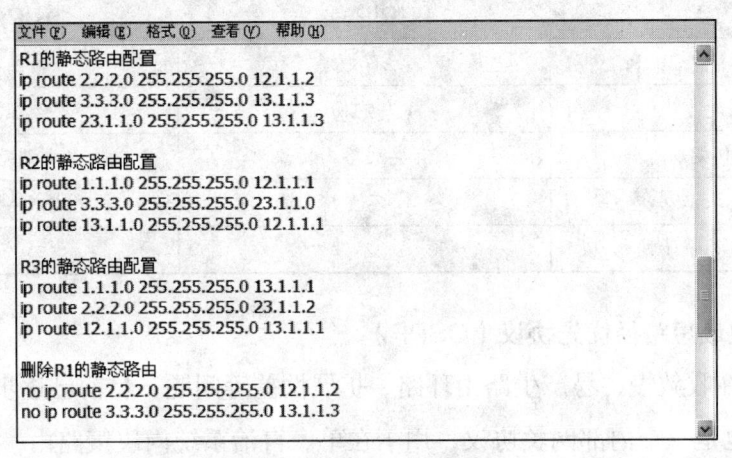

图 1-21　静态路由的配置示例

## 三、动态路由协议

动态路由器上的路由表是相互连接的路由器之间交换彼此信息，然后根据一定算法运算出来的。这些路由信息在一定时间段内不断更新，以适应不断变化的网络，随时获得最佳路径。为了实现 IP 分组的高效寻路，因特网工程任务组制定了多种寻路协议，常见的动态路由协议有以下几种。

### 1. 路由信息协议（RIP）

RIP 是应用较早、使用较普遍的内部网关协议，它适用于小型同构网络自治系统内的路由信息传递。RIP 协议基于距离向量算法，使用"跳数"（即 metric）来衡量到达目标网络的路由距离。

RIP 的特点具体如下：采用距离向量算法，即路由器根据距离选择路由，所以又称距离向量协议；路由器收集所有可到达目的地的不同路径，并只保存到达每个目的地经过的站点数最少的路径信息（最佳路径），同时把路由信息发布给其他路由器；只适用于小型同构网络，因为它的最大允许跳数为 15，超过即不可到达；每隔 30 s 一次的路由信息广播容易引发广播风暴。

目前 RIP 共有三个版本，分别是 RIPv1、RIPv2 和 RIPng。其中，RIPv1 和 RIPv2 用在 IPv4 的网络环境里，RIPng 用在 IPv6 的网络环境里。RIPv1 版本限制较多，基本已被淘汰。RIPv1 和 RIPv2 的区别见表 1-5。

表 1-5　RIPv1 和 RIPv2 的区别

| 内容 | RIPv1 | RIPv2 |
| --- | --- | --- |
| VLSM 和 CIDR | 不支持 | 支持 |
| 更新方式 | 广播 | 组播 |
| IP 类别 | 有类别路由协议 | 无类别路由协议 |
| 认证 | 不支持 | 明文或 MD5 认证 |
| 更新中是否带子网信息 | 不带 | 带 |

### 2. 开放最短路径优先协议（OSPF）

RIP 存在收敛慢、易产生路由环路、扩展性差等问题，目前已逐步被 OSPF 取代。OSPF 也是一个内部网关协议，用于在单一自治系统内决策路由，是一种链路状态路由协议，使用 Dijkstra 算法（即最短路径算法）计算最短路径树。

OSPF 的特点具体如下：不再采用跳数的概念，而是根据端口的吞吐率、拥塞状况、可靠性等实际链路负载能力指标确定路由，并选择其中的最佳路由，同时允许到达同一目标地址有多条路由，实现链路的负载均衡；支持不同服务类型，从而实现不同服务质量（quality of service，QoS）的路由服务；路由器不交换路由表，而是同步各路由器对网络状态的认识，即链路状态数据库，然后通过最短路径算法计算出网络中各目标地址的最佳路径，因此路由器之间不需要定期地交换大量数据，而只需要在链路状态发生变化时，通过组播方式对这一变化做出反应，这样不但减轻了设备负荷，也加快了路由收敛。

### 3. 中间系统到中间系统（IS-IS）协议

IS-IS协议是ISO的标准协议，该协议与无连接网络服务一起使用。IS-IS协议也是链路状态协议，它采用最短路径算法计算到达每个网络的最佳路径。该协议在我国使用较少，在美国使用较多。

### 4. 内部网关路由协议（IGRP）

内部网关路由协议（interior gateway routing protocol，IGRP）也是距离向量路由协议，它是思科公司的私有协议，使用复合度量值。该协议较老，目前基本不再使用。

### 5. 增强版内部网关路由协议（EIGRP）

增强版内部网关路由协议（Enhance IGRP，EIGRP）也是思科公司的私有协议。EIGRP结合了距离向量路由协议和链路状态路由协议的优点，能更快收敛，所使用的算法是弥散修正算法。

技能要求

## 静态路由、动态路由协议配置

### 一、操作准备

1. 计算机一台，其操作系统为 Windows 7 及以上。
2. 网络设备模拟软件 Cisco Packet Tracer 8。

### 二、操作要求

为了保护业务安全，某公司需要构建安全的网络。配置所需的网络拓扑图同前，可以在其上增加配置，以使 PC0 能连通 R2 路由器（使用 ping 命令检测），实现整网连通。要求网络管理员配置静态路由或者动态路由协议来实现。

### 三、操作步骤

步骤 1　分别查看 R1、R2 路由器的路由表，如图 1-22 和图 1-23 所示。

```
R1#sh ip ro connected
C    192.168.1.32/27 is directly connected, GigabitEthernet0/0
C    192.168.1.64/27 is directly connected, Serial0/0/0
```

图1-22　R1路由器的路由表

```
R2#sh ip route
Codes: L - local, C - connected, S - static, R - RIP, M - mobile, B - BGP
       D - EIGRP, EX - EIGRP external, O - OSPF, IA - OSPF inter area
       N1 - OSPF NSSA external type 1, N2 - OSPF NSSA external type 2
       E1 - OSPF external type 1, E2 - OSPF external type 2, E - EGP
       i - IS-IS, L1 - IS-IS level-1, L2 - IS-IS level-2, ia - IS-IS inter area
       * - candidate default, U - per-user static route, o - ODR
       P - periodic downloaded static route

Gateway of last resort is not set

     192.168.1.0/24 is variably subnetted, 2 subnets, 2 masks
C       192.168.1.64/27 is directly connected, Serial0/0/0
L       192.168.1.65/32 is directly connected, Serial0/0/0
```

图1-23　R2路由器的路由表

默认路由器只有直连路由的路由信息，对于未直连的未知网段，需要手工添加静态路由或者进行动态学习。此时，全网的两个网段信息并没有被两台路由器学习到，其中R2路由器的路由表中路由条目不足，缺少去往192.168.1.32/27网段的路由。

步骤2　为R2路由器手工添加静态路由，命令如下：

R2(config)#ip route 192.168.1.32 255.255.255.224 s0/0/0

此时表中增加一条静态路由，因而全网的两个网段在两个路由器中都有了对应的路由条目，整个网络全连通了。

步骤3　再次查看R2路由器的路由表，如图1-24所示。

```
R2#sh ip route
Codes: L - local, C - connected, S - static, R - RIP, M - mobile, B - BGP
       D - EIGRP, EX - EIGRP external, O - OSPF, IA - OSPF inter area
       N1 - OSPF NSSA external type 1, N2 - OSPF NSSA external type 2
       E1 - OSPF external type 1, E2 - OSPF external type 2, E - EGP
       i - IS-IS, L1 - IS-IS level-1, L2 - IS-IS level-2, ia - IS-IS inter area
       * - candidate default, U - per-user static route, o - ODR
       P - periodic downloaded static route

Gateway of last resort is not set

     192.168.1.0/24 is variably subnetted, 3 subnets, 2 masks
S       192.168.1.32/27 is directly connected, Serial0/0/0
C       192.168.1.64/27 is directly connected, Serial0/0/0
L       192.168.1.65/32 is directly connected, Serial0/0/0
```

图1-24　手工添加静态路由后的R2路由器的路由表

步骤4　使用ping命令测试PC0至R2地址的连通性，如图1-25所示。

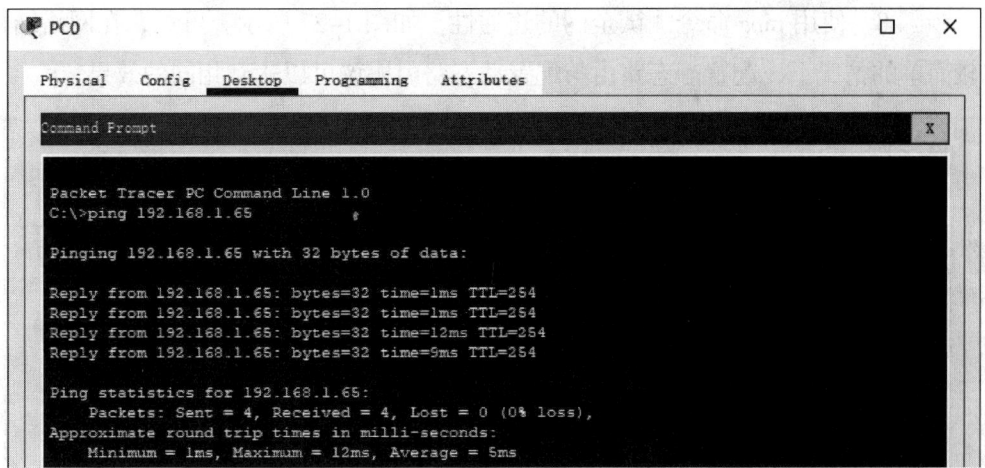

图 1-25 使用 ping 命令测试 PC0 至 R2 地址的连通性

步骤 5 删除刚才那条静态路由，尝试配置动态路由协议，命令如下：

R2(config)#no ip route 192.168.1.32 255.255.255.224 s0/0/0

当 R2 路由器的路由表恢复到原来状态后，在 R1 和 R2 两台设备之间开启 RIP 动态路由协议。

步骤 6 分别在两台路由器上启用 RIP，命令如下：

R1(config)#router rip　　　/* 开启 rip 进程 */

R1(config-router)#network 192.168.1.32　　　/* 说明直连网段 */

R1(config-router)#network 192.168.1.64

R2(config)#router rip

R2(config-router)#network 192.168.1.64

步骤 7 经检查，R2 路由器的路由表上出现了 RIP 形成的动态路由，如图 1-26 所示。

```
R2(config-router)#do sh ip ro
Codes: L - local, C - connected, S - static, R - RIP, M - mobile, B - BGP
       D - EIGRP, EX - EIGRP external, O - OSPF, IA - OSPF inter area
       N1 - OSPF NSSA external type 1, N2 - OSPF NSSA external type 2
       E1 - OSPF external type 1, E2 - OSPF external type 2, E - EGP
       i - IS-IS, L1 - IS-IS level-1, L2 - IS-IS level-2, ia - IS-IS inter area
       * - candidate default, U - per-user static route, o - ODR
       P - periodic downloaded static route

Gateway of last resort is not set

     192.168.1.0/24 is variably subnetted, 3 subnets, 2 masks
R       192.168.1.32/27 [120/1] via 192.168.1.66, 00:00:16, Serial0/0/0
C       192.168.1.64/27 is directly connected, Serial0/0/0
L       192.168.1.65/32 is directly connected, Serial0/0/0
```

图 1-26 RIP 形成的动态路由

步骤 8　使用 ping 命令测试全网的连通性，如图 1-27 所示。可见，在网络结构比较简单的情况下，配置静态路由与配置动态路由协议可以达到相同的效果。

图 1-27　使用 ping 命令测试全网的连通性

# 学习单元 3　配置无线网络设备

## 知识要求

### 一、无限局域网简介

无线局域网（wireless local area networks，WLAN）是一种利用射频技术，使用电磁波代替双绞线进行网络通信，以无线方式构成的局域网。无线局域网可以有效弥补有线局域网的不足，实现用户无网线、无距离限制地通畅通信，达到网络延伸的目的。

无线保真（wireless fidelity，WiFi）是一种可以将个人计算机、智能手机等终端以无线方式互相连接的技术。事实上，它是一种高频无线电信号。

### 二、无线局域网安全基础知识

目前，无线局域网多由无线路由器组建，要想保证无线局域网的安全，首先就需要保证无线路由器的安全。无线路由器一般会有以下几个基本的安全功能。

### 1. 更改初始口令

无线路由器在出厂时都设置了初始口令，建议更改该口令，并定期更换。

### 2. 加密

可以使用的加密协议包括 WEP（wired equivalent privacy，有线等效保密）、WPA（WiFi protected access，WiFi 保护接入）、WPA2（WPA 第 2 版）。WEP 已被证明有弱点，安全性较低，如果可以选择，建议使用 WPA 或更完善的 WPA2。

### 3. 禁用服务集标识符（SSID）广播

SSID 是 service set identifier 的缩写，可以理解为给自己的无线局域网起的名字。禁用 SSID 广播可以避免该网络被他人搜索到，这样就可以屏蔽无关人员，使其无法连接该网络。

### 4. MAC 地址过滤

通过设备访问网络主机的 MAC 地址进行过滤，禁止或仅允许某些主机通过设备访问网络。

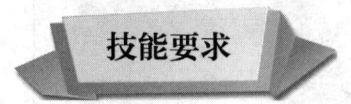

技能要求

## WLAN 配置

### 一、操作准备

1. 计算机一台，其操作系统为 Windows 7 及以上。
2. 网络设备模拟软件 Cisco Packet Tracer 8。

### 二、操作要求

某公司拟在内部开展无线业务，需要构建安全的无线网络。请根据给定的网络拓扑图进行无线网络的基本连接，并配置网络设备的接口及信息，使各设备可以满足基本的信息传递要求。目前预设的网络拓扑图如图 1-28 所示。

### 三、操作步骤

步骤 1　为计算机加装无线网卡。以 PC0 为例，如图 1-29 所示，其他计算机处理方法相同。

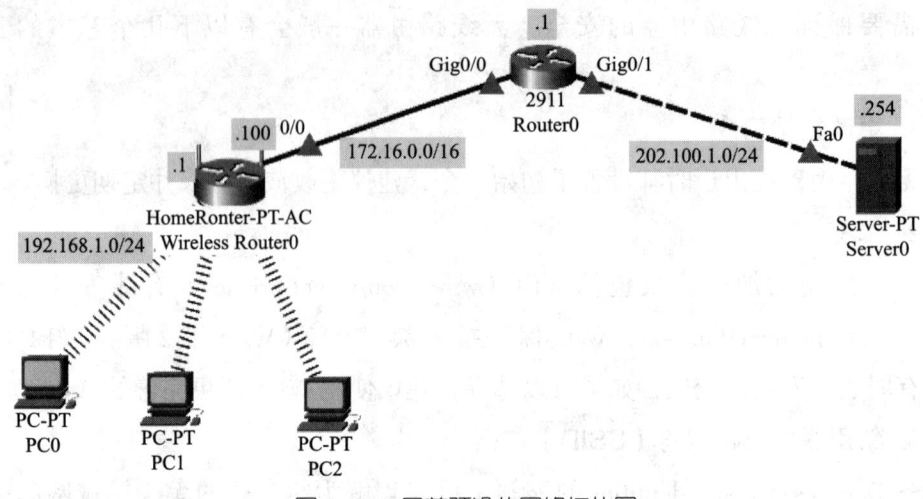

图 1-28 目前预设的网络拓扑图

图 1-29 为 PC0 加装无线网卡

步骤2 在PC0上开启DHCP（dynamic host configuration protocol，动态主机配置协议）的IP地址获取模式。如图1-30所示，无线网卡正常工作，但获取的地址是169网段，这表明DHCP服务器没有正常工作。

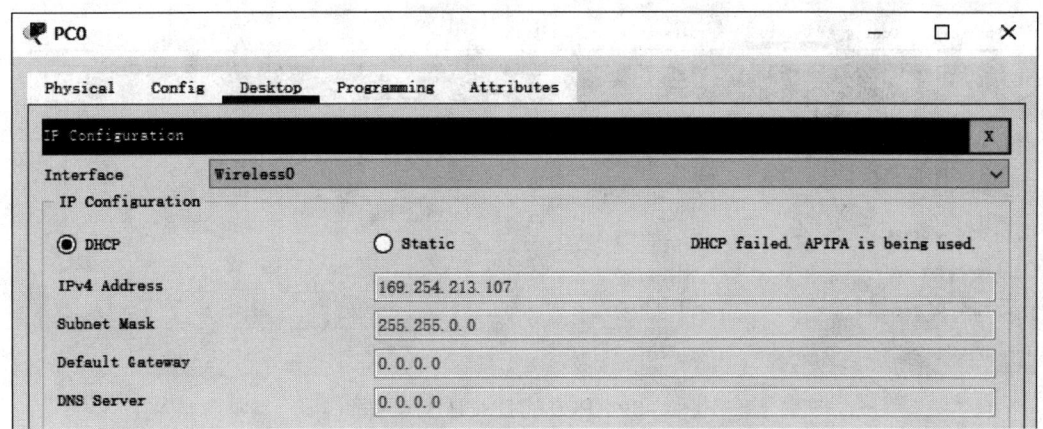

图1-30 在PC0上开启DHCP的IP地址获取模式

步骤3 配置无线路由器的DHCP功能，配置界面如图1-31所示。

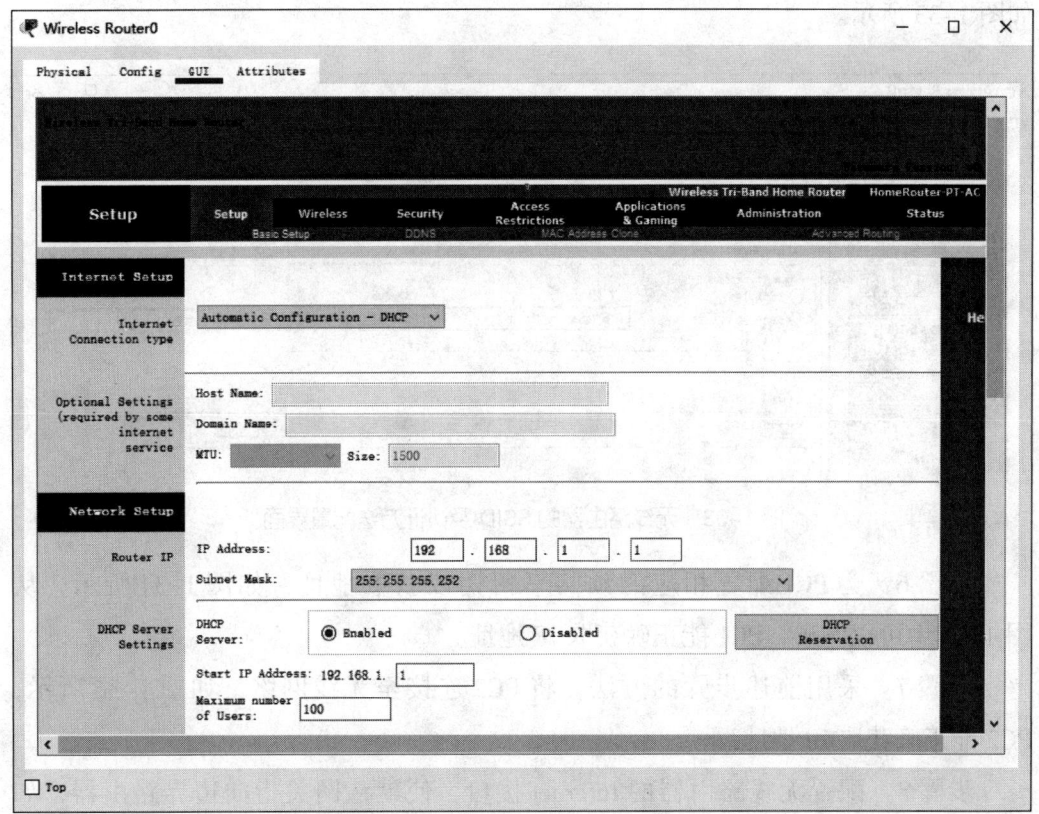

图1-31 无线路由器的DHCP功能配置界面

步骤4　检测PC0能否正确获取IP地址。此时,PC0的DHCP状态界面如图1-32所示,可以看到PC0能正确获取IP地址。

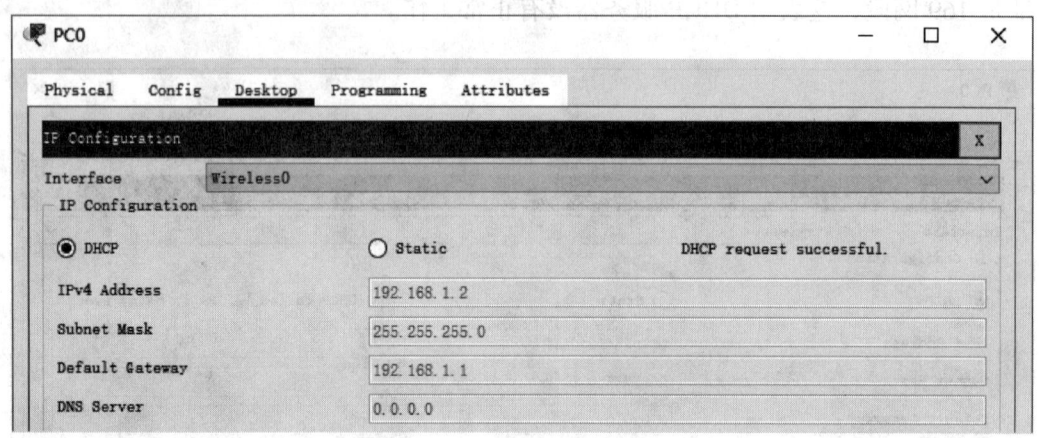

图1-32　PC0的DHCP状态界面

步骤5　配置无线路由器的SSID及认证方法,选中"WPA2-PSK"(PSK是预共享密钥pre-shared key的简称),在"PSK Pass Phrase"(密码短语)处输入"Inspc@2021",如图1-33所示。

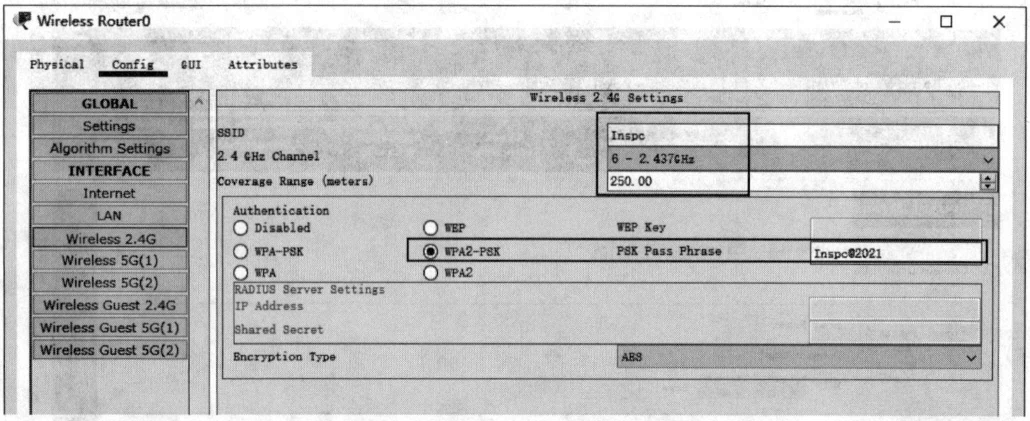

图1-33　无线路由器的SSID及认证方法配置界面

步骤6　为PC1配置相应的预共享密钥以获取地址,如图1-34所示。从图1-35中可以看出,PC1能正确获取IP地址。

步骤7　采用前述步骤的方法,将PC2连接至无线网络。如图1-36所示,PC2能正确获取IP地址。

步骤8　配置无线路由器的Internet接口,使默认网关指向边界路由器,如图1-37所示。

步骤 9　在边界路由器的路由表上增加一条静态路由，指向无线路由器连接的内网区域，如图 1-38 所示。这样，整个网络的路由在网络层面已收敛。

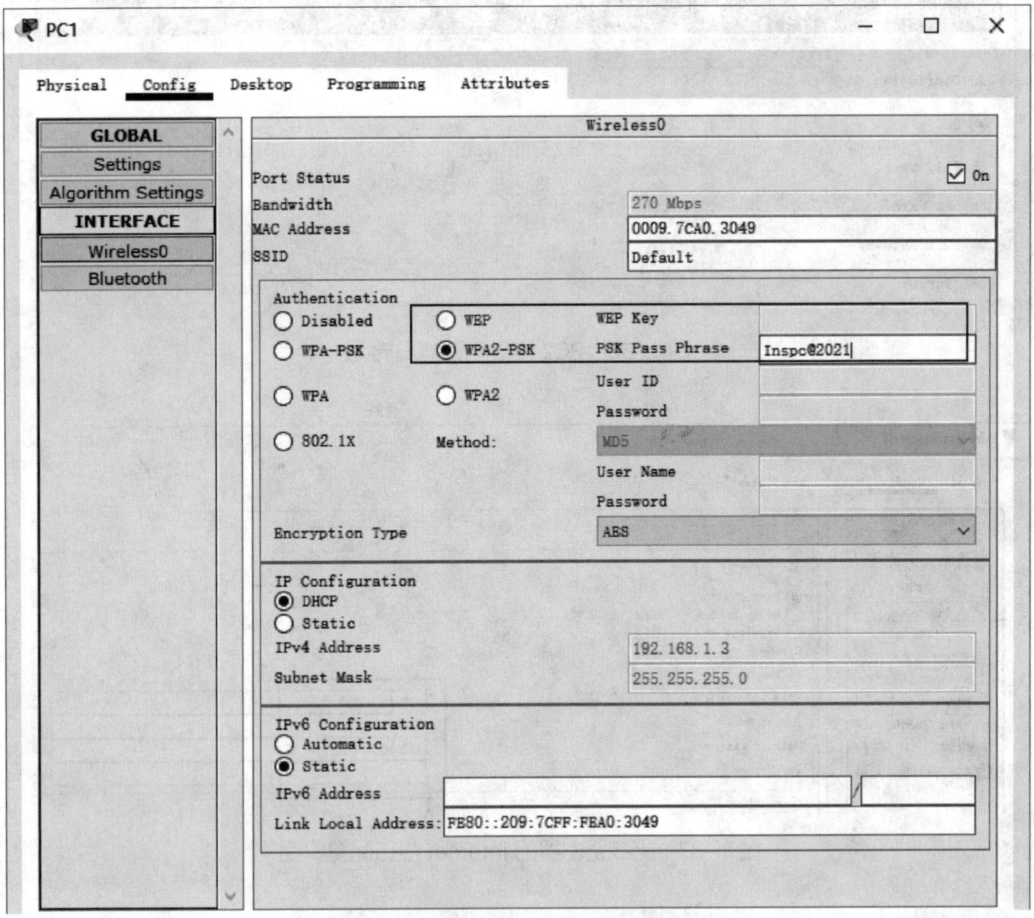

图 1-34　PC1 预共享密钥配置界面

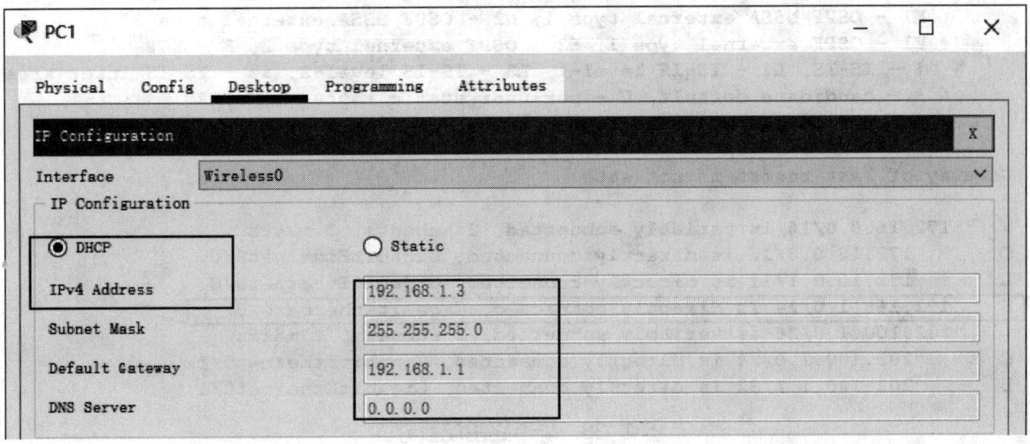

图 1-35　PC1 的 DHCP 情况界面

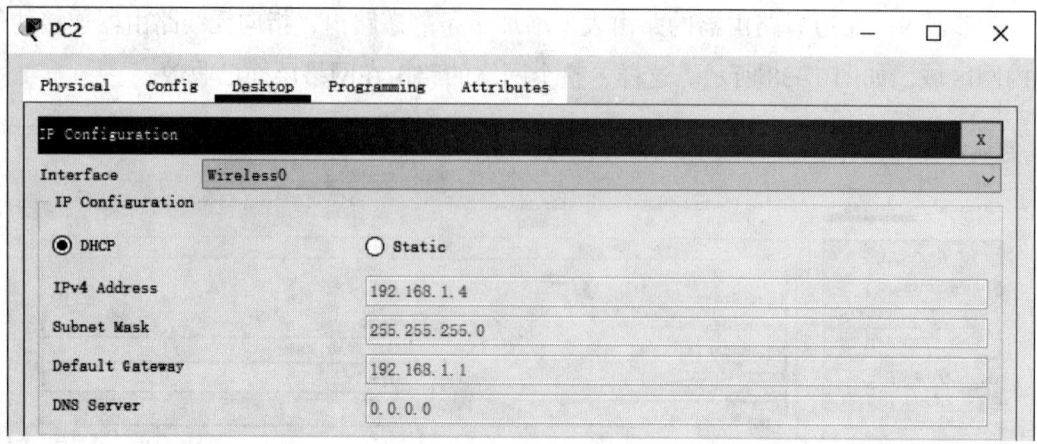

图 1-36　PC2 接口配置情况界面

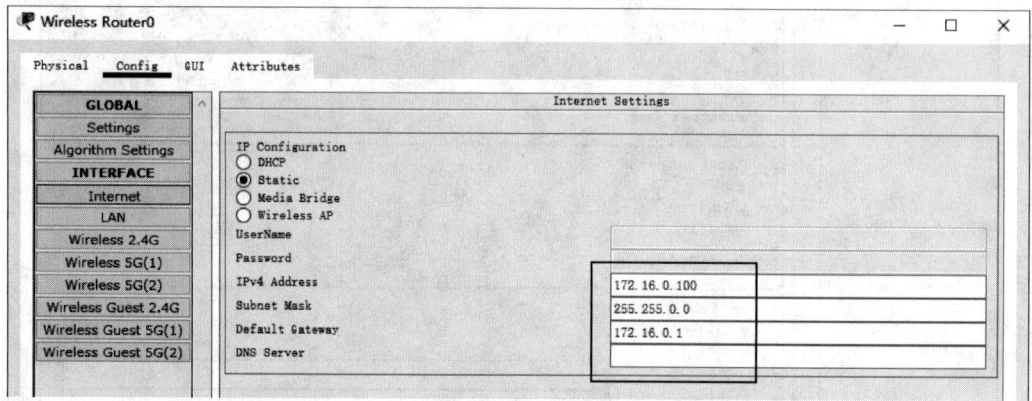

图 1-37　无线路由器的 Internet 接口配置界面

```
Router(config)#do sh ip ro
Codes: L - local, C - connected, S - static, R - RIP, M - mobile, B - BGP
       D - EIGRP, EX - EIGRP external, O - OSPF, IA - OSPF inter area
       N1 - OSPF NSSA external type 1, N2 - OSPF NSSA external type 2
       E1 - OSPF external type 1, E2 - OSPF external type 2, E - EGP
       i - IS-IS, L1 - IS-IS level-1, L2 - IS-IS level-2, ia - IS-IS inter area
       * - candidate default, U - per-user static route, o - ODR
       P - periodic downloaded static route

Gateway of last resort is not set

     172.16.0.0/16 is variably subnetted, 2 subnets, 2 masks
C       172.16.0.0/16 is directly connected, GigabitEthernet0/0
L       172.16.0.1/32 is directly connected, GigabitEthernet0/0
S    192.168.1.0/24 is directly connected, GigabitEthernet0/0
     202.100.1.0/24 is variably subnetted, 2 subnets, 2 masks
C       202.100.1.0/24 is directly connected, GigabitEthernet0/1
L       202.100.1.1/32 is directly connected, GigabitEthernet0/1
```

图 1-38　静态路由配置界面

步骤 10　为充当外网的 Web 服务器按拓扑规划配置网络，如图 1-39 所示。

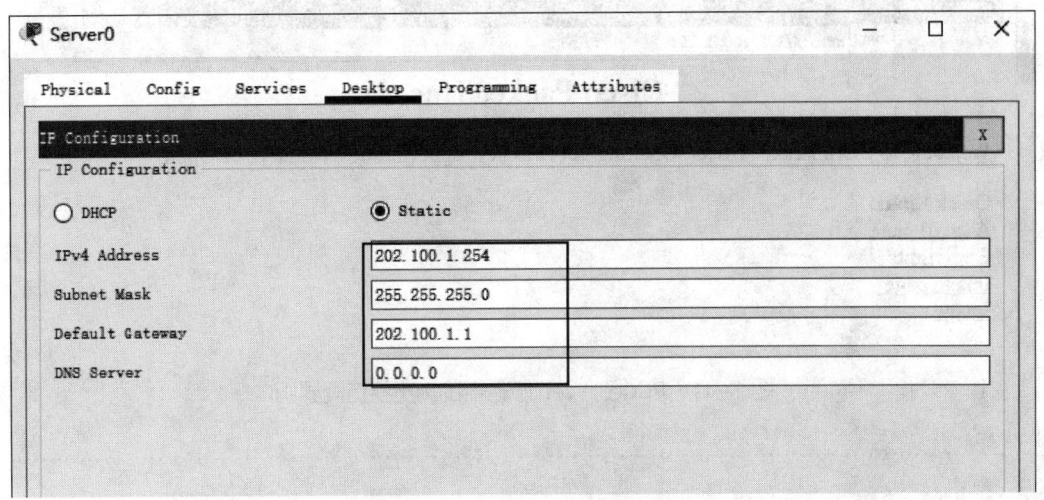

图 1-39　Web 服务器的 IP 地址配置界面

步骤 11　测试从 PC 端（计算机端）是否可以连通 Web 服务器。以 PC2 为例发起 ping 测试，如图 1-40 所示，可以看到连通性测试成功。

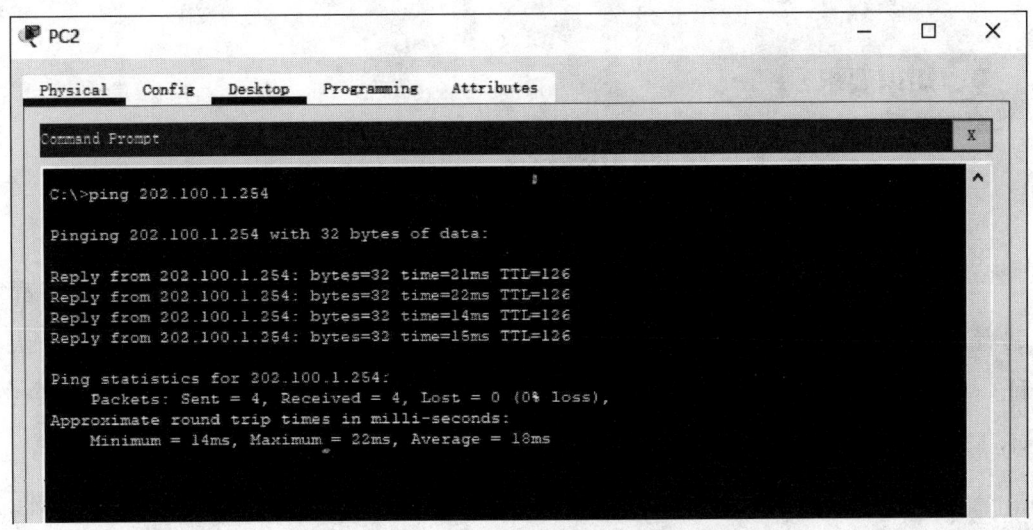

图 1-40　使用 ping 命令测试连通性

步骤 12　从 PC0 发起对 Web 服务器的浏览器访问，如图 1-41 所示，可以看到访问成功。

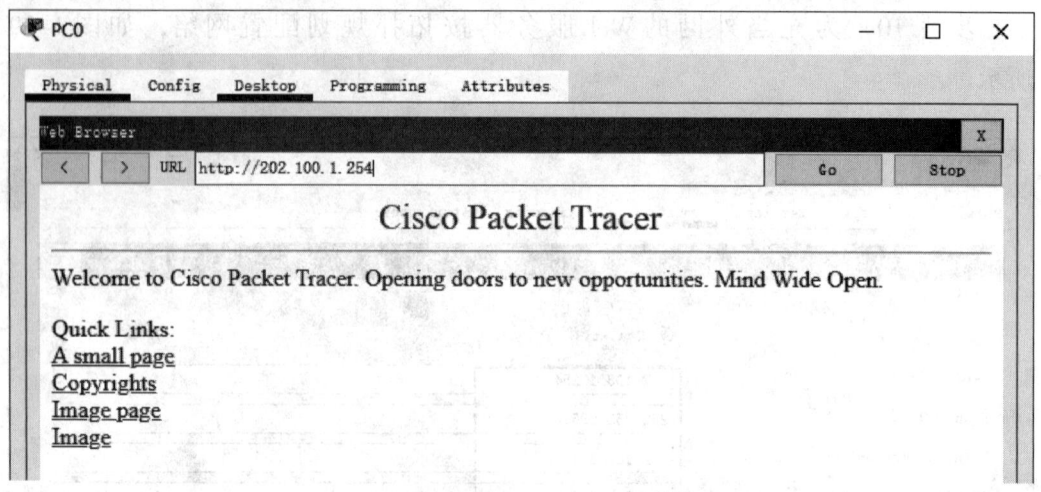

图 1-41　PC0 到 Web 服务器的浏览器访问界面

# 学习单元 4　网络设备基础安全配置

### 一、交换机安全基础知识

身份认证作为网络安全的第一道防线，不管是对操作系统还是对网络设备都起着至关重要的作用。在实际应用中，最常见的身份认证方式是用户名加口令认证。要想保证交换机的安全，首先要为交换机设置口令，包括 console 登录口令、vty 口令等。

在交换机的日常安全管理中，除了设置口令，还需要对远程管理进行控制。目前，远程访问有 telnet 和 SSH（secure shell，安全外壳）两种方式。一般建议采用 SSH 方式，因为这种方式对管理信息进行加密保护，可以有效防止数据在网络上传输时被截取，避免用户名、口令等管理信息泄露。

以思科交换机为例，配置仅允许 SSH 远程管理时，命令如下：

Switch>En　　// 进入特权模式

Switch#conf t   // 进入全局配置模式

Switch(config)#line vty 0 4   // 进入远程登录用户管理视图，0~4 个用户

Switch(config-line)#transport input ssh   // 仅允许 SSH 远程访问

Switch(config-line)#exit   // 退出

## 二、路由器安全基础知识

首先，同交换机一样，也要为路由器设置各种必需的口令确保登录安全。其次，路由器一般处于防火墙外部，负责与互联网连接。这种拓扑结构实际上是将路由器暴露在内部网络安全防线之外，如果路由器本身未采取适当的安全防范策略，就可能成为攻击者发起攻击的一块跳板，对内部网络安全造成威胁。所以，可以通过修改路由器的访问控制列表或者启用安全策略，对一些来自外部的攻击进行防范。下面以思科交换机为例，介绍几种安全策略。

### 1. 防范外部 IP 地址欺骗

外部网络的用户可能使用内部网络的合法 IP 地址或者回环地址作为源地址，从而实现非法访问。针对此类问题可建立如下访问控制列表：

access-list 101 deny IP 10.0.0.0 0.255.255.255 any

access-list 101 deny IP 192.168.0.0 0.0.255.255 any

access-list 101 deny IP 172.16.0.0 0.0.255.255 any

// 阻止源地址作为私有地址的所有通信流

access-list 101 deny IP 127.0.0.0 0.255.255.255 any

// 阻止源地址作为回环地址的所有通信流

access-list 101 deny IP 224.0.0.0 7.255.255.255 any

// 阻止源地址作为多目标地址的所有通信流

access-list 101 deny IP host 0.0.0.0 any

// 阻止没有列出源地址的通信流

注意，可以在外部接口的向内方向使用访问控制列表 101 过滤非法访问行为。

### 2. 防范 ping 或 traceroute 探测

在非法访问者对内部网络发起攻击前，往往会使用 ping 或其他命令来探测网络，所以可以通过禁止从外部用 ping、traceroute 等命令探测网络来进行防范。针对此类问题可建立如下访问控制列表：

access-list 102 deny icmp any any echo

// 阻止用 ping 命令探测网络

access-list 102 deny icmp any any time-exceeded

// 阻止用 traceroute 命令探测网络

注意，可在外部接口的向外方向使用访问控制列表 102 过滤非法访问行为。这里主要是阻止答复输出，不阻止探测进入。

### 3. 防范外部源路由欺骗

源路由选择是指使用数据链路层信息为数据报进行路由选择。该技术跨越网络层的路由信息，使入侵者可以为内部网络的数据包指定一个非法路由，这样原本应该送到合法目的地的数据包就会被送到入侵者指定的地址。禁止使用源路由的命令如下：

no IP source-route

## SSH 管理配置

### 一、操作准备

1. 计算机一台，其操作系统为 Windows 7 及以上。
2. 网络设备模拟软件 Cisco Packet Tracer 8。

### 二、操作要求

某公司要求网络管理员必须以安全协议远程连接网络设备，以免管理流量明文传输导致机密性内容泄露。请根据给定的网络拓扑图进行网络的基本连接，并配置 SSH 安全外壳协议以支持管理流量的安全传输。目前预设的网络拓扑图如图 1-42 所示。

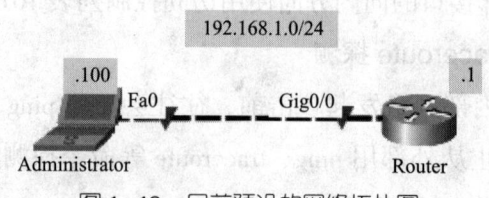

图 1-42　目前预设的网络拓扑图

## 三、操作步骤

步骤1 连接管理员主机与设备,并测试连通性,主要操作界面如图1-43至图1-45所示。

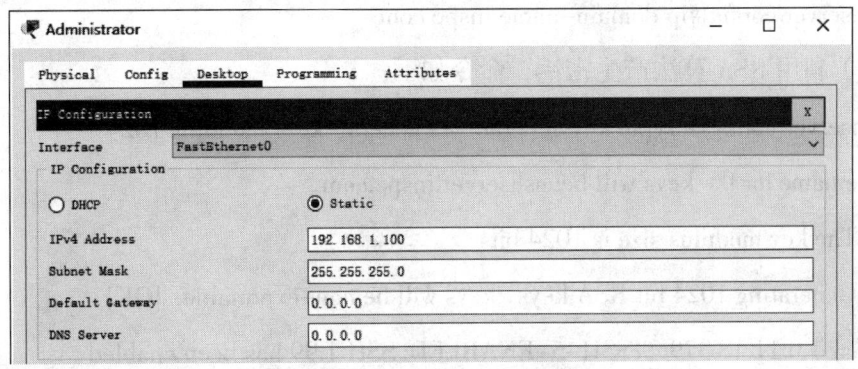

图1-43 管理员主机配置界面

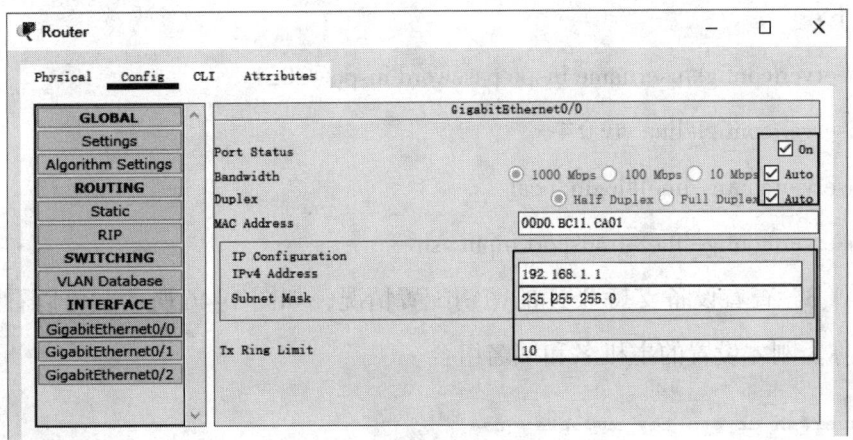

图1-44 网络设备的接口配置界面

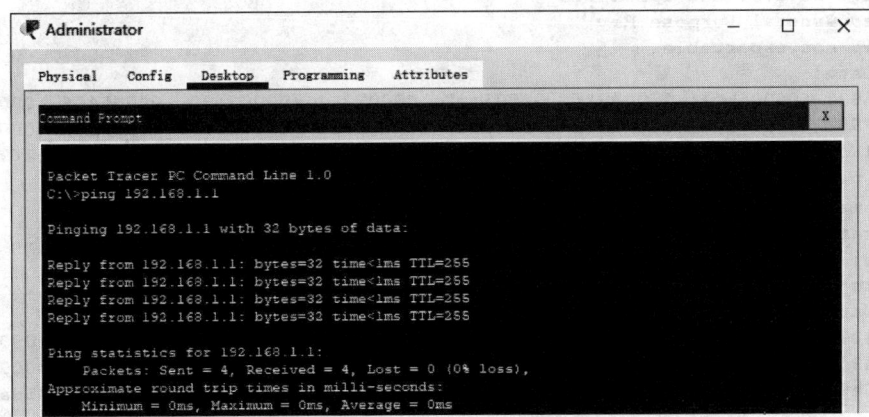

图1-45 使用ping命令测试连通性界面

步骤 2　在网络设备上开启 SSH 功能。

（1）设置主机名和域名，命令如下：

Router(config)#hostname sshserver

sshserver(config)#ip domain-name inspc.com

（2）利用 RSA 算法产生密钥，命令如下：

sshserver(config)#crypto key generate rsa general-keys modulus 1024

The name for the keys will be: sshserver.inspc.com

% The key modulus size is 1024 bits

% Generating 1024 bit RSA keys, keys will be non-exportable...[OK]

*Mar 1 0:11:18.379: %SSH-5-ENABLED: SSH 1.99 has been enabled

（3）创建用于本地登录的用户名和密码，并在远程虚拟线路开启 SSH 连接，命令如下：

sshserver(config)#username inspc password inspc@2021

sshserver(config)#line vty 0 4

sshserver(config-line)#login local

sshserver(config-line)#transport input ssh

步骤 3　查看设备支持 SSH 的密钥配置情况，如图 1-46 所示，可以看到当前密钥名称为刚才设置的主机名和域名组合。

```
sshserver#sh crypto key mypubkey rsa
% Key pair was generated at: 0:11:18 UTC 三月 1 1993
Key name: sshserver.inspc.com
 Storage Device: not specified
 Usage: General Purpose Key
 Key is not exportable.
 Key Data:
  00005632  00005bf1  000038ff  00001ba7  00007824  00003f80  00005466  00001072
  00007903  00000261  00001181  00004527  00001f15  00002adb  0000124a  00007565
  000012cb  00006da1  00006e78  0000789a  00003232  000043a7  00004201  2673
% Key pair was generated at: 0:11:18 UTC 三月 1 1993
Key name: sshserver.inspc.com.server
Temporary key
 Usage: Encryption Key
 Key is not exportable.
 Key Data:
  0000338a  00001233  000004de  00005f97  00005b33  00001937  0000100e  00000e94
  000048d1  00001bde  000073dd  00003519  00001fa8  00007765  00000366  00005967
  00000e48  00001c2c  00003957  00006802  0000796f  00001d0d  000059f4  5dac
```

图 1-46　当前密钥名称

步骤 4　测试从管理员主机到网络设备的 SSH 连接情况，如图 1-47 所示。

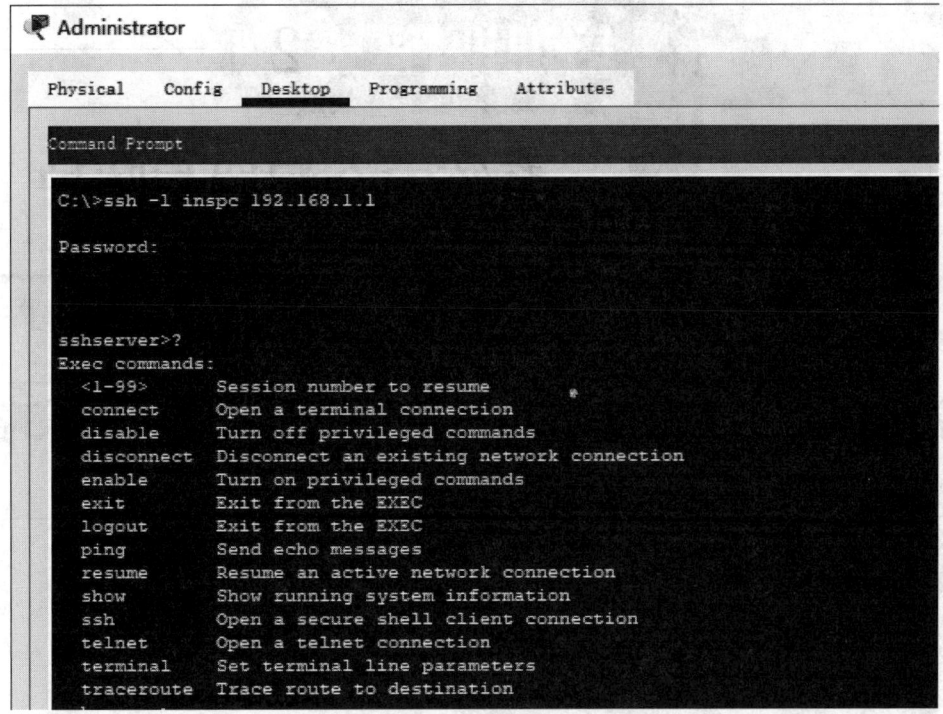

图 1-47　SSH 连接成功

步骤 5　设置 SSH 的属性值，如图 1-48 所示。

```
sshserver(config)#ip ssh ?
  authentication-retries   Specify number of authentication retries
  time-out                 Specify SSH time-out interval
  version                  Specify protocol version to be supported
```

图 1-48　设置 SSH 的属性值

在图 1-48 中，三个参数的含义分别是设置 SSH 登录时的认证尝试次数、超时退出时间和支持的版本号，示例命令如下：

sshserver(config)#ip ssh authentication-retries 3

sshserver(config)#ip ssh time-out 30

sshserver(config)#ip ssh version 2

# 培训课程 2

# 系统安全配置与防护

## 学习单元 1　配置 Windows 操作系统账户策略与密码策略

### 一、Windows 操作系统账户策略

Windows 操作系统因其便利性、人性化设置，已成为应用最广泛的操作系统。在系统账户安全策略方面，Windows 操作系统支持通过本地安全策略控制台或组策略编辑器控制台设置账户策略、密码策略、账户锁定策略、审核策略等，实现对操作系统账户和密码的安全保护。

Windows 账户基于域方式进行管理和控制，在默认情况下采用预置的密码策略、账户锁定策略、Kerberos 策略。每个域只能有一个账户策略，一般在默认域策略或链接到域根目录的新策略中定义账户策略，并且该新策略必须优先于默认域策略，该默认域策略由域中的域控制器强制执行。这些域范围的账户策略设置（密码策略、账户锁定策略和 Kerberos 策略）由域中的域控制器强制实施，因此，域控制器总是从默认域策略组策略对象中检索这些账户策略设置的值。

以 Windows 10 专业版操作系统为例，创建本地用户账户的步骤具体如下。

1. 依次选择"开始""设置""账户"，然后选择"家庭和其他用户"。
2. 选择"将其他人添加到这台电脑"。
3. 选择"我没有此人的登录信息"，然后在下一页选择"添加一个没有

Microsoft 账户的用户"。

4. 输入用户名、密码和密码提示，或选择安全问题，然后选择"下一步"，直至完成设置。

## 二、Windows 操作系统密码策略

在许多操作系统中，常用的验证用户身份的方法是使用密钥或密码。一个安全的网络环境要求所有用户使用强密码，该密码至少包含 8 个字符，并且是包含字母、数字和特殊符号的组合。强密码有助于防止未经授权的用户使用手动方法或自动工具猜出密码，进而破坏用户账户和管理账户。定期更改强密码会降低密码攻击的成功概率。

以 Windows 10 专业版操作系统为例，启用密码复杂度策略的步骤具体如下。

1. 按下组合键"Win + R"，打开"运行"对话框，输入"gpedit.msc"，单击"确定"，打开本地组策略编辑器，如图 1-49 所示。

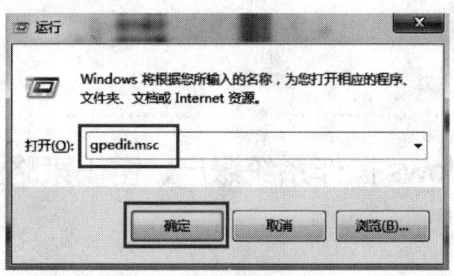

图 1-49　打开本地组策略编辑器

2. 在组策略编辑器的左侧，依次选择"计算机配置""Windows 设置""安全设置""账户策略""密码策略"，如图 1-50 所示。

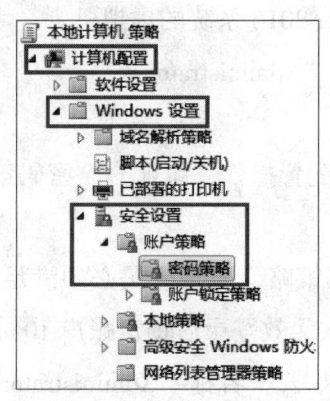

图 1-50　选择密码策略

3. 在密码策略设置界面，双击"密码必须符合复杂性要求"。如图 1-51 所示，若要启用此项功能，则选择"已启用"；若要关闭此项功能，则选择"已禁用"。最后，单击"确定"即可。

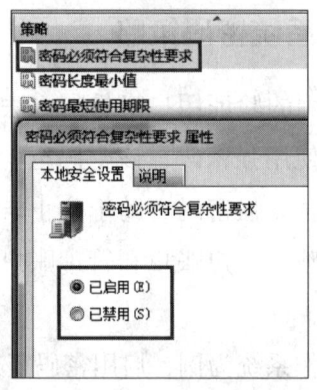

图 1-51　启用密码复杂性要求

## Windows 操作系统账户、密码策略配置

### 一、操作准备

1. 计算机一台，其操作系统为 Windows 7 及以上（这里以 Window 10 专业版为例）。

2. 虚拟化模拟软件平台。

3. 预安装 Windows Server 2016 系统的虚拟机。

4. 系统默认登录账户为"Administrator"。

### 二、操作要求

某公司内部服务器需要配置操作系统账户、密码策略，以提升系统的安全性，具体要求如下。

1. 设置系统账户、密码策略，要求密码必须满足复杂性要求，密码不小于 8 位，设置账户锁定策略，3 次无效登录后锁定账户 10 min 并重置。

2. 伪装管理员账户：将账户名称"Administrator"修改为"Testadmin"，设置密码为"admin@123"；随后新建普通用户账户"Administrator"，设置密码为

"P@ssw0rd",该密码设置为永不过期且用户不得更改,并将该账户禁用且设置为隶属于"Guests"组(来宾组)。

3. 新建用户账户"Alice",设置初始密码为"QWE!@#asd",要求该账户首次登录必须修改密码,并将该账户设置为"Users"组(用户组)和"Remote Desktop Users"组(远程桌面组)的成员。

### 三、操作步骤

步骤 1  设置系统账户、密码策略。

(1)打开"服务器管理器"窗口,单击"工具"菜单,选择"本地安全策略",如图 1-52 所示,打开"本地安全策略"窗口。

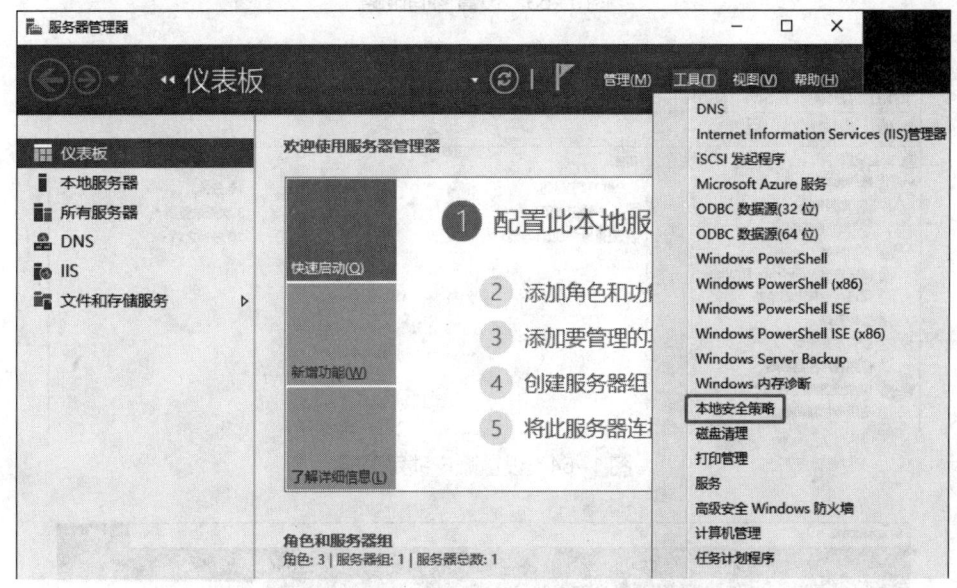

图 1-52  "本地安全策略"位置

(2)设置密码策略。在左侧导航窗格中依次选择"账户策略""密码策略",将"密码必须符合复杂性要求"设置为"已启用",将"密码长度最小值"设置为"8 个字符",如图 1-53 所示。

(3)设置账户锁定策略。在左侧导航窗格中选择"账户锁定策略",将"账户锁定时间"设置为"10 分钟",将"账户锁定阈值"设置为"3 次无效登录",将"重置账户锁定计数器"设置为"10 分钟之后",如图 1-54 所示。

步骤 2  伪装管理员账户。

(1)打开"服务器管理器"窗口,单击"工具"菜单,选择"计算机管理",如图 1-55 所示,打开"计算机管理"窗口。

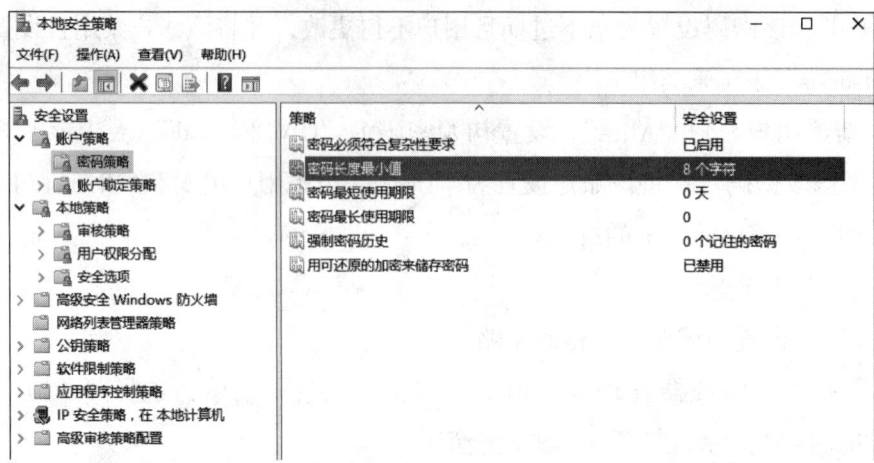

图 1-53　设置密码策略

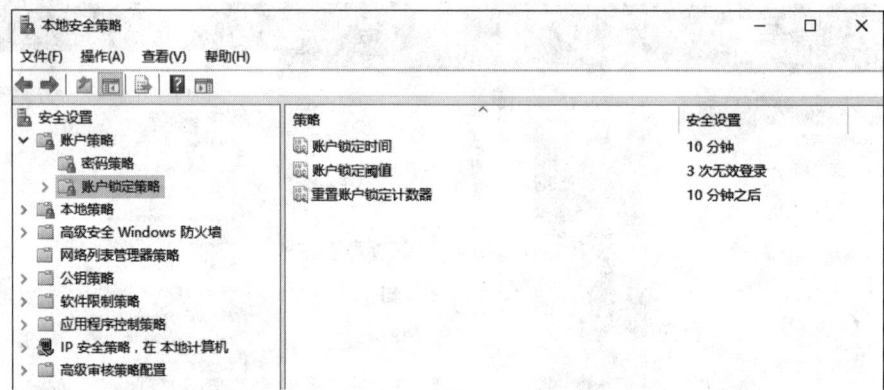

图 1-54　设置账户锁定策略

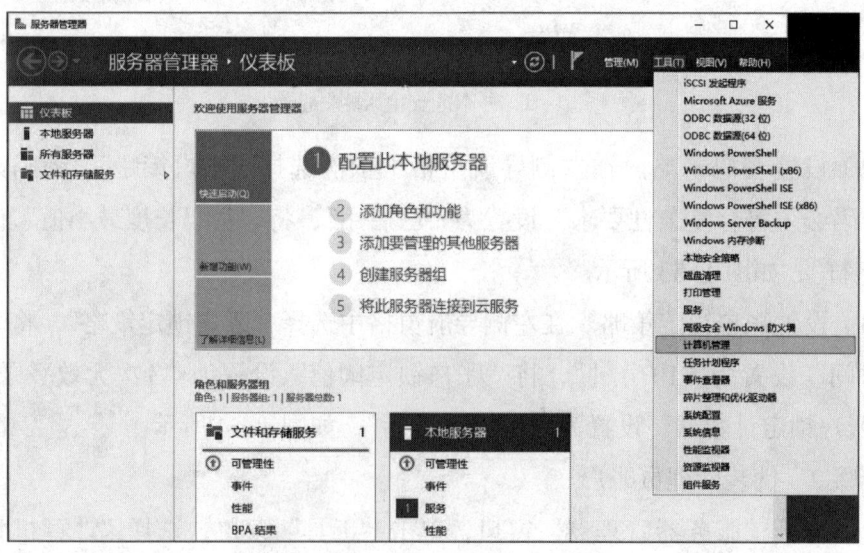

图 1-55　"计算机管理"位置

（2）修改"Administrator"账户。在左侧导航窗格中依次选择"系统工具""本地用户和组""用户"，右键单击（以下简称右击）"Administrator"，从弹出的快捷菜单中分别选择"重命名"和"设置密码"命令，如图1-56所示，重命名账户"Administrator"为"Testadmin"，设置密码为"admin@123"。

图1-56 修改"Administrator"账户

步骤3 新建并设置普通用户账户。

（1）在"计算机管理"窗口中，右击"用户"，从弹出的快捷菜单中选择"新用户"，打开"新用户"对话框。输入用户名"Administrator"，设置密码为"P@ssw0rd"，选中"用户不能更改密码""密码永不过期"和"账户已禁用"复选框，最后单击"创建"按钮，如图1-57所示。

图1-57 新建账户"Administrator"

（2）右击新创建的"Administrator"账户，从弹出的快捷菜单中选择"属性"，打开"属性"对话框，切换到"隶属于"选项卡，删除原有的"Users"组，添加"Guests"组，如图1-58所示。

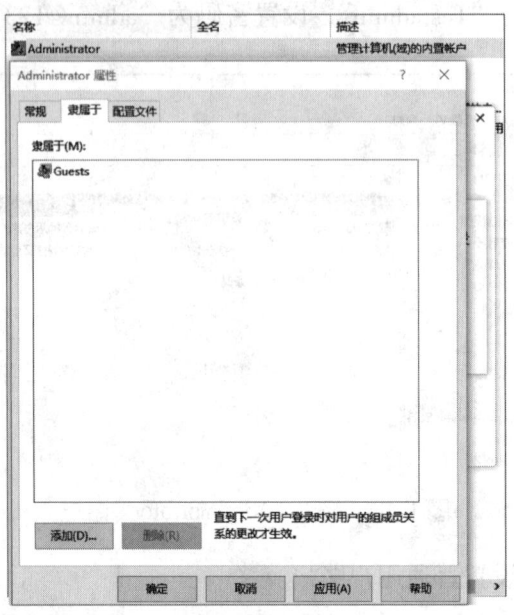

图1-58 设置账户"Administrator"属性

（3）再次打开"新用户"对话框，输入用户名"Alice"，设置密码为"QWE!@#asd"，选中"用户下次登录时须更改密码"复选框，最后单击"创建"按钮，如图1-59所示。

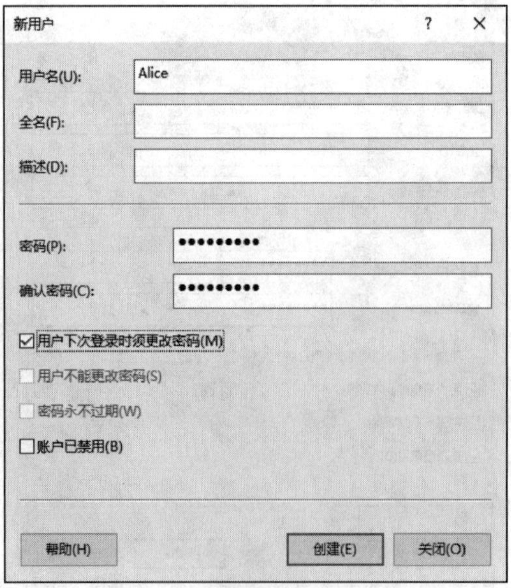

图1-59 新建账户"Alice"

（4）右击新创建的"Alice"账户，从弹出的快捷菜单中选择"属性"命令，切换到"隶属于"选项卡，将该账户添加到"Remote Desktop Users"组（远程桌面组），如图 1-60 所示。

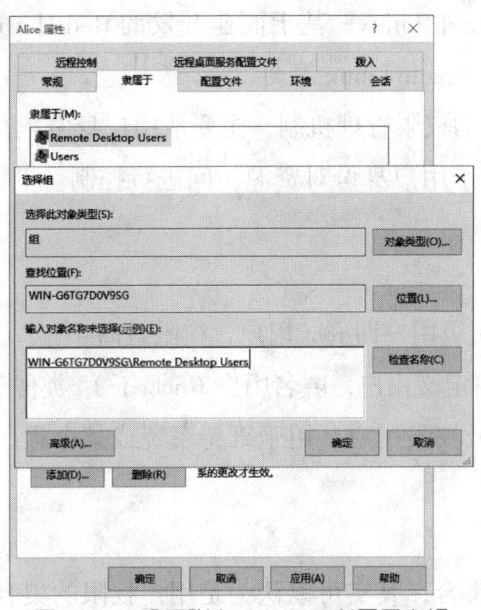

图 1-60　设置账户"Alice"所属用户组

### 四、注意事项

由于在操作中变更系统管理员的权限可能会影响后续其他操作的权限，因此可以在最后变更系统管理员，或在重启后进一步配置相关安全策略。

# 学习单元 2　配置 Linux 操作系统账户策略与密码策略

## 一、Linux 操作系统账户策略

Linux 是一种免费使用和自由传播的类 Unix 操作系统，是一种多用户、多任务、支持多线程和多中央处理器的操作系统。它能运行主要的 Unix 工具软件、应用程序和网络协议。它支持 32 位和 64 位硬件。Linux 继承了 Unix 以网络为核心的设计思想,是一种性能稳定的网络操作系统。Linux 有上百种发行版,如基于社区开发的 Debian、Arch Linux,基于商业开发的 Red Hat Enterprise Linux(简称 RHEL)、SUSE Linux、Oracle Linux 等。

Linux 提供了严格的权限管理机制,主要从用户身份、文件权限两个方面对资源进行限制。Linux 基于用户身份对资源访问进行控制。下面介绍 Linux 账户策略的相关知识。

**1. 用户账户类别**

(1)超级用户。超级用户即 root 用户,权限最高。

(2)普通用户。自定义用户,匿名用户(nobody),类似于 Windows 中的 Guest。

(3)程序用户。低权限用户,用于维持系统或某个程序的正常运行,无法登录系统。

**2. 组账户**

组账户是用户的集合,其实可以认为是用户权限的集合。组账户分为基本组和附加组。

(1)基本组(私有组)。基本组(私有组)随着用户账户的创建而创建,它与用户账户同名(也可以自己设置)。创建一个用户账户的时候必有其组。

(2)附加组(公有组)。附加组(公有组)可以直接创建空组,也可以添加已有的用户账户。给附加组(公有组)设置权限,则该组中的所有用户账户都拥有此权限。

**3. 用户标识号和组标识号**

(1)用户标识号。用户标识号的英文全称是 user identity,简称 UID。在默认情况下,0 表示 root,1~999 表示(系统)程序用户,1000~60000 表示(登录)普通用户。

(2)组标识号。组标识号的英文全称是 group identity,简称 GID。

**4. /etc/passwd 和 /etc/shadow 文件**

Linux 操作系统账户和密码存储在 /etc/passwd 和 /etc/shadow 这两个文件中。

(1)/etc/passwd 文件。在 /etc/passwd 文件中,每个用户都有一个对应的记录行,记录该用户的基本属性。/etc/passwd 文件中的每行记录被半角冒号(:)分隔为 7 个字段,其格式如图 1-61 所示。

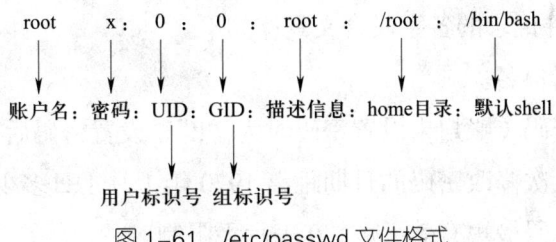

图 1-61 /etc/passwd 文件格式

/etc/passwd 文件记录的字段含义具体如下。

1）第一列为账户名。

2）第二列为密码占位符（x 表示该账户需要密码才能登录，密码占位符为空时，账户无须密码即可登录）。

3）第三列为 UID。

4）第四列为 GID。

5）第五列为描述信息，即账户附加基本信息，一般存储账户名全称、联系方式等信息。

6）第六列为账户 home 目录位置。

7）第七列为账户登录 shell（一种程序），/bin/bash 表示可登录系统 shell，/sbin/nologin 表示账户无法登录系统。

（2）/etc/shadow 文件。Linux 操作系统把真正的加密密码串放置在 /etc/shadow 文件中，此文件只有 root 用户可以浏览和操作，最大限度地保证密码安全，如图 1-62 所示。

```
root@debian:~# cat /etc/shadow
root:$y$j9T$80CQjvrPuAtAlzg1HsEYuO$bn5fsLsWgSSOj.OQH5FqaybfycapCWWhKcvSvEaIOIO:19318:0:99999:7:::
daemon:*:19318:0:99999:7:::
bin:*:19318:0:99999:7:::
sys:*:19318:0:99999:7:::
sync:*:19318:0:99999:7:::
games:*:19318:0:99999:7:::
man:*:19318:0:99999:7:::
lp:*:19318:0:99999:7:::
mail:*:19318:0:99999:7:::
news:*:19318:0:99999:7:::
uucp:*:19318:0:99999:7:::
proxy:*:19318:0:99999:7:::
www-data:*:19318:0:99999:7:::
backup:*:19318:0:99999:7:::
list:*:19318:0:99999:7:::
irc:*:19318:0:99999:7:::
gnats:*:19318:0:99999:7:::
nobody:*:19318:0:99999:7:::
_apt:*:19318:0:99999:7:::
systemd-network:*:19318:0:99999:7:::
systemd-resolve:*:19318:0:99999:7:::
messagebus:*:19318:0:99999:7:::
systemd-timesync:*:19318:0:99999:7:::
sshd:*:19318:0:99999:7:::
user:$y$j9T$12q2H5cCGm.vTPCvpufDT1$fPxVTyzTjLP.6zd/vD.TiDBxGGV931PBT9IA4PcVBn7:19318:0:99999:7:::
systemd-coredump:!*:19318::::::
mysql:!:19318:0:99999:7:::
ntp:*:19318:0:99999:7:::
redis:*:19318:0:99999:7:::
```

图 1-62 /etc/shadow 文件

/etc/shadow 文件记录的各字段含义具体如下。

1）第一列为账户名。

2）第二列为密码（账户未设置密码时为"!!"，设置密码后加密显示）。

3）第三列为上次修改密码的日期距离 1970 年 1 月 1 日多少天。

4）第四列为密码最短有效天数，0 表示无限制。

5）第五列为密码最长有效天数（默认为 99999 天，可以理解为永不过期）。

6）第六列为密码过期后的宽限天数（密码过期后，预留几天给用户修改密码，此时已无法使用旧密码登录）。

7）第八列为账户失效日期（从 1970 年 1 月 1 日起，多少天后账户失效）。

8）第九列暂时保留，未使用。

Linux 账户锁定策略由可插拔的认证模块（pluggable authentication modules，PAM）控制，更具体地说是 pam_tally 和 pam_tally2 模块。可以在 /etc/pam.d/common-auth 的 Debain 或 Ubuntu 中以及 /etc/pam.d/system-auth 中配置这些模块。其中，pam_tally 模块统计登录次数。该模块具有多种配置选项，可以维护尝试登录的次数，可以重置计数，并根据过多的不正确尝试设置锁定时间等拒绝访问策略。

## 二、Linux 操作系统密码策略

密码复杂度策略可通过 /etc/login.defs 文件配置。/etc/login.defs 文件提供用户账户参数的默认配置信息。useradd、usermod、userdel 和 groupadd 命令以及其他用户和组实用程序从该文件中获取默认值，每行包含一个指令名称和关联值。在执行上述命令时，login.defs 中的相关参数能起到控制作用，如控制新增用户密码有效期（pass_max_days）、密码加密存储（encrypt_method）、创建新增用户 home 目录（create_home）、新增文件或目录权限（umask）等。但是，passwd 命令（修改密码命令）不会从 login.defs 中获取默认值，因此利用 passwd 命令修改密码时，pass_min_len 参数无法控制用户密码长度。passwd 命令的配置文件为 /etc/pam.d/passwd，该配置文件可控制密码长度以及复杂度要求，其配置内容如图 1-63 所示。

auth：用来对用户的身份进行识别，如提示用户输入密码，或判断用户是否为 root 用户。

account：对账户的各项属性进行检查，如是否允许登录，是否达到最大用户数，或 root 用户是否允许在这个终端登录等。

session：定义用户登录前及退出后所要进行的操作，如登录连接信息、用户数

图 1-63  /etc/pam.d/passwd 配置内容

据的打开与关闭、挂载文件系统等。

password：使用用户信息来更新，如修改用户密码。

从配置内容可以看出，/etc/pam.d/passwd 文件调用了同一文件夹下的 system-auth 文件，因此，通常使用 system-auth 文件设置密码长度和复杂度策略。实际上，直接在该文件中配置上述内容也可以实现控制。

注意，应该根据操作系统版本查询密码长度和复杂度策略最终通过哪种 so 包实现控制，因为不同版本操作系统使用不同的 so 包。

### 技能要求

## Linux 操作系统账户、密码策略配置

### 一、操作准备

1. 计算机一台。
2. 虚拟化模拟软件平台。
3. 已安装好 deepin 的虚拟机。

### 二、操作要求

某公司要求网络管理员对公司服务器系统账户进行安全加固，具体要求如下。

1. Linux 服务器上有名为 inspc 的用户账户，现在设置的密码为"admin@123"，属于弱密码，需要修改为强密码"Gh1*zF#22"。

2. 新建用户账户 admin1，将该账户加入 sudo 用户组，将密码设置为强密码"aA338（*fF"。

## 三、操作步骤

步骤 1　修改 inpsc 用户账户的密码。

（1）登录 deepin 系统，如图 1-64 所示，在密码文本框中输入密码"admin@123"。

图 1-64　登录 deepin 系统

（2）单击屏幕下方的"控制中心"，进入系统设置界面，如图 1-65 所示。

图 1-65　系统设置界面

（3）单击"账户"，进入账户修改界面，如图 1-66 所示。

（4）单击"修改密码"，在当前密码处填入"admin@123"，在新密码和重复密码处填入"Gh1*zF#22"，然后单击"保存"，如图 1-67 所示。

步骤 2　新建用户账户 admin1，并将该账户加入 sudo 用户组，将密码设置为强密码"aA338（*fF"。

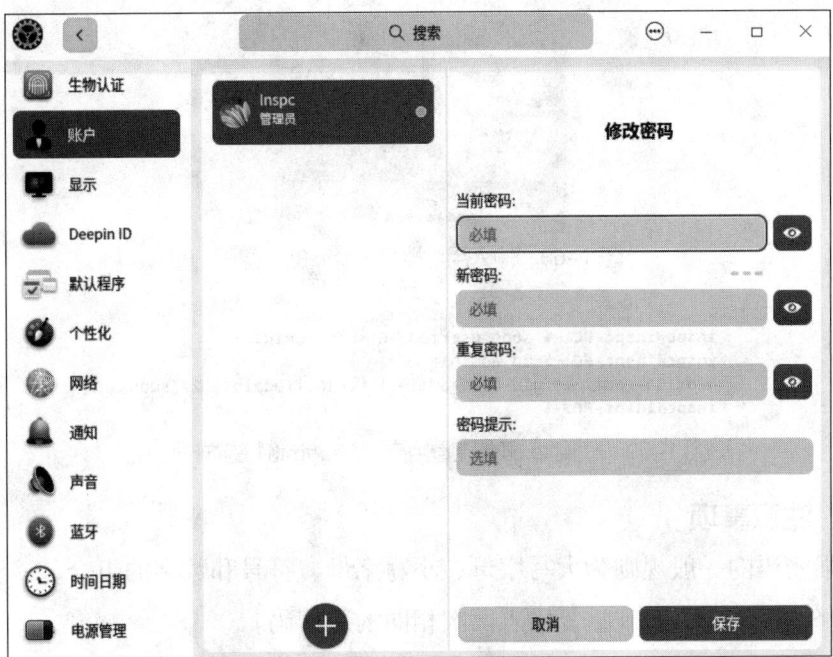

图 1-66　账户修改界面

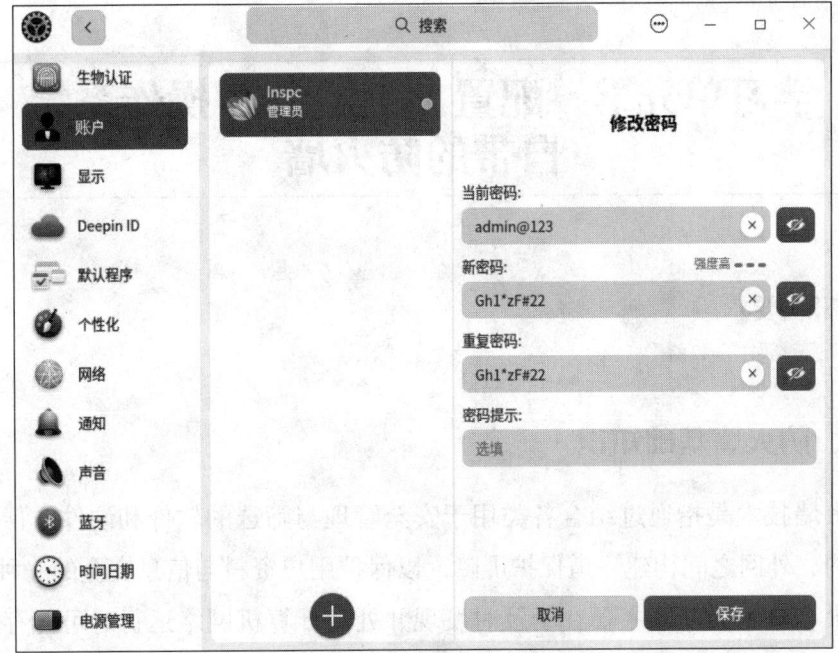

图 1-67　修改账户密码

（1）输入用户账户 inspc 的新密码，如图 1-68 所示。

（2）使用命令将用户账户 admin1 加入 sudo 用户组，为其分配 sudo 权限，并使用 id 命令查看其详细信息，如图 1-69 所示。

图 1-68　输入用户账户 inspc 的新密码

```
inspc@inspc-PC:~$ sudo usermod -G sudo admin1
inspc@inspc-PC:~$ id admin1
uid=1001(admin1) gid=1001(admin1) 组=1001(admin1),27(sudo)
inspc@inspc-PC:~$
```

图 1-69　使用 id 命令查看用户账户 admin1 的详细信息

### 四、注意事项

1. 强密码的一般规则为大写字母、小写字母、符号和数字的组合。
2. 修改密码时，必须重复输入两次相同的新密码。

---

# 学习单元 3　配置 Windows 操作系统自带的防火墙

## 一、防火墙基础知识

防火墙技术是指通过结合各类用于安全管理与筛选的软件和硬件，帮助计算机在内网、外网之间构建一道保护屏障，以保护用户资料与信息安全的一种技术。

防火墙技术的功能主要在于及时发现并处理计算机网络运行时可能存在的安全风险、数据传输问题等，处理措施包括隔离与保护，同时可对各项计算机网络安全相关操作实施记录和检测，以确保计算机网络运行的安全性，保障用户资料与信息的完整性，为用户提供更好、更安全的计算机网络使用体验。

依据国家标准《信息安全技术　防火墙安全技术要求和测试评价方法》

（GB/T 20281—2020）的定义，防火墙是对经过的数据流进行解析，并实现访问控制及安全防护功能的网络安全产品。根据安全目的和实现原理的不同，防火墙通常可以分为网络防火墙、Web应用防火墙、数据库防火墙和主机防火墙。

### 1. 网络防火墙

网络防火墙是指部署于不同安全域之间，对经过的数据流进行解析，具备网络层、应用层访问控制及安全防护功能的网络安全产品。

### 2. Web应用防火墙

Web应用防火墙是指部署于Web服务器前端，能对HTTP/HTTPS（hypertext transfer protocol secure，超文本传输安全协议）访问和响应数据进行解析，具备Web应用的访问控制及安全防护功能的网络安全产品。

### 3. 数据库防火墙

数据库防火墙是指部署于数据库服务器前端，能对数据库访问和响应数据进行解析，具备数据库的访问控制及安全防护功能的网络安全产品。

### 4. 主机防火墙

主机防火墙是指部署于计算机（包括个人计算机和服务器）上，具备网络层访问控制、应用程序访问限制和攻击防护功能的网络安全产品。

从防火墙采用的技术来说，防火墙通常使用一组基于源/目标IP、源/目标端口、协议类型、目的服务等字段的安全规则对内、外网数据流进行检测、匹配和处理。传统的数据包过滤防火墙在TCP/IP层工作，基于静态规则对网络数据包进行检查。随着技术的发展，防火墙已从无状态检测防火墙发展到状态检测防火墙，从只工作在TCP/IP层发展到能进行全栈检查，能够实现动态开放端口、应用类型和内容控制、攻击防护（拒绝服务攻击防护、Wed攻击防护、数据库攻击防护、恶意代码攻击防护）等安全功能。

## 二、Windows防火墙

Windows防火墙是指Windows操作系统自带的软件防火墙。可通过图形化方式关闭或启用Windows防火墙，并根据出站规则和入站规则配置细粒度的访问控制策略。

### 1. Windows防火墙匹配规则

Windows防火墙匹配规则的优先级为：只允许安全连接（即旁路规则）、阻止连接、允许连接、默认规则（如果没有设置，那就是默认阻止）。

一旦网络数据包与规则匹配，该规则即被应用，并且停止处理。例如，首先将到达的网络数据包与经过身份验证的旁路规则进行比较，如果匹配则应用该规则并停止处理，之后该数据包不再与阻止规则、允许规则或默认规则进行比较。如果数据包与经过身份验证的旁路规则不匹配，则将其与阻止规则进行比较，若匹配成功，则该数据包被阻止并停止处理。

2. Microsoft 防火墙设置

打开或关闭 Microsoft 防火墙，需要执行以下操作。Microsoft 10 专业版防火墙界面如图 1-70 所示。

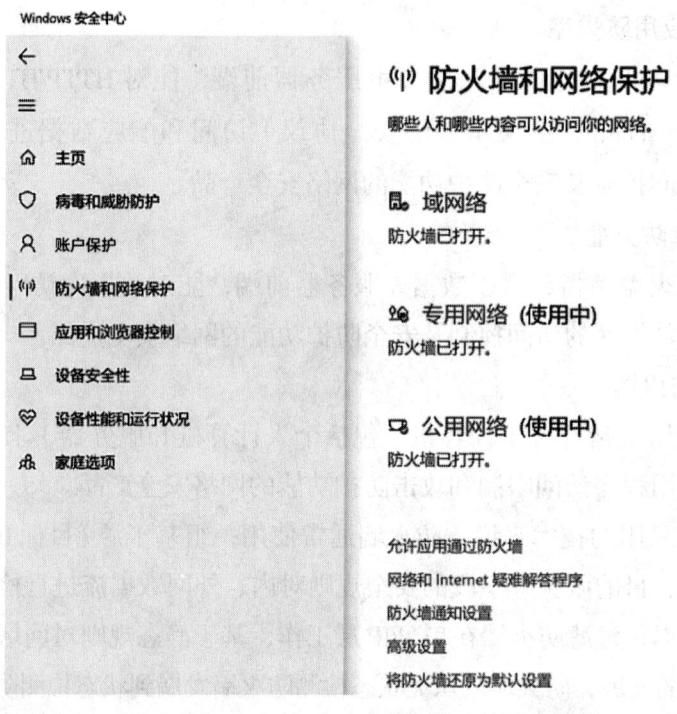

图 1-70　Microsoft 10 专业版防火墙界面

（1）选择"开始"按钮，依次选择"设置""更新和安全""Windows 安全中心"，然后单击"防火墙和网络保护"，打开"Windows 安全中心"窗口。

（2）选择域网络、专用网络或公用网络，在"Microsoft Defender 防火墙"下将设置选项切换为"开"。注意，如果用户设备已连接网络，那么配置的网络策略可能会阻止用户完成上述步骤。

（3）若要关闭 Microsoft 防火墙，则将设置选项切换为"关"。

3. Windows 防火墙出入站规则

通过打开高级设置窗口，可进行入站规则、出站规则的配置。下面以授予服务器访问权限的 Windows 防火墙规则为例，进行 Windows 防火墙出入站规则的配置。

（1）打开"命令提示符"窗口，输入"wf.msc"，打开如图 1-71 所示的界面。

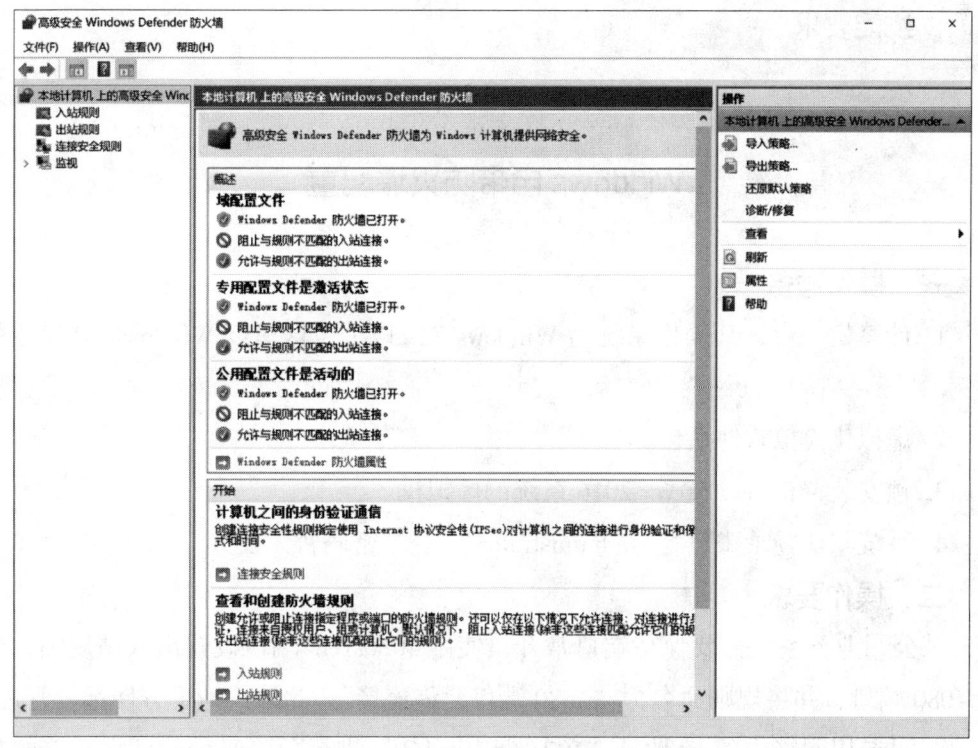

图 1-71 Windows 防火墙出入站规则配置

（2）在左侧导航窗格中选择"入站规则"，然后单击右侧窗格中的"新建规则"。

（3）在"规则类型"界面中，选中"自定义"，然后单击"下一步"。

（4）如果必须限制对单个网络程序的访问，则在"程序"界面中选中"此程序路径"，并指定要授予访问权限的程序或服务。否则，选择"所有程序"，然后单击"下一步"。

（5）如果仅访问某些 TCP 或 UDP 端口号，则需要在"协议和端口"界面输入端口号。否则，将协议类型设置为"任何"，然后单击"下一步"。

（6）在"作用域"界面中，选择本地 IP 地址和远程 IP 地址的"任何 IP 地址"，然后单击"下一步"。

（7）在"操作"界面中，如果连接是安全的，则单击"允许连接"。如果设计需要，还可以单击"自定义"并选择"要求对连接进行加密"。

（8）在"计算机"和"用户"界面中，选中允许的账户类型（计算机或用户）复选框，单击"添加"，然后输入包含允许访问服务器的设备和用户账户的组账户。

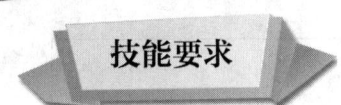

# Windows 自带防火墙配置

## 一、操作准备

1. 计算机一台，其操作系统为 Windows 7 及以上（这里以 Windows 10 专业版为例）。

2. 虚拟化模拟软件平台。

3. 预安装 Windows Server 2016 系统的虚拟机。

4. 系统默认登录账户为"administrator"，登录密码暂无设置。

## 二、操作要求

某公司业务系统需要保持端口常开，使用 4080/TCP 端口设置出入站规则，放行 4080 端口，并将规则命名为"4080 端口允许连接"。此外，为了方便远程管理，指定公司专用网络内的 IP 地址"192.168.196.169"进行免除身份验证设置，并将规则命名为"Poweruserallow"。使用 Windows 自带防火墙进行配置。

## 三、操作步骤

步骤 1　端口设置。

（1）打开高级设置窗口，在左侧导航窗格中选择"入站规则"，单击右侧窗格中的"新建规则"，如图 1-72 所示。

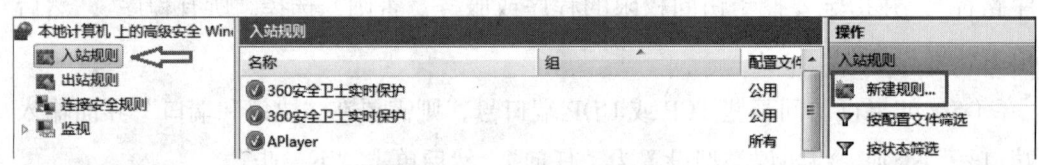

图 1-72　入站规则设置界面

（2）打开"新建入站规则向导"对话框后，在"规则类型"界面中选中"端口"。

（3）单击"下一步"，在"协议和端口"界面中选中"TCP"，在"特定本地端口"后的文本框中输入"4080"，如图 1-73 所示。

（4）单击"下一步"，在"操作"界面中选中"允许连接"，如图 1-74 所示。

（5）单击"下一步"，在"配置文件"界面中选中"域""专用""公用"复选框，如图 1-75 所示。

职业模块 1　网络与信息安全防护

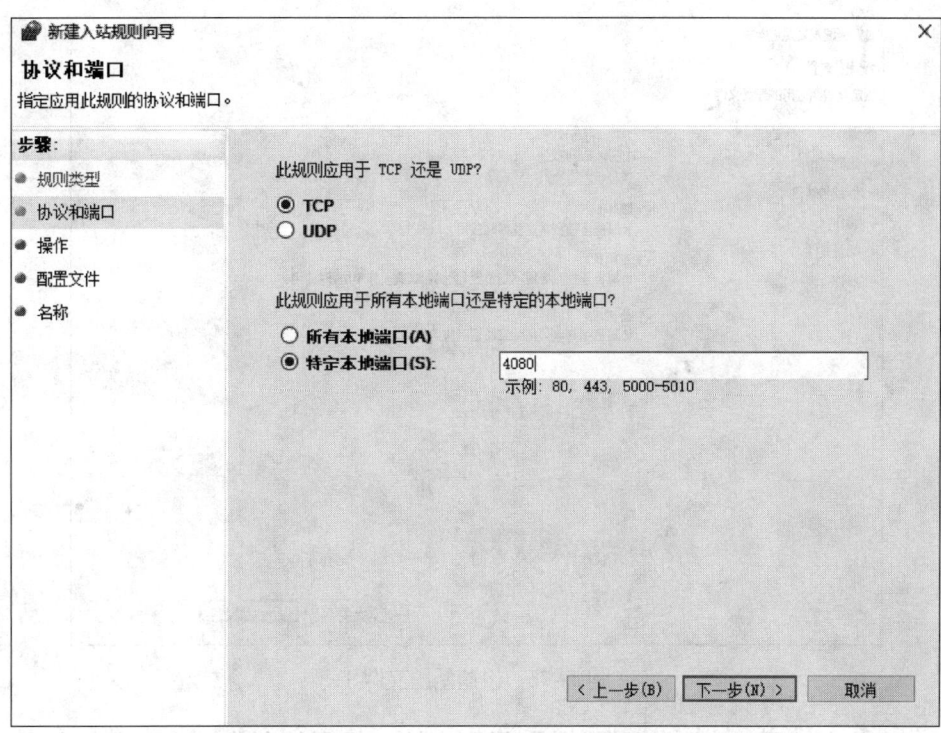

图 1-73　选择规则的协议和端口

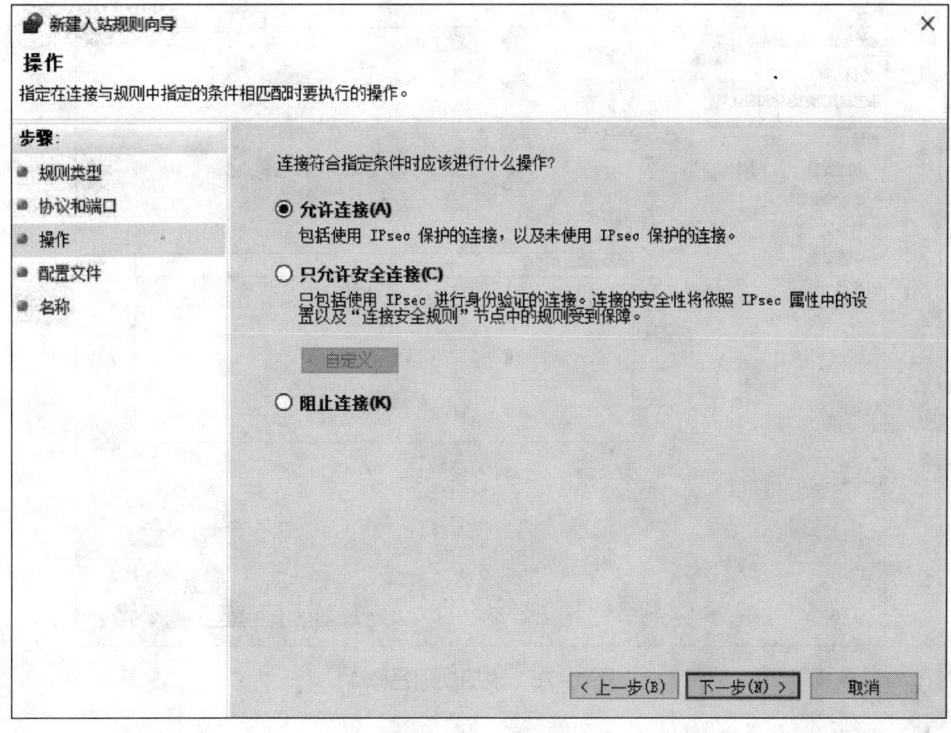

图 1-74　选中"允许连接"

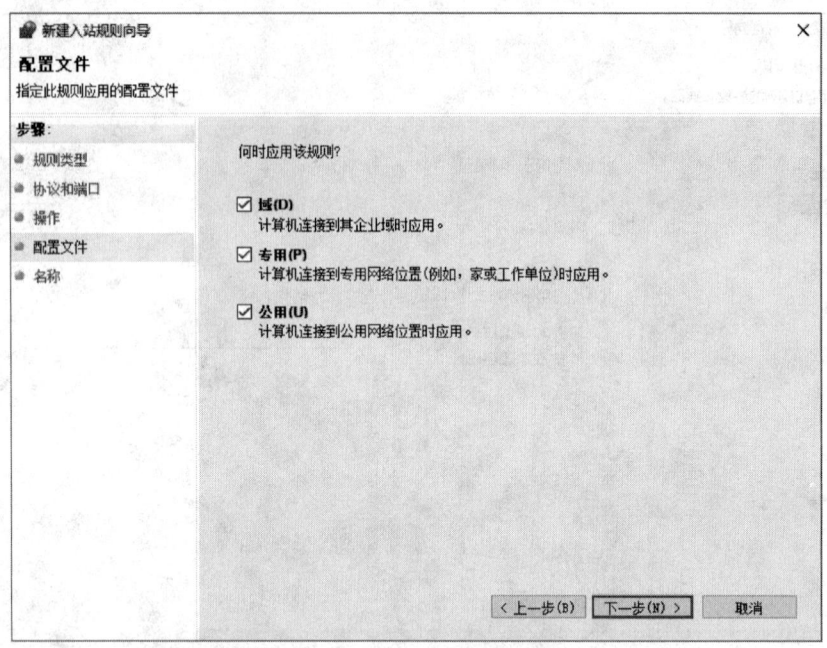

图 1-75　设置配置文件 1

（6）单击"下一步"，在"名称"界面中输入规则的名称，这里命名为"4080端口允许连接"，最后单击"完成"，如图 1-76 所示。

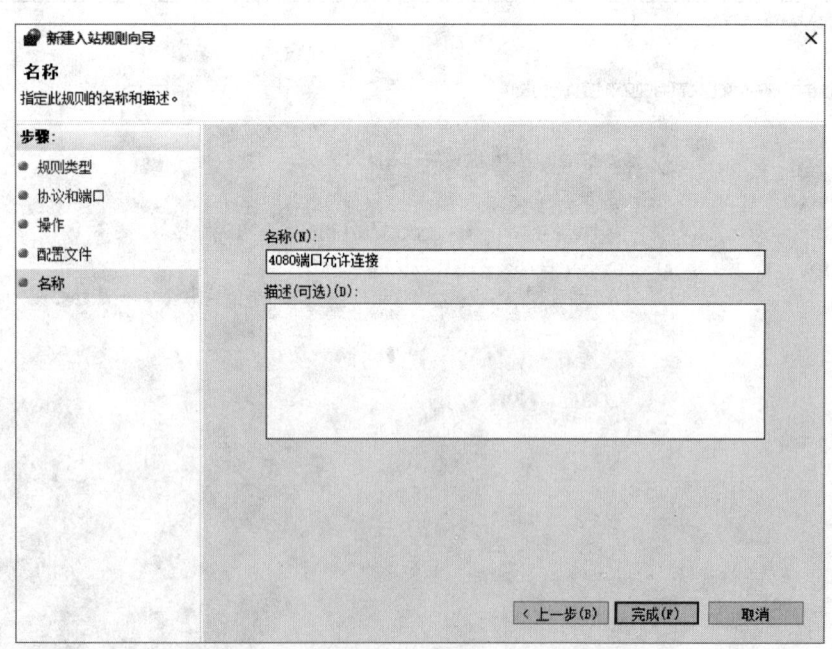

图 1-76　添加规则名称 1

（7）参考上述步骤，配置出站规则。

步骤 2　免除身份验证设置。

（1）在高级设置窗口的左侧窗格中选中"连接安全规则"，在右侧窗格中单击"新建规则"，如图 1-77 所示。

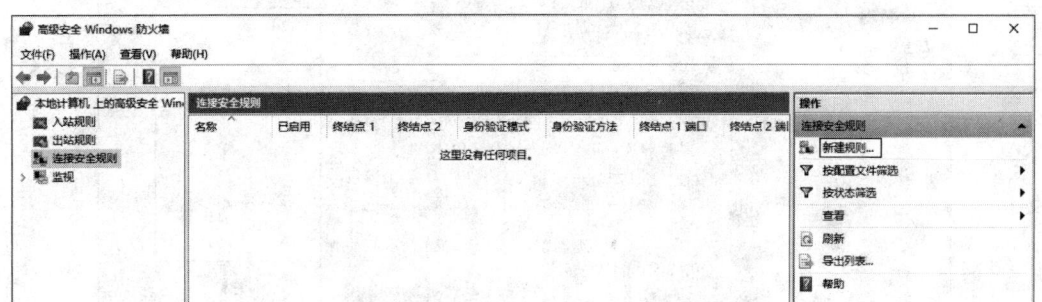

图 1-77　连接安全规则设置界面

（2）打开"新建连接安全规则向导"对话框后，在"规则类型"界面中选中"免除身份验证"，如图 1-78 所示。

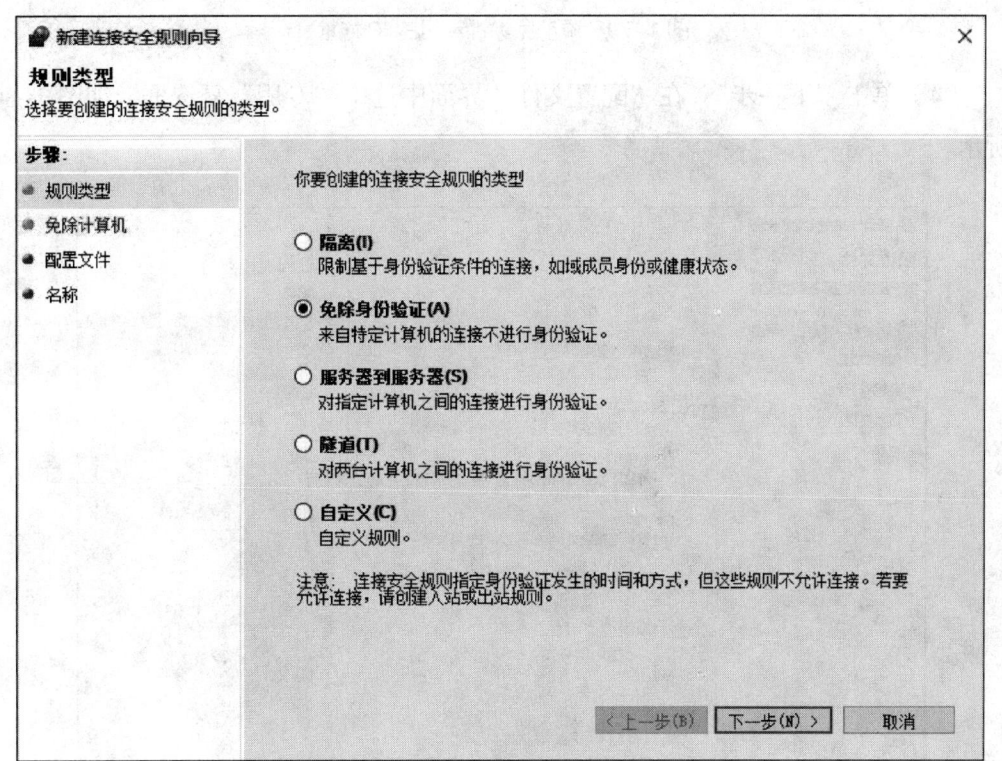

图 1-78　选择规则类型

（3）单击"下一步"，在"免除计算机"界面中单击"添加"，输入 IP 地址"192.168.196.169/32"，如图 1-79 所示。

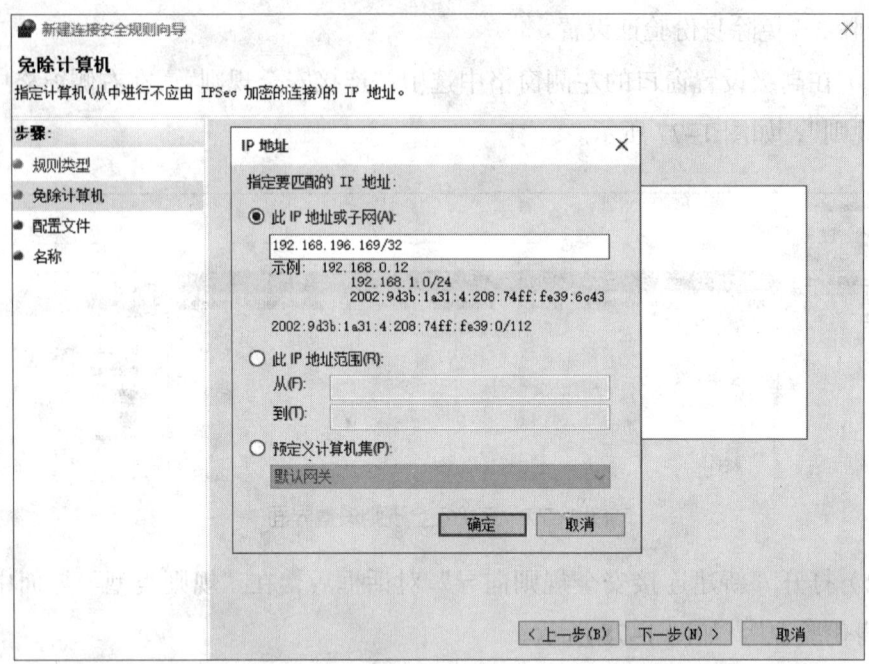

图 1-79 添加免除计算机的 IP 地址

（4）单击"下一步"，在"配置文件"界面中选中"专用"复选框，如图 1-80 所示。

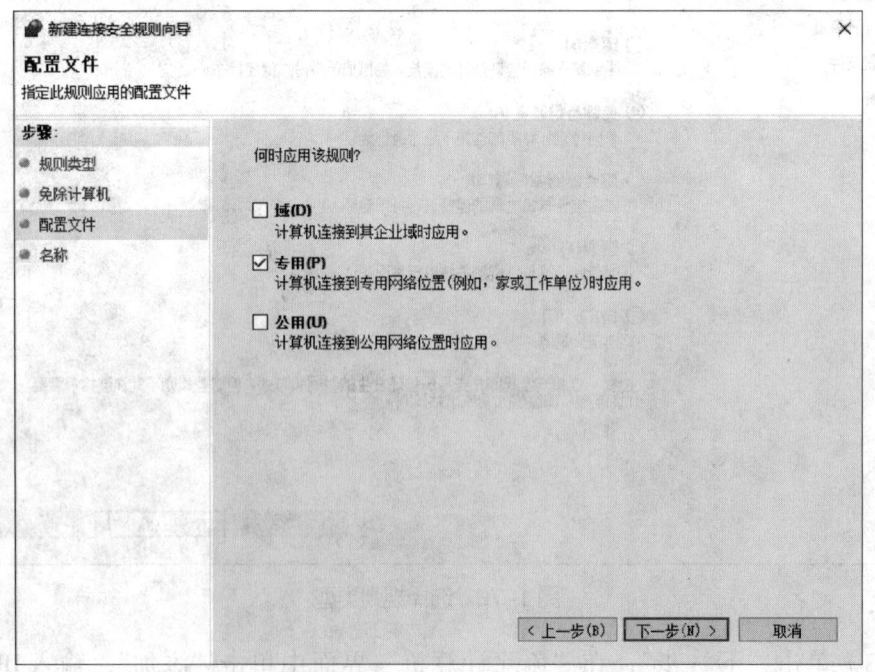

图 1-80 设置配置文件 2

（5）单击"下一步"，在"名称"界面中输入"Poweruserallow"，最后单击"完成"，完成 Windows 防火墙的配置，如图 1-81 所示。

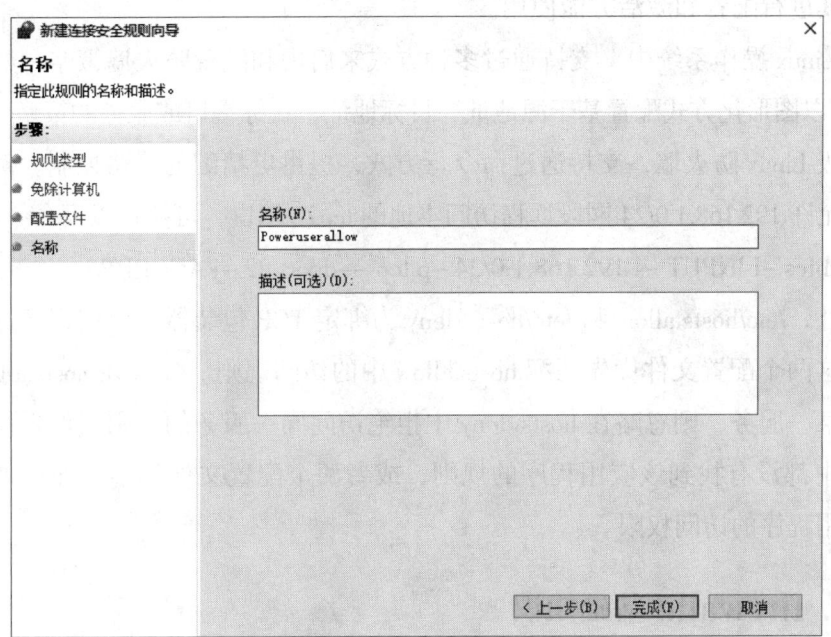

图 1-81　添加规则名称 2

### 四、注意事项

在配置 Windows 自带防火墙时，新设置的项目不应与系统内原始设置端口等出现任何冲突，以保证相关策略的正确配置。

# 学习单元 4　配置 Linux 操作系统自带的防火墙

### 一、Linux 防火墙基础知识

Linux 防火墙是一种软件防火墙，也是不同商用硬件防火墙的实现基础。对于不同版本的 Linux 操作系统，防火墙功能由集成在内核中的 netfilter 组件提供，该组件在内核空间运行。在用户空间，通过 iptables、ufw、firewalld 等命令能实现防火墙功能。需要说明的是，在 Linux 操作系统默认安装后，防火墙处于禁止状态，需要对其进行配置和激活方能使用。

在 Linux 操作系统中，支持通过多种方式来启用和配置防火墙策略，如可通过 ufw 程序以图形化方式配置基于源地址、目标地址、目标端口或服务的策略。iptables 作为高级 Linux 防火墙，支持通过命令行方式，提供更精细的策略控制。例如，要限制仅允许 192.168.1.0/24 网段远程访问本地的 tcp22 端口，可执行以下命令：

iptables –I INPUT –s 192.168.1.0/24 –p tcp ––dport 22 –j ACCEPT

另外，/etc/hosts.allow 和 /etc/hosts.deny 为绑定 TCP 包装器的应用程序提供访问控制，这两个配置文件优先匹配 hosts.allow 中的访问规则。如果在 hosts.allow 中允许访问某一服务，则忽略在 hosts.deny 中拒绝访问同一服务的规则。如果在两个配置文件中都没有找到该应用程序的规则，或者两个配置文件都不存在，则将授予对该应用程序的访问权限。

## 二、firewalld 基础知识

firewalld 是基于 iptables 构建的，并已预安装在所有新版本的 CentOS、RHEL 和 Fedora 操作系统中。如果想在配置 CentOS 7/RHEL 7 的计算机上使用 iptables，则必须禁用和屏蔽防火墙功能。

firewalld 是 Linux 发行版系统默认的防火墙管理工具。它具有命令行和图形化两种管理方法。与传统的防火墙管理工具不同，firewalld 支持动态端口开放技术，并增加区域的概念。用户可以根据不同的生产场景选择合适的策略集，以实现防火墙策略之间的快速切换。它支持 IPv4 和 IPv6 防火墙设置。

firewalld 基于区域和服务的概念，而 iptables 使用链和规则。根据所配置的区域和服务，firewalld 可以控制允许或禁止来自服务器的流量。在基于 RHEL 的操作系统（如 CentOS 7）中，默认情况下会安装 firewalld。如果操作系统中未安装该软件包，则可以使用以下命令安装该软件包：

$ sudo yum install firewalld

安装完 firewalld 软件包后，请不要忘记启用它，以使它在操作系统启动时自动启动。

一般使用以下命令启用 firewalld：

$ sudo systemctl

默认情况下，防火墙服务是禁用的，可使用以下命令检查防火墙的服务状态：

$ sudo firewall-cmd --state

可通过执行以下命令来查看当前选择哪个区域作为默认区域：

$ firewall-cmd --get-default-zone

可使用以下命令列出所有可用区域：

$ sudo firewall-cmd --get-zones

可使用以下命令查看网络接口使用了哪些区域：

$ sudo firewall-cmd --get-active-zones

可通过以下命令查询所有规则：

$ sudo firewall-cmd --list-all

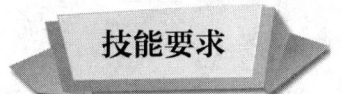

技能要求

## Linux 自带防火墙配置

### 一、操作准备

1. 计算机一台。
2. 虚拟化模拟软件平台。
3. 预安装 CentOS 7 系统的虚拟机。
4. 防火墙使用 firewalld。

### 二、操作要求

某公司服务器上的防火墙没有设置，目前为默认规则，需要按以下要求进行配置。

1. 将默认规则改为全部阻止。
2. 放开 http 和 https 的访问端口。
3. 在其他设备上可以正常浏览网页。

### 三、操作步骤

步骤 1　使用 root 用户登录 CentOS 7 系统，密码为 Inspc@2021。

步骤 2　依次选择"应用程序""杂项""防火墙"，打开防火墙配置界面，如图 1-82 所示。

图 1-82 防火墙配置界面

步骤 3  当前的默认区域为"public",要变更默认区域为"block",以阻止所有外来访问。在菜单栏中先选择"选项",再选择"改变默认区域",更改默认规则,如图 1-83 所示。

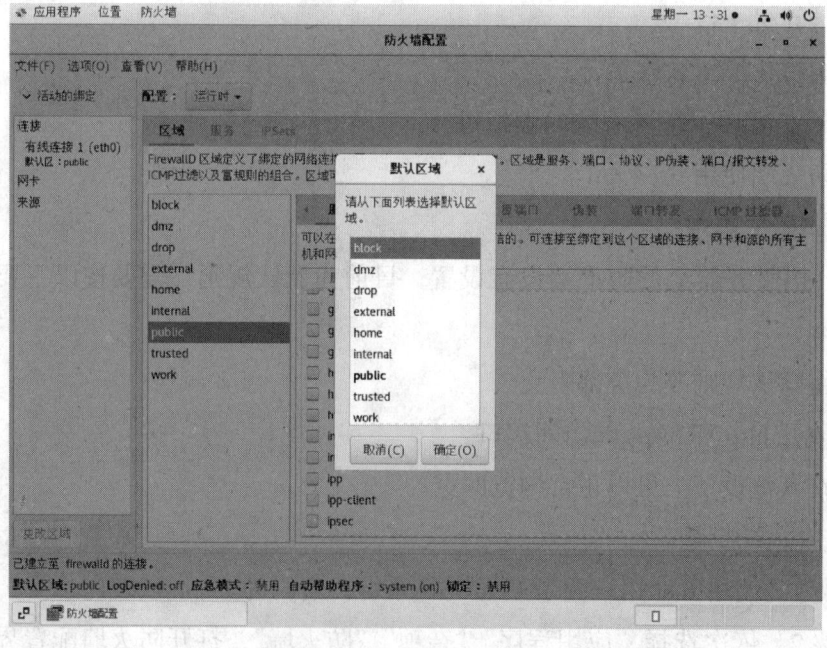

图 1-83 更改默认规则

步骤 4 在"block"区域中,单击"服务",选中"http"和"https"复选框,如图 1-84 所示。

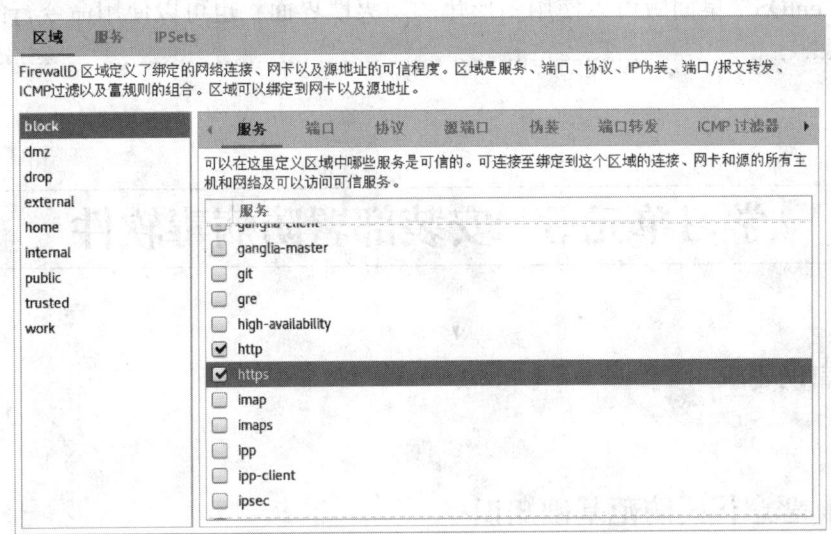

图 1-84 开放 http 和 https 的访问端口

步骤 5 查看服务器的 IP 地址。

步骤 6 测试在其他电脑上能否访问服务器上的 Web 服务,如图 1-85 所示。

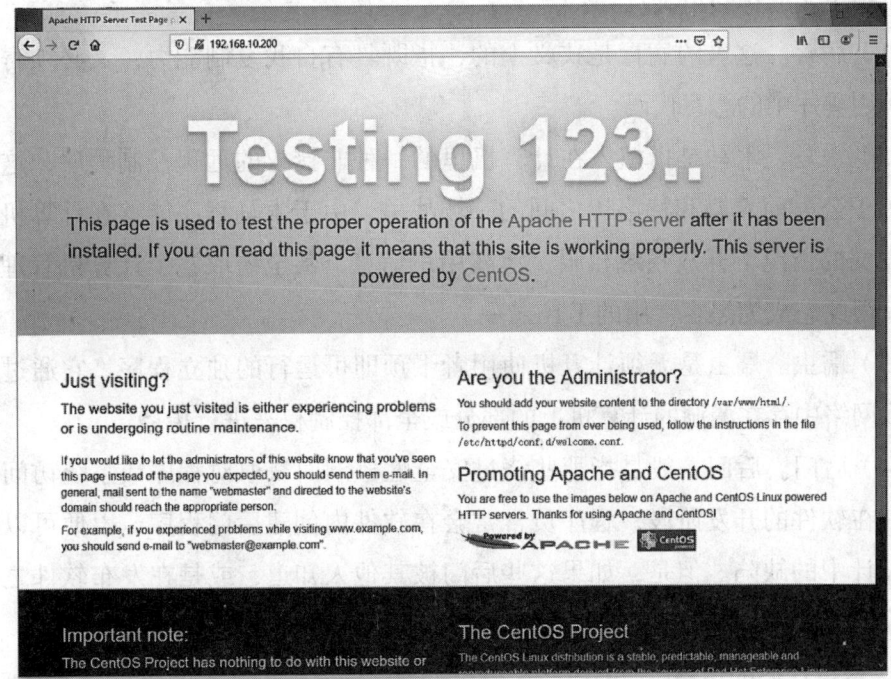

图 1-85 测试能否访问服务器上的 Web 服务

### 四、注意事项

1. 在 CentOS 7 中推荐使用 firewalld，不推荐使用早期的 iptables。
2. CentOS 7 桌面版可以使用图形化的防火墙界面，也可以使用命令行的界面。

---

# 学习单元 5　安装部署防病毒软件

## 一、恶意代码防范基础知识

### 1. 恶意代码的概念

恶意代码是指故意编制或设置的、对网络或系统会产生威胁或潜在威胁的计算机代码。常见的恶意代码有计算机病毒（简称病毒）、特洛伊木马（简称木马）、计算机蠕虫（简称蠕虫）、后门等。

（1）病毒。这里的病毒是狭义上的，指既具有自我复制能力，又必须寄生在其他实用程序中的恶意代码。

（2）木马。木马是指植入在计算机里的一种非授权的远程控制程序，这个名称来源于公元前希腊和特洛伊之间的一场战争。由于木马程序能够在计算机管理员未发觉的情况下开放系统权限、泄露用户信息，甚至窃取整个计算机管理使用权限，因此它成为黑客常用的工具之一。

（3）蠕虫。蠕虫是无须计算机使用者干预即可运行的独立程序，它通过不停地获取网络中存在漏洞的计算机上的部分或全部控制权来进行传播。

（4）后门。后门一般是指那些绕过安全性控制而获取对程序或系统访问权的程序。在软件的开发阶段，程序员常常会在软件内创建后门程序，以便可以修改程序设计中的缺陷。但是，如果这些后门被其他人知道，或是在发布软件之前没有删除后门程序，那么它就成了安全风险，容易被黑客当成漏洞进行攻击。

### 2. 恶意代码的传播

编写者一般通过三种途径来传播恶意代码，即软件漏洞、用户本身或者两者的结合。有些恶意代码是自启动蠕虫和嵌入脚本，其本身就是软件，这类恶意代码对用户的活动没有要求；有些恶意代码如木马、电子邮件蠕虫等，利用受害用户的心理操纵他们执行不安全的代码；还有一些恶意代码哄骗用户关闭保护措施。

#### 3. 恶意代码的危害

恶意代码的危害主要体现在以下四个方面。

（1）窃取数据，获取受感染主机的重要数据。

（2）破坏数据，对受感染主机的数据进行覆盖或删除等操作。

（3）占用磁盘空间，如引导型病毒会占用磁盘引导扇区，文件型病毒会写入磁盘未占用空间。

（4）抢占系统资源，影响计算机运行速度。

#### 4. 恶意代码的防范

恶意代码会带来很多危害，影响企业组织或个人的利益，可以从切断恶意代码传播的角度来对其进行防范。首先，养成良好的上网习惯，如果不知道邮件来源和附件属性，不要打开邮件中的附件，不要打开聊天过程中的陌生链接，不安装来源和用途不明的软件。其次，对于企业组织来讲要部署相应的防护措施，包括安装杀毒软件并及时升级，及时更新漏洞、补丁，配备入侵检测防御系统、垃圾邮件过滤器等。

## 二、Microsoft Defender 简介

Microsoft Defender 防病毒软件是 Windows 操作系统内置的免费安全工具之一。Microsoft Defender 防病毒软件将机器学习、大数据分析、深度威胁防御研究以及 Microsoft 云基础结构汇集在一起，以保护相关设备。Microsoft Defender 主要有以下功能。

1. 基于行为的启发式实时防病毒保护，包括使用文件和过程行为监视，以及基于启发式算法进行持续扫描（又称实时保护）。它还能检测和阻止被视为不安全但可能不会被检测为恶意软件的应用。

2. 云端保护，可支持即时检测和阻止新型威胁。

3. 专用保护和产品更新，包括使 Microsoft Defender 防病毒软件保持最新版本的相关更新。

Microsoft Defender 防病毒软件的主要优点之一是 Windows 操作系统内置，无须安装，与其他软件冲突的可能性很小。与许多第三方安全应用程序一样，Microsoft Defender 防病毒软件显示操作系统的安全防护状态，其侧边栏支持防病毒、账户保护、防火墙和网络保护、恶意 URL（uniform resource locator，统一资源定位符）、应用程序阻止和家长控制等功能。

Microsoft Defender 防病毒软件具备快速扫描、完整系统扫描、用于检查所需文件和文件夹的自定义扫描，以及在 Windows 完全加载之前运行的引导扫描等功能。在安装第三方杀毒软件后，Microsoft Defender 防病毒软件会自动关闭，不与第三方杀毒软件并行使用。

技能要求

## Microsoft Defender 安装部署

### 一、操作准备

1. 计算机一台，其操作系统为 Windows 7 及以上。
2. 虚拟化模拟软件平台。
3. 预安装 Windows Server 2016 系统的虚拟机。
4. 系统默认登录账户为"administrator"，登录密码暂无设置。

### 二、操作要求

某公司内部主机需要安装防病毒软件，网络管理员选用服务器系统自带的防病毒软件并进行安全部署，具体要求如下。

1. 开启防病毒软件。
2. 配置防病毒软件所有的防护功能。

### 三、操作步骤

步骤1　开启防病毒软件。

（1）单击"开始"菜单，拉到字母"W"位置，依次单击"Windows 系统""Windows Defender"，打开"Windows Defender"界面。

（2）单击"启用"，启用 Windows Defender，如图 1-86 所示。

### Windows Defender 新增功能
Microsoft 建议使用的免费防病毒软件

 **设置更新**

可以更轻松地查看保护状态。此外,还可以轻松地启动脱机扫描,以便删除难以发现的病毒和恶意软件。

 **保护更新**

Windows Defender 现在可以更好地分析新威胁,并使用"云保护"和"自动提交样本"选项更快速地处理这些威胁。这些选项可能已启用,但我们需要进行确认。可以选择"启用",这样我们就会为你启用这些设置,也可以关闭此对话框以保留当前设置。

隐私声明

关闭(C)

图 1-86 启用 Windows Defender

步骤 2 配置防病毒软件所有的防护功能。

(1)打开"Windows Defender"界面,单击"设置",如图 1-87 所示。

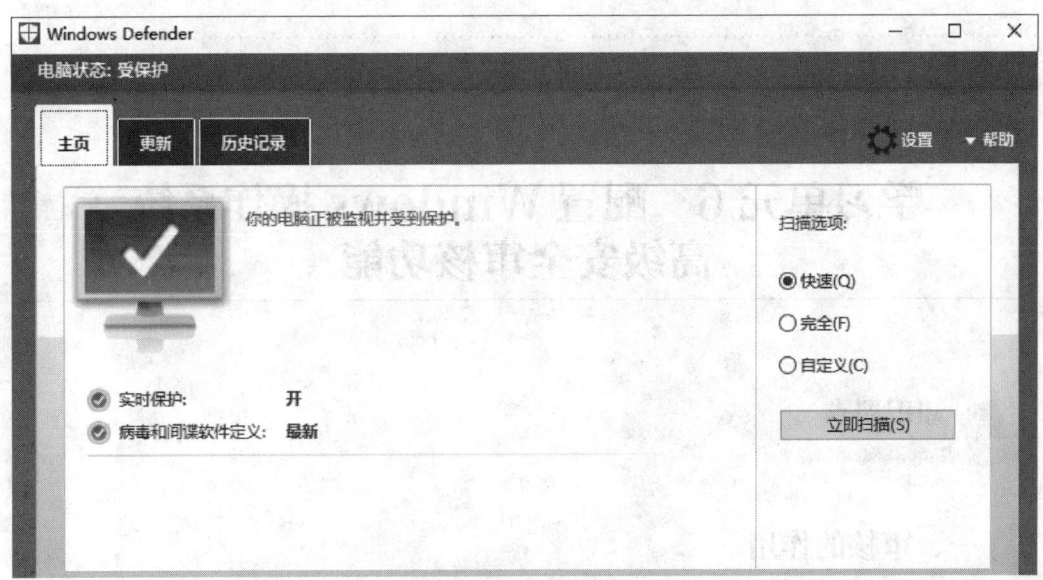

图 1-87 "Windows Defender"界面

（2）在"设置"界面，将所有保护功能全部开启，如图1-88所示。

**实时保护**

这有助于发现恶意软件，阻止其在你的电脑上安装或运行。

◉ 开

**基于云的保护**

通过 Windows Defender 向 Microsoft 发送有关潜在安全威胁的信息，从而获得实时保护。在启用了"自动提交样本"的情况下，此功能的效果最佳。

◉ 开

隐私声明

**自动提交示例**

允许 Windows Defender 向 Microsoft 发送可疑文件的样本，以帮助改进恶意软件检测。如果关闭此项，则在向 Microsoft 发送样本之前，系统会发出提示。

◉ 开

图1-88　开启所有保护功能

### 四、注意事项

在实际工作场景中，保护功能全部开启可能会影响服务器的使用率与性能，所以按需设置保护功能才能使 Microsoft Defender 更好地应用于工作环境。

# 学习单元6　配置 Windows 操作系统高级安全审核功能

### 一、审核的作用

审核又称审计，是评估企业组织内部控制的有效性，以验证其是否符合相关标准要求的一种措施。审核日志又称审计跟踪，是指事件和变化的记录，常与一系列活动或特定活动有关。不同的操作系统均具有审核日志的功能，审核日志记录了系统中几乎所有的更改情况，提供了系统操作的完整跟踪记录。对于希望检查网络上的可疑活动或诊断问题并进行故障排除的管理员和审计员而言，审核日志是宝贵的资源。

审核日志具有非常重要的作用，有助于提升企业组织的安全性、证明企业组织的合规能力以及有效地对风险进行管控。审核日志提供了所有信息技术活动（包括可疑活动）的记录，可以消除内部数据滥用现象，也可以帮助监视数据和系统是否存在任何可能的安全漏洞。网络工程师、服务台工作人员和网络管理员等经常通过在内网使用审核日志来及时发现和处理各类安全风险，以提高工作效率。

在一个企业组织规划或开发审核功能时，应确定需要审核功能的系统或应用程序，同时应对审核记录的内容进行规定，至少包括失败和成功的访问尝试、终端身份、访问的网络、访问的文件、系统配置更改、系统实用程序使用情况、与安全相关的事件等内容。

确保同步时间戳是审核日志管理的一个关键要素。如果没有使用通用格式的日志时间戳字段，则几乎不可能进行顺序分析。网络时间协议应针对所有服务器、设备和应用程序进行同步，因为这是众多标准的合规性要求。

日志文件的安全性也很重要，需要对日志建立严格的访问控制限制，常用做法是限制可以更改日志文件的用户数量，最佳做法是对所有传输的审核日志进行加密。

## 二、Windows 操作系统安全审核策略

Windows 操作系统安全审核策略包括基本审核策略和高级审核策略两部分。Windows Server 2008 引入高级审核策略设置，将审核策略设置的数量从 9 扩展到 53。高级审核策略设置可以定义更精细的审核策略，并能仅记录所需的事件。

安全审核策略可通过跟踪精确定义的活动来帮助企业组织审核与重要业务和安全相关的规则的合规性。例如，组管理员修改包含财务信息的服务器设置或数据；正确的系统访问控制列表应用于计算机或文件共享中的每个文件、文件夹或注册表项，作为阻止未检测到访问的可验证安全措施。

高级审核策略包括以下九个类别：账户登录、管理，详细追踪，DS 访问，登

录、注销,对象访问,政策变更,特权使用,系统,全局对象访问审核。上述每个类别都包含一组策略。

## Windows 操作系统安全审核

### 一、操作准备
1. 计算机一台,其操作系统为 Windows 7 及以上。
2. 虚拟化模拟软件平台。
3. 预安装 Windows Server 2016 系统的虚拟机。
4. 系统默认登录账户为"administrator",登录密码暂无设置。

### 二、操作要求
对公司服务器做安全审核是非常有必要的,管理员在进行日常维护和故障排查的过程中,可以通过系统高级安全审核内容快速定位故障或发现安全隐患。常见的 Windows 操作系统高级安全审核配置要求具体如下。
1. 对所有系统登录成功或失败的事件进行高级安全审核。
2. 对成功配置计算机账户的事件进行高级安全审核。
3. 对开关 Windows 防火墙服务的操作进行高级安全审核。

### 三、操作步骤
步骤 1  对所有系统登录事件进行审核。

(1)打开"服务器管理器"窗口,单击"工具"菜单,选择"本地安全策略",打开"本地安全策略"窗口。

(2)在左侧导航窗格中依次选择"高级审核策略配置""系统审核策略 – 本地组策略对象""登录 / 注销",如图 1-89 所示。

(3)在右侧子类别中双击"审核登录",在打开的"审核登录 属性"对话框中选中"配置以下审核事件"复选框,同时选中"成功"和"失败"复选框,如图 1-90 所示。

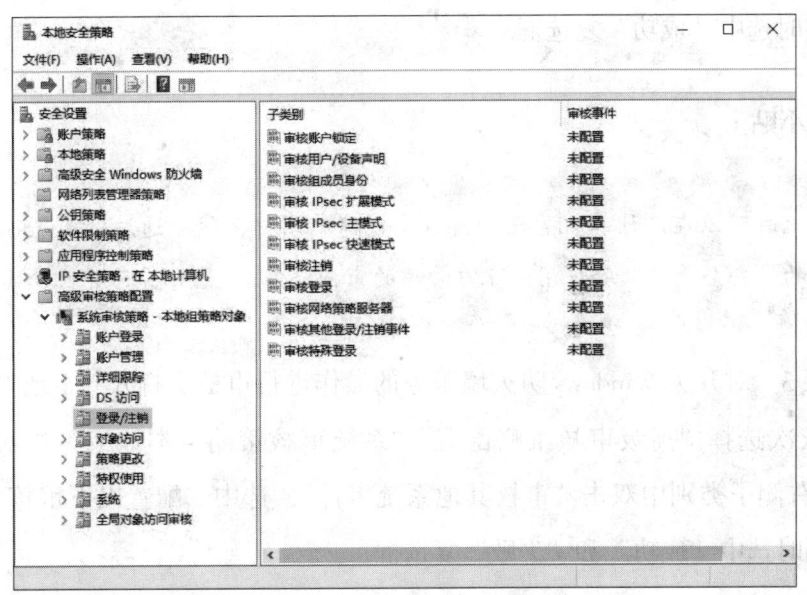

图 1-89 找到"登录/注销"子项

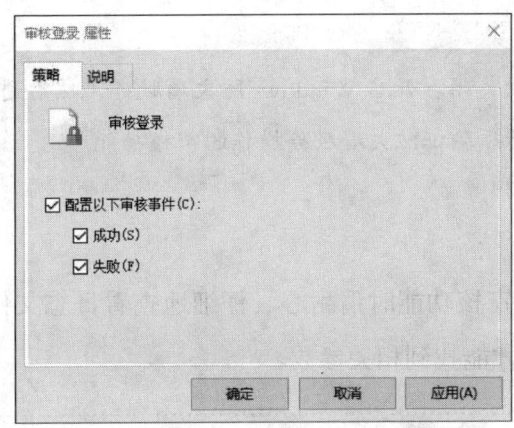

图 1-90 审核所有登录事件

 **小贴士**

此时可以手动注销系统账户，再次登录后依次选择"计算机管理""事件查看器""Windows 日志""安全"，验证登录的审核功能。

步骤 2 对成功配置计算机账户的事件进行审核。打开"本地安全策略"窗口，依次选择"高级审核策略配置""系统审核策略－本地组策略对象""账户管理"，在右侧子类别中双击"审核用户账户管理"，选中"配置以下审核事件"复选框，同时选中"成功"复选框。

 小贴士

此时可以在"计算机管理"窗口中创建新用户，然后通过"Windows 日志"的"安全"子项验证用户账户管理的审核功能。

步骤 3　对开关 Windows 防火墙服务的操作进行审核。打开"本地安全策略"窗口，依次选择"高级审核策略配置""系统审核策略 – 本地组策略对象""系统"，在右侧子类别中双击"审核其他系统事件"，选中"配置以下审核事件"复选框，同时选中"成功"和"失败"复选框。

 小贴士

此时可以手动关闭、开启 Windows 防火墙服务，然后通过"Windows 日志"的"安全"子项验证防火墙服务操作的审核功能。

### 四、注意事项

在测试高级安全审核功能时请耐心、仔细地查看日志文件，有时会出现多条日志，需要仔细分析才能找到相关参数。

# 学习单元 7　配置 Linux 操作系统安全审核功能

### 一、Linux 操作系统安全审核策略

Linux 操作系统安全审核实现跟踪系统中与安全性相关的信息的功能。该功能使

用预配置规则收集系统中发生的事件信息，并将其记录在特定日志文件中。

常见的 Linux 日志文件及其说明见表 1-6。

表 1-6　常见的 Linux 日志文件及其说明

| 日志文件 | 说明 |
| --- | --- |
| /var/log/messages | 常规消息和系统消息 |
| /var/log/auth.log | 认证日志 |
| /var/log/kern.log | 内核日志 |
| /var/log/cron.log | crontab 日志 |
| /var/log/maillog | 邮件服务器日志 |
| /var/log/qmail/ | qmail 日志目录 |
| /var/log/httpd/ | Apache 访问和错误日志目录 |
| /var/log/lighttpd/ | lighttpd 访问和错误日志目录 |
| /var/log/boot.log | 系统启动日志 |
| /var/log/mysqld.log | MySQL 数据库服务器日志文件 |
| /var/log/secure 或 /var/log/auth.log | 身份验证日志 |
| /var/log/utmp，/var/log/btmp 或 /var/log/wtmp | 登录记录文件 |
| /var/log/yum.log | yum 命令日志文件 |

Linux 操作系统安全审核工具 auditd 的主要配置文件是 /etc/audit/auditd.conf。此文件包含配置参数，能记录事件的位置，并保存至磁盘和进行日志轮换。例如，将服务器上保留的审核日志文件数增加到 10，可输入命令 "num_logs =10"；配置以 MB 为单位的最大日志文件大小以及日志文件达到这个限度后要执行的操作，可输入以下命令：

max_log_file = 30

max_log_file_action = rotate

默认情况下，Linux 操作系统仅启用有限的日志记录，重点是与安全性相关的命令，如登录、注销、sudo 使用情况以及与 SELinux 相关的信息。可通过 /etc/audit/auditd.conf 配置审计规则，auditd.conf 包含审核特定文件或目录的配置信息。

## 二、Fedora Server 安全审核

Fedora（第七版以前为 Fedora Core）是一款基于 Linux 的操作系统，也是一组维持计算机正常运行的软件集合。Fedora 由 Fedora 开源项目社区开发，由红帽（Red Hat）公司赞助，其开发目标是创建一套新颖、多功能、自由、开源的操作系统。

Fedora 是基于 Red Hat Linux 开发的，在 Red Hat Linux 终止发行后，红帽公司计划以 Fedora 来取代 Red Hat Linux 在个人领域的应用，而另外发行的 Red Hat

Enterprise Linux（企业版 Red Hat Linux）则取代 Red Hat Linux 在商业领域的应用。对于用户而言，Fedora 是一套功能完备、更新快速的免费操作系统；而对于赞助者红帽公司而言，它是许多新技术的测试平台，经测试被认为可用的技术最终会加入 Red Hat Enterprise Linux。

Fedora 包含 rsyslog 服务和 logrotate 服务。前者负责写入日志，后者负责备份、删除旧日志以及更新日志文件。rsyslog 服务的配置文件为 /etc/rsyslog.conf，指定需要记录哪些服务和需要记录什么等级的信息。logrotate 是一个日志管理程序，用来删除（备份）旧的日志文件，并创建新的日志文件，这个过程称为转储。可以根据日志的大小，或者根据其使用的天数来转储。logrotate 的执行由 crond 实现。在 /etc/cron.daily 目录中有个 logrotate 文件，可以用它来启动 logrotate 程序。logrotate 程序每天由 cron 在指定的时间（/etc/crontab）启动。/etc/logrotate.conf 是 logrotate 的配置文件，该文件定义转储日志文件的规则。

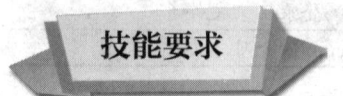

## Linux 操作系统安全审核

### 一、操作准备

1. 计算机一台。
2. 虚拟化模拟软件平台。
3. 预安装 Fedora Server 系统的虚拟机。

### 二、操作要求

某公司的服务器已经安装日志审核系统，需要管理员查看日志并对系统进行审核，如查看 root 用户和普通用户 inspc 的登录记录，判断是否存在非法登录。操作要求具体如下。

1. 查看 root 用户登录失败的记录。
2. 查看普通用户 inspc 远程登录失败的记录。
3. 查看普通用户 inspc 远程登录成功的记录。

### 三、操作步骤

步骤 1　查看 root 用户本地登录失败的记录，这里选择优先级为"Notice 及更高级别"、标识符为"login"，如图 1-91 所示。

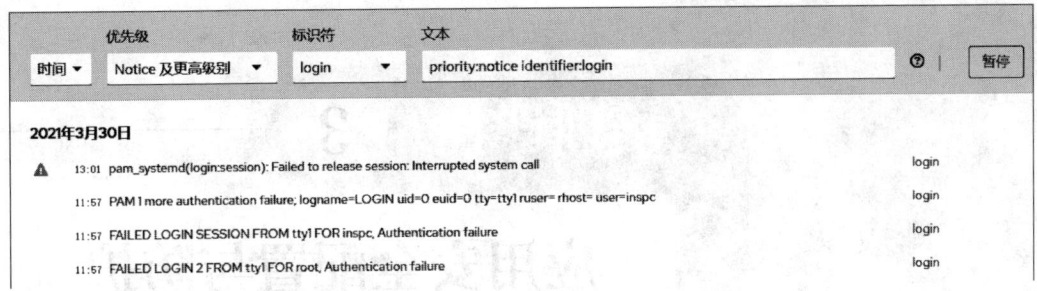

图 1-91  root 用户本地登录失败的记录

步骤 2  查看普通用户 inspc 远程登录失败的记录，这里选择优先级为"Notice 及更高级别"、标识符为"sshd"，如图 1-92 所示。

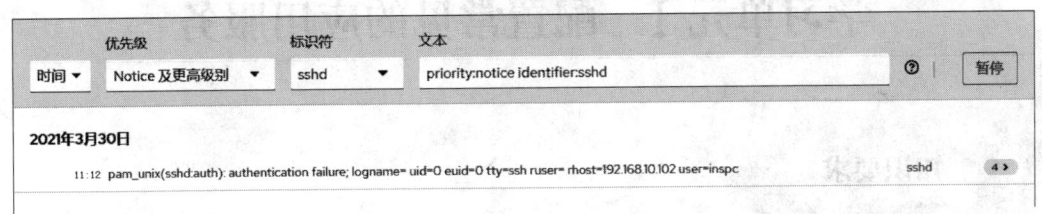

图 1-92  普通用户 inspc 远程登录失败的记录

步骤 3  查看普通用户 inspc 远程登录成功的记录，这里选择优先级为"Info 及更高级别"、标识符为"sshd"，如图 1-93 所示。

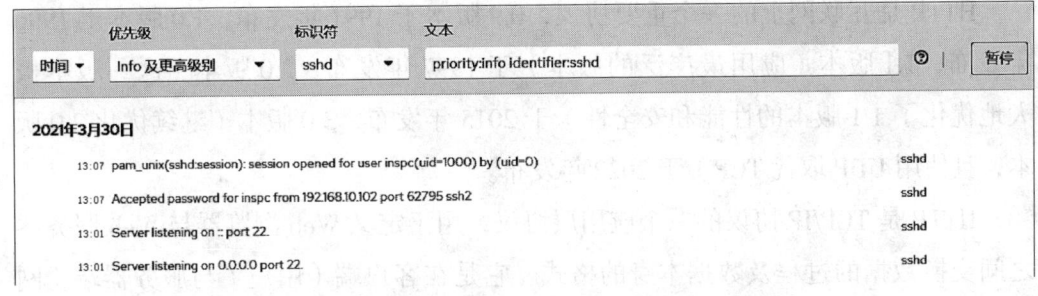

图 1-93  普通用户 inspc 远程登录成功的记录

## 四、注意事项

1. Fedora Server 安装好后自带日志系统，其他 Linux 操作系统不一定自带日志系统，所以此处的操作步骤并不通用于所有 Linux 版本。

2. 日志审核是有优先级的，查看时一定要注意优先级和标识符选项。

# 培训课程 3

# 应用安全配置与防护

## 学习单元 1　配置常见的应用服务

### 一、HTTP 基础知识

#### 1. HTTP 概述

HTTP 是互联网上的一个重要协议，0.9 版本于 1991 年发布，1.0 版本于 1996 年发布，1.1 版本（应用最广泛的版本）于 1997 年发布，2.0 版本（这一版本极大地优化了 1.1 版本的性能和安全性）于 2015 年发布，3.0 版本（继续优化 2.0 版本，且使用 UDP 取代 TCP）于 2022 年发布。

HTTP 是 TCP/IP 协议的一个应用层协议，用于定义 Web 浏览器与 Web 服务器之间交换数据的过程及数据本身的格式。它是在客户端（用户）与服务器端（网站）之间建立请求和应答的一个标准。通过使用网页浏览器、网络爬虫或者其他工具，客户端发起一个 HTTP 请求到服务器的指定端口（默认端口为 80），这个客户端就被称为用户代理程序。而应答的服务器能存储一些资源，如 HTML（hypertext markup language，超文本标记语言）文件和图像，这个应答服务器就被称为源服务器。服务器一旦收到请求，会向客户端返回一个状态码以及一些内容，如请求的文件、错误消息或者其他信息。

#### 2. URL 概述

URL 是能完整描述网页和其他资源地址的一种标识方法。互联网上的每一个网页都具有唯一的名称标识，通常称之为 URL 地址（俗称网址）。URL 地址也可以用来表达本地磁盘资源。

URL 地址由三部分组成，即协议类型、主机名、路径及文件名。通过 URL 可以指定的协议有 http、ftp、gopher、telnet、file 等。例如，"http://"表示 WWW 服务器，"ftp://"表示 FTP 服务器，"gopher://"表示 Gopher 服务器，而 "new:" 表示 Newgroup 新闻组。

### 3. Web 服务器

Web 服务器又称 HTTP 服务器，是指驻留于互联网上某种类型计算机的程序。当 Web 浏览器（客户端）连接到 Web 服务器上请求文件时，Web 服务器将处理该请求，并将文件发送到 Web 浏览器，文件附带的信息会告诉 Web 浏览器如何查看该文件。目前常用的 Web 服务器有 Apache（阿帕奇）和 Microsoft（微软）的服务器。

## 二、DNS 基础知识

了解 DNS（domain name service，域名服务）之前，首先要知道一个名词——域名。域名是按照一定规则给互联网上的计算机起的名字，通常由一串用 "." 分隔的字符组成。网络通信大部分是基于 TCP/IP 协议的，而 TCP/IP 是基于 IP 地址的，所以计算机在网络上进行通信时只能识别 202.128.0.133 之类的 IP 地址，而不能识别域名。而普通人在一般情况下很难记住较长的 IP 地址，所以在访问网站时，更多的是在浏览器地址栏中输入域名即跳转到所需要的界面，这是因为有一个叫 DNS 服务器的计算机能自动把域名翻译成相应的 IP 地址，然后调出 IP 地址所对应的网页。

DNS 是一种具有层次结构的计算机和网络服务命名系统，它能在主机 TCP/UDP 的 53 号端口监听，用于实现域名解析。通过域名解析出 IP 地址的过程被称为正向解析，而通过 IP 地址解析出域名的过程被称为反向解析。

下面举一个例子来解释域名解析的过程。当用户在天猫网站购买东西时，会在浏览器中输入 "www.tmall.com"，域名解析的过程大概可以分为以下几步。

### 1. 本地解析

用户在浏览器中输入 "www.tmall.com" 后，计算机先在本地进行解析，这里会分成三个步骤。

首先，在浏览器的 DNS 缓存中查询有无对应记录，如有则直接返回 IP 地址，完成解析，如果没有则进行下一步。

其次，查询操作系统的缓存，如有则直接返回 IP 地址，完成解析，如果没有则进行下一步。

最后，查看本地 host 文件，Windows 操作系统的 host 文件一般位于 "C:\Windows\System32\drivers\etc"，如果这里也没有就需要到本地 DNS 服务器上查找了。

### 2. 本地 DNS 服务器（LDNS）

LDNS 一般有两种：一种是公共 DNS 服务器，如 114 DNS（114.114.114.114）、Google DNS（8.8.8.8）；另一种是本地运营商提供的 DNS 服务器，如上海电信的 DNS 是 202.96.209.5、202.96.209.133、116.228.111.118 和 180.168.255.118。因为本地 DNS 服务器一般架设在离用户不远的地方，而且性能都很好，所以一般都会缓存域名解析结果，大约 80% 的域名解析会在这一步完成。

### 3. 根域名服务器

如果 DNS 仍然没有匹配到，就会根据内置的根域名服务器 IP 地址寻求根域名服务器的帮助。全球一共有 13 组根域名服务器（注：这里并不是指 13 台服务器，而是指 13 个 IP 地址，按字母 a~m 编号），根域名服务器不会直接解析域名，而是把不同的解析请求分配给下面的其他服务器来完成。DNS 域名系统的树状结构如图 1-94 所示。

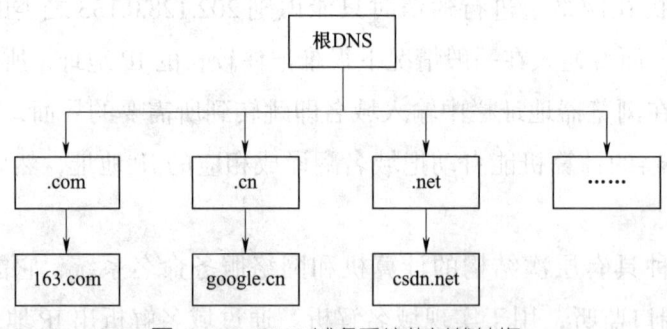

图 1-94　DNS 域名系统的树状结构

DNS 域名服务器一般分为三种，分别是根域名服务器（.）、顶级域名服务器（.com）和权威域名服务器（如 http://baidu.com 等）。

当根域名服务器接收到本地 DNS 服务器的解析请求后，如果发现后缀是 ".com"，就会把负责 .com 的顶级域名服务器 IP 地址返给本地 DNS 服务器。本地 DNS 服务器根据返回的 IP 地址再去找到对应的顶级域名服务器，顶级域名服务器会把负责该域名的权威域名服务器 IP 地址返给本地 DNS 服务器。本地 DNS 服务器又根据权威域名服务器 IP 地址去找对应的权威域名服务器，权威域名服务器最终把对应的主机 IP 地址返回给本地 DNS 服务器，至此就完成了域名解析全过程，如图 1-95 所示。

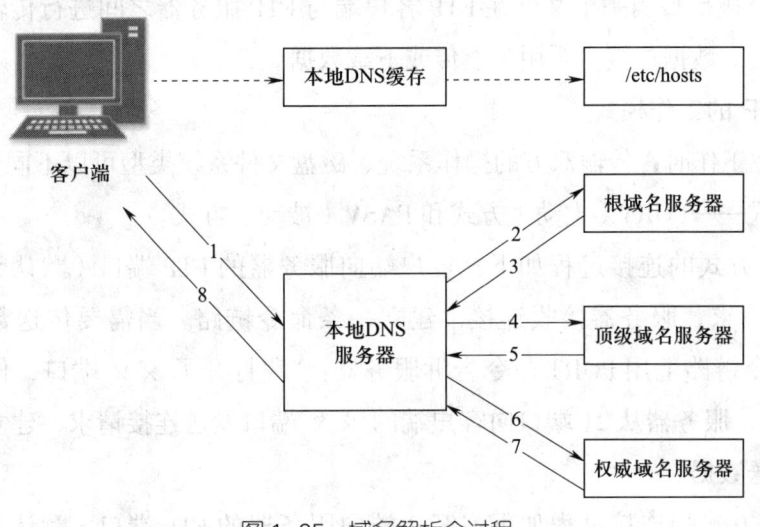

图 1-95　域名解析全过程

## 三、FTP 基础知识

### 1. FTP 概念

FTP 即文件传输协议，它用来在两台计算机之间可靠、高效地传送文件。FTP 是 TCP/IP 网络和互联网上较早使用的协议之一，相比于 HTTP，FTP 要复杂得多。

### 2. FTP 服务的构成

FTP 服务是基于 FTP 的文件传输服务。FTP 工作时，一台计算机上运行 FTP 客户端应用程序，另一台计算机上运行 FTP 服务器程序。只有拥有了 FTP 服务，客户端才能进行文件传输。文件传输是指在 FTP 客户端和 FTP 服务器之间的文件传输，如文件的上传和下载。要实现文件传输需要满足以下两个条件：FTP 服务器的主机必须开启一个 TCP 端口（默认为 21 端口），用来监听来自 FTP 客户端的请求；FTP 客户端连接 FTP 服务器，需要使用 TCP 方式。这样可以保证 FTP 客户端和 FTP 服务器之间的会话是可靠的。

在 FTP 客户端与 FTP 服务器之间传输一个文件是一次完整的 FTP 会话。该会话包含两个连接，分别为控制连接和数据连接。

控制连接是指从 FTP 客户端向 FTP 服务器的 21 端口发送连接，FTP 服务器接收连接，由此建立一条命令通道。FTP 的命令和应答就是通过控制连接来传输的，这个连接会存在于整个 FTP 会话过程中。控制连接主要负责将命令从 FTP 客户端传给 FTP 服务器，并将 FTP 服务器的应答返回给 FTP 客户端。所以，控制连接不用于发送数据，只用于传输命令。

数据连接是每当一个文件在 FTP 客户端与 FTP 服务器之间进行传输时，就会创建的连接。数据连接主要用来上传或下载数据。

### 3. FTP 的工作模式

FTP 在工作时，传输双方的操作系统、磁盘文件系统类型可以不同。FTP 有两种工作方式——PORT（主动）方式和 PASV（被动）方式。

PORT 方式的连接过程如下：客户端向服务器的 FTP 端口（默认为 21 端口）发送连接请求，服务器接收连接，建立一条命令链路。当需要传送数据时，客户端在命令链路上用 PORT 命令告诉服务器："我打开了 ×× 端口，你过来连接我。"于是，服务器从 21 端口向客户端的 ×× 端口发送连接请求，建立一条数据链路来传送数据。

PASV 方式的连接过程如下：客户端向服务器的 FTP 端口（默认为 21 端口）发送连接请求，服务器接收连接，建立一条命令链路。当需要传送数据时，服务器在命令链路上用 PASV 命令告诉客户端："我打开了 ×× 端口，你过来连接我"。于是，客户端向服务器的 ×× 端口发送连接请求，建立一条数据链路来传送数据。

从上面可以看出，两种方式的命令链路连接方法是一样的，而数据链路的建立方法就完全不同。

## 四、身份认证基础知识

微软 IIS 是指互联网信息服务，这是一项经典的 Web 服务，可以为广大用户提供信息发布和资源共享服务。身份认证是保证 IIS 服务安全的基础机制，IIS 支持以下六种 Web 身份认证方法。

### 1. 匿名身份认证

如果启用了匿名访问，访问站点时就不要求提供经过身份认证的用户凭据。当需要让大家公开访问那些没有安全要求的信息时，使用此方法最合适。IIS 创建 IUSR_ComputerName 账户（ComputerName 是正在运行 IIS 服务器的名称），用来在匿名用户请求 Web 内容时对他们进行身份认证。此账户授予用户本地登录权限。用户可以将匿名用户访问重置为使用任何有效的 Windows 账户。用户可以为不同的网站、虚拟目录、物理目录和文件建立不同的匿名账户。如果基于 Windows

Server 2003 的计算机是独立服务器，则 IUSR_ComputerName 账户位于本地服务器。如果该服务器是域控制器，则 IUSR_ComputerName 账户是针对该域定义的。

2. 基本身份认证

使用基本身份认证可限制对 Web 服务器上 NTFS（new technology file system，新技术文件系统）格式的文件进行访问。使用基本身份认证，用户必须输入凭据，而且访问是基于用户 ID（identity 的缩写，标识符）的。用户 ID 和密码都是以明文形式在网络进行发送的。要使用基本身份认证，应授予每个用户进行本地登录的权限，为了使管理更加容易，可将每个用户都添加到可以访问所需文件的组中。因为用户凭据是使用 Base64 编码技术编码的，但它们在进行网络传输时不经过加密，所以基本身份认证被认为是一种不安全的身份认证方式。

3. Windows 集成身份认证

Windows 集成身份认证比基本身份认证安全，而且在用户具有 Windows 域账户的内部网络环境中能很好地发挥作用。在 Windows 集成身份认证中，浏览器尝试使用当前用户在域登录过程中使用的凭据，如果此尝试失败，就会提示该用户输入用户名和密码。如果用户使用 Windows 集成身份认证，则用户的密码将不传送到服务器。如果用户作为域用户登录到本地计算机，则此用户在访问该域中的网络计算机时不必再次进行身份认证。Windows 集成身份认证又称 Windows NT 质询或响应身份认证，此方法以 Kerberos 票证的形式通过网络向用户发送身份认证信息，并提供较高的安全级别。Windows 集成身份认证使用 Kerberos v5 和 NTLM（NT LAN Manger 的简称，即新技术局域网管理器）身份认证。注意，如果选择了多个身份认证方法，IIS 服务器会首先尝试协商最安全的方法，然后按可用身份认证协议的列表向下逐个试用其他协议，直到找到客户端和服务器都支持的某种共有的身份认证协议。

4. 摘要式身份认证

摘要式身份认证需要用户 ID 和密码，可提供中等安全级别，如果用户允许从公共网络访问安全信息，则可以使用这种方法。这种方法与基本身份认证方法功能相同。摘要式身份认证克服了基本身份认证的许多缺点。在使用摘要式身份认证时，密码不是以明文形式发送的。另外，用户可以通过代理服务器使用摘要式身份认证。摘要式身份认证使用一种质询或响应机制（Windows 集成身份认证使用的机制），其中的密码是以加密形式发送的。要使用摘要式身份认证，必须满足以下要求：用户和 IIS 服务器必须是同一个域的成员或被同一个域信任；用户必须有一个存储在域控制器活动目录中的有效 Windows 用户账户；该域必须使用 Microsoft Windows 2000 或更高版本的域控制器；必须将 iissuba.dll 文件安装到域控制器上，此文件会在 Microsoft Windows 2000 或 Windows Server 2003 的安装过程中自动复制；必须将所有用户账户配置为"使用可逆的加密保存密码"，要选择此账户选项，必须重置或重新输入密码。

#### 5. .NET Passport 身份认证

.NET Passport 身份认证具有单一登录安全性，为用户提供对 Internet 上各种服务的访问权限。如果选择此选项，对 IIS 服务器的请求必须在查询字符串或 Cookie 中包含有效的 .NET Passport 凭据。如果 IIS 服务器不检测 .NET Passport 凭据，请求就会被重新定向到 .NET Passport 登录页。注意，如果选择此选项，所有其他身份认证方法都将不可用。

#### 6. Forms 身份认证

用户登录是很常见的业务需求，在 ASP.NET 中，用户输入账户密码正确登录的这个过程被称为身份认证。在开发 ASP.NET 项目中，最常用的是 Forms 身份认证（又称表单认证）。这种认证方法既可以用于局域网环境，也可以用于互联网环境，因此，它有着非常广泛的使用场景。

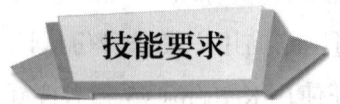

技能要求

## IIS 服务器搭建

### 一、操作准备

Windows Server 2016 服务器环境。

### 二、操作要求

某公司开展业务以来，其官网一直托管在供应商服务器中。目前，该公司已在驻地建完本地机房，按照公司规划，公司网站需要迁移回本地机房部署上线。此项任务被分配给管理员，要求在已经准备好的 Windows Server 2016 环境中搭建好 IIS 服务器后，再将网站源代码部署至该服务器中。同时要完成以下测试：网站在内网可访问，内部员工可以及时看到网站中的信息。该公司内网的网络拓扑图如图 1-96 所示。

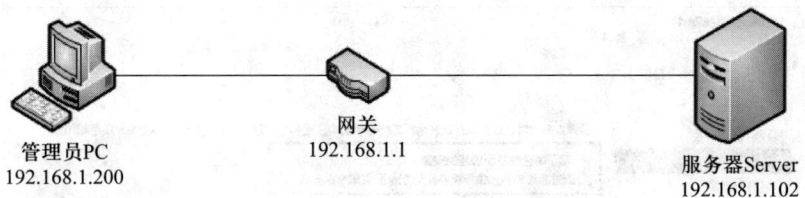

图 1-96　该公司内网的网络拓扑图

在网络拓扑图中，管理员 PC 机的 IP 地址为 192.168.1.200/24，服务器 Server 的 IP 地址为 192.168.1.102/24，网关的 IP 地址为 192.168.1.1/24。

公司要求管理员完成以下配置操作。

1. 完成 IIS 服务器的安装。

2. 对 IIS 服务器进行基本配置。

3. 完成配置后，通过管理员 PC 机正常访问 IIS 服务器安装完成的界面。

### 三、操作步骤

步骤 1　按照要求部署 IIS 服务器，并按照要求添加 IIS 各类组件功能。

（1）打开"服务器管理器"，单击"添加角色和功能"。

（2）打开"添加角色和功能向导"窗口，单击"下一步"，如图 1-97 所示。

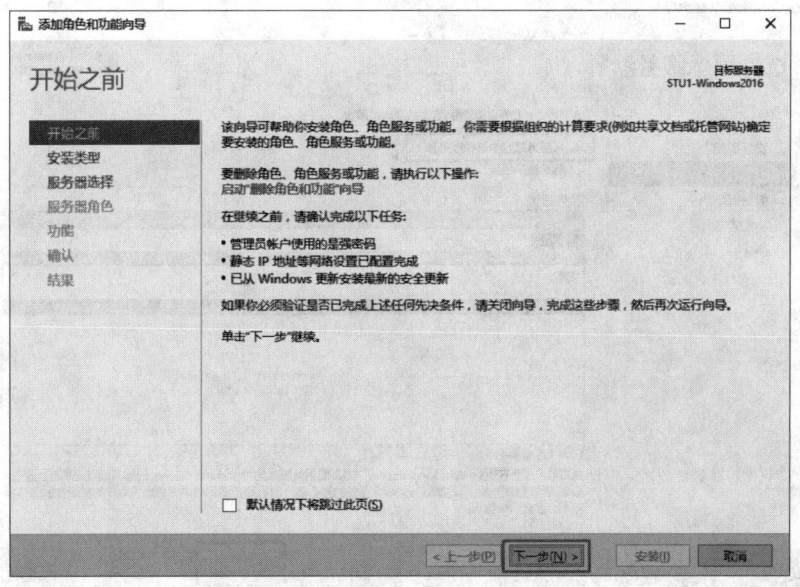

图 1-97　"添加角色和功能向导"窗口

（3）进入"安装类型"界面，选中"基于角色或基于功能的安装"，如图 1-98 所示，单击"下一步"。

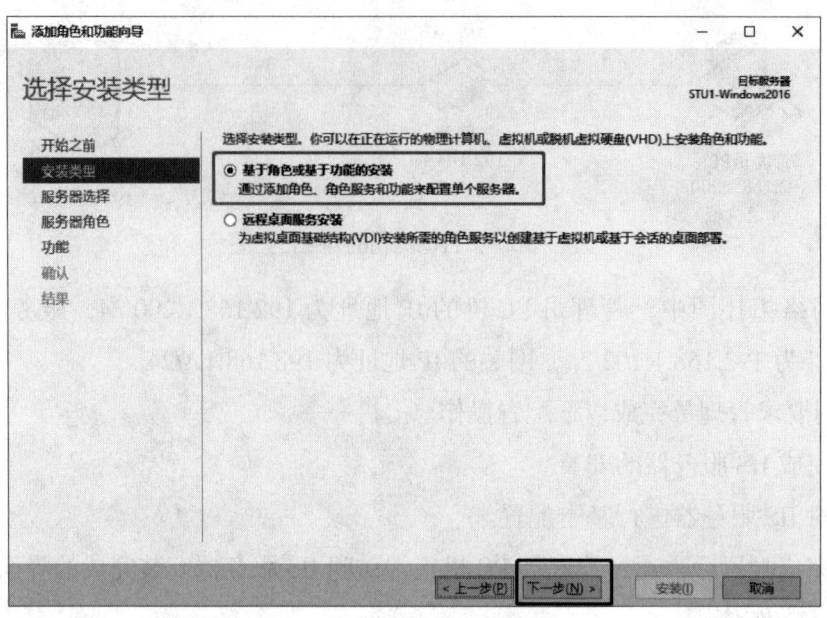

图 1-98 "安装类型"界面

（4）进入"服务器选择"界面，选中"从服务器池中选择服务器"，如图 1-99 所示，单击"下一步"。

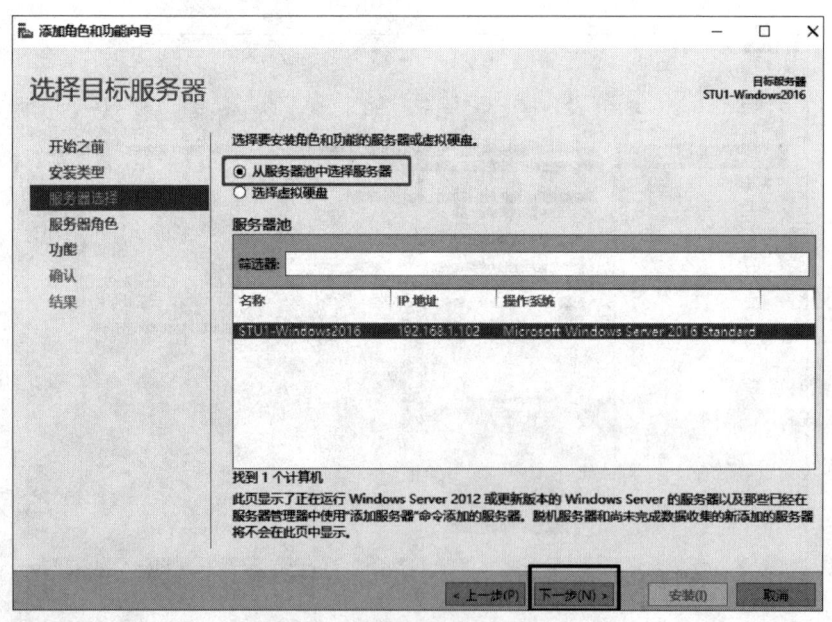

图 1-99 "服务器选择"界面

（5）进入"服务器角色"界面，找到"Web 服务器（IIS）"，如图 1-100 所示，选中"Web 服务器（IIS）"。

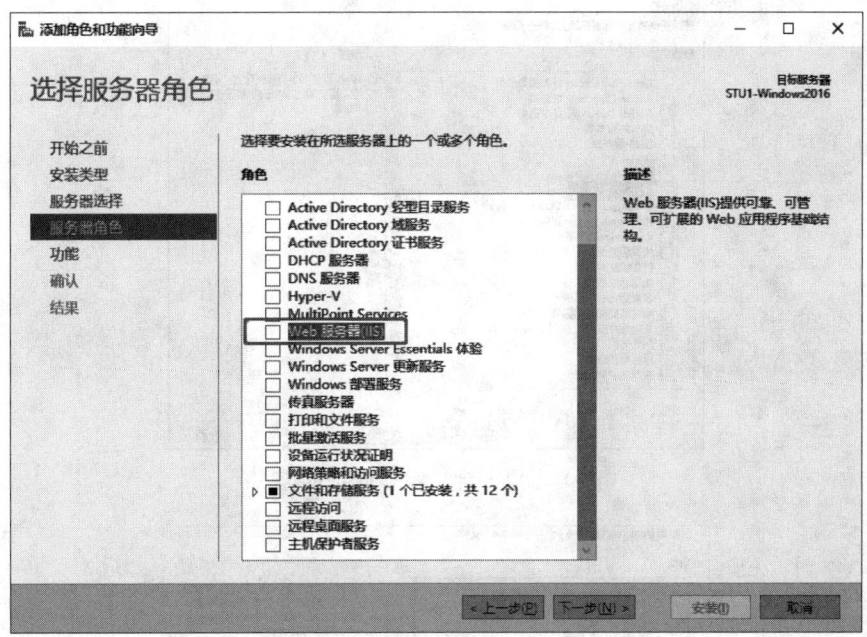

图 1-100 "服务器角色"界面——Web 服务器（IIS）

（6）在弹出的对话框中单击"添加功能"，如图 1-101 所示；单击"下一步"，如图 1-102 所示。

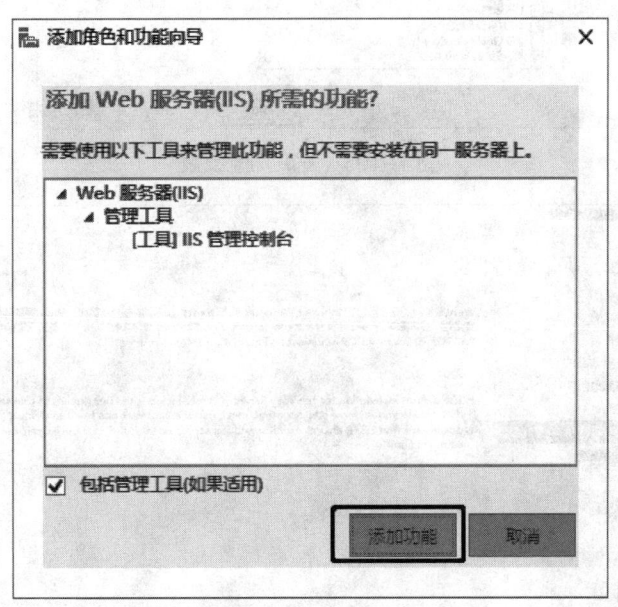

图 1-101 "添加功能"按钮位置

（7）进入"功能"界面，选中全部 .NET 功能，单击"下一步"，如图 1-103 所示。
（8）进入"Web 服务器角色（IIS）"界面，单击"下一步"，如图 1-104 所示。

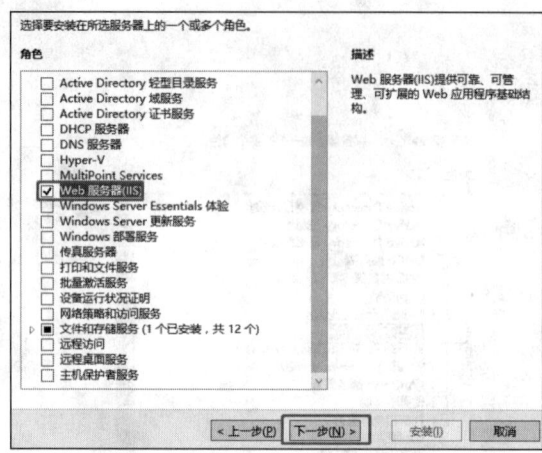

图 1-102　完成服务器角色设置

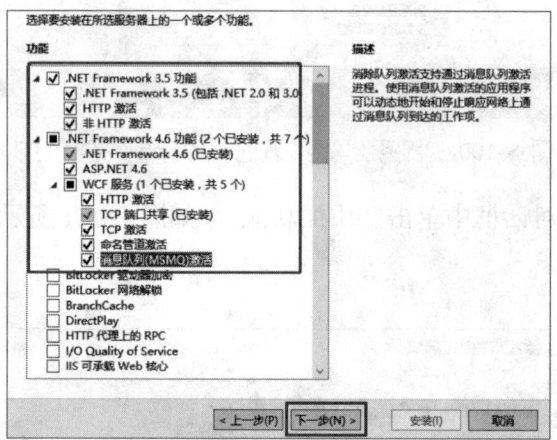

图 1-103　完成功能设置

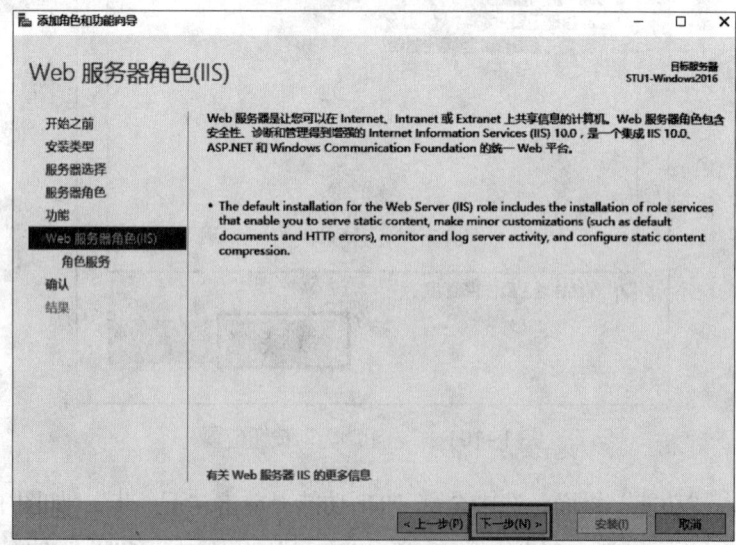

图 1-104　"Web 服务器角色（IIS）"界面

（9）在确认各界面安装内容时，可以根据工作需要选择相应的功能。这里保持默认安装，直接单击"下一步"即可，如图 1-105 所示。

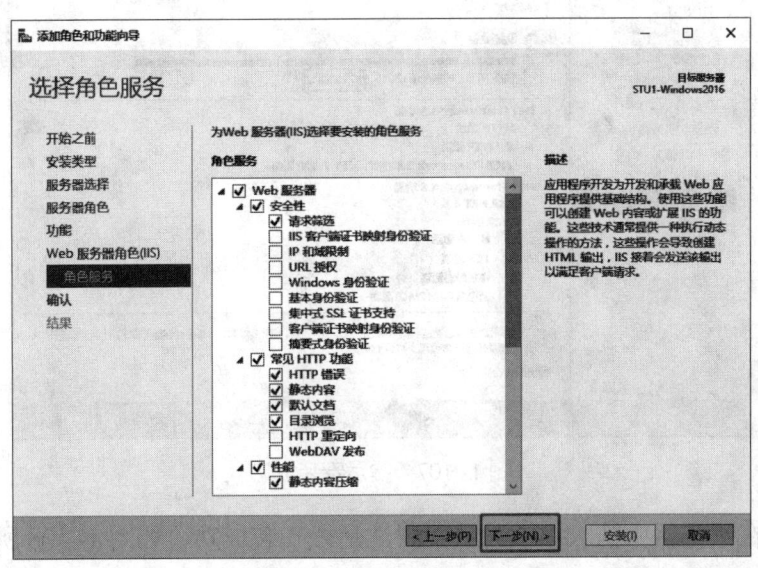

图 1-105 "角色服务"界面

（10）进入"确认"界面，确认所需要的内容均已选择安装，单击"安装"，如图 1-106 所示。

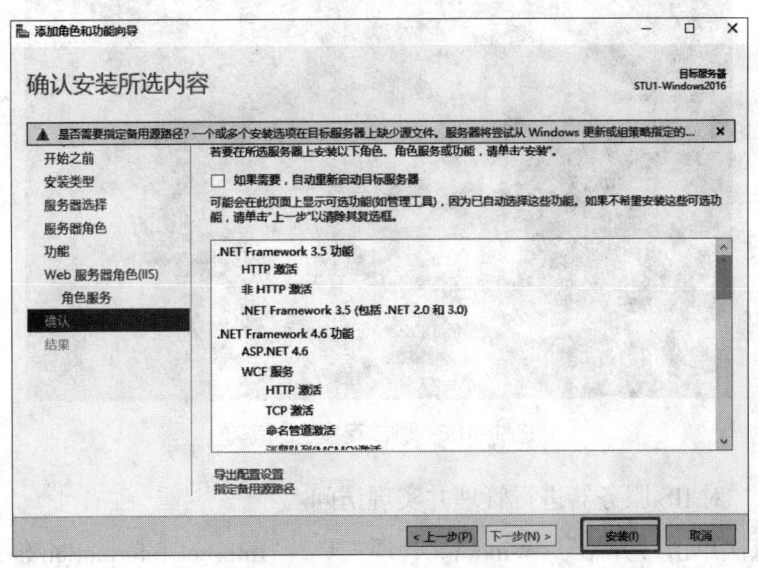

图 1-106 确认安装所选内容

（11）等待安装，当安装进度显示已经安装成功时，即完成安装，单击"关闭"，如图 1-107 所示。

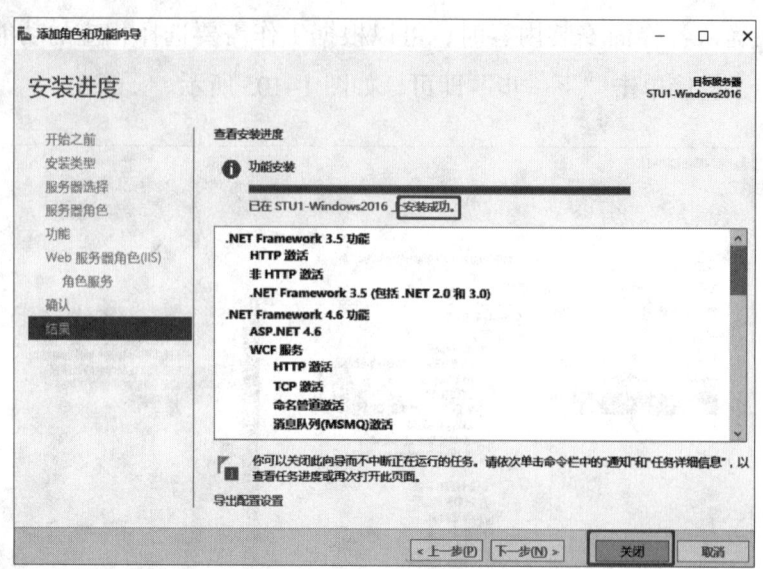

图 1-107　提示安装成功

（12）在浏览器中输入 127.0.0.1，测试是否安装成功，如图 1-108 所示。

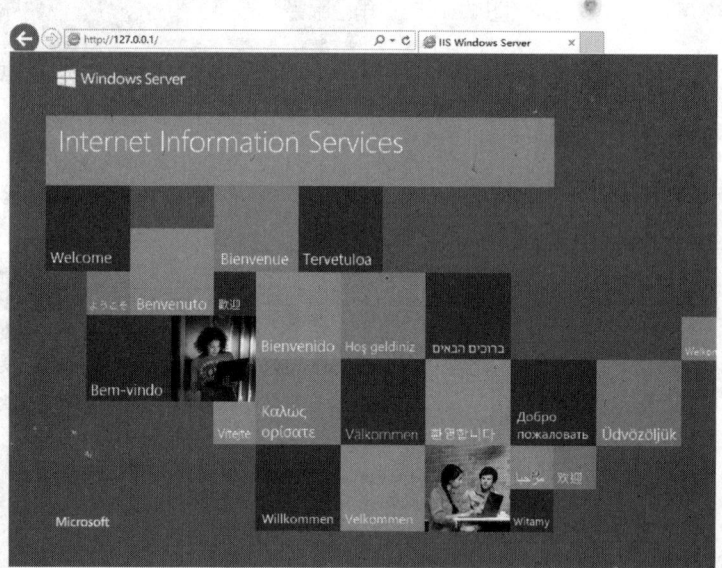

图 1-108　测试安装是否成功

步骤 2　对 IIS 服务器进行管理并实现访问。

（1）依次单击"开始""Windows 管理工具""Internet Information Services（IIS）管理器"。

（2）打开"Internet Information Services（IIS）管理器"界面，如图 1-109 所示，即可对 IIS 服务器进行管理。

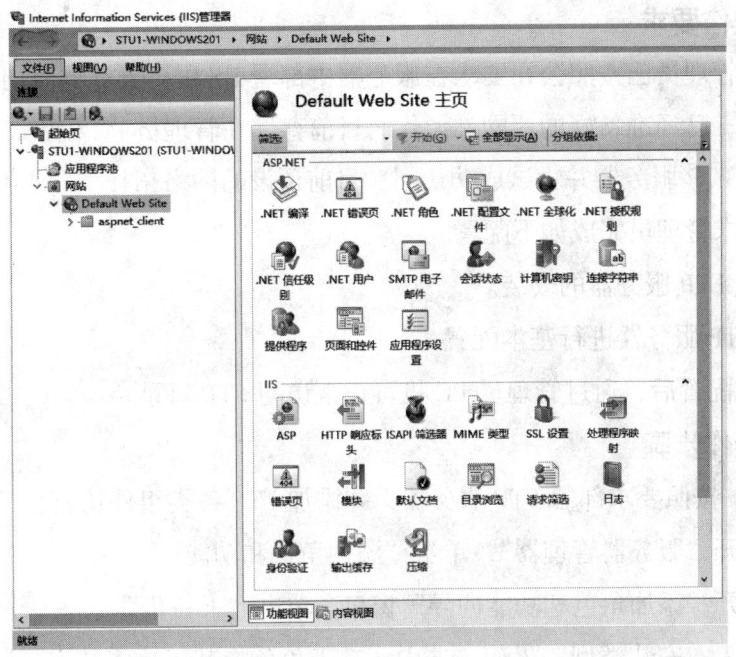

图 1-109 "Internet Information Services（IIS）管理器"界面

（3）在本地"C:\inetpub\wwwroot"下配置一个以"index.html"命名的文件（内容可随意编辑，这里以"我的第一个网站"为例），如图 1-110 所示。

图 1-110 "我的第一个网站"页面

（4）使用浏览器访问网站。

### 四、注意事项

Windows Server 2016 中内置的 IIS 服务器版本为 10.0 版本，新版本默认安装时不支持 ASP（active server pages，动态服务器页面）网站程序。如需支持 ASP 网站程序，需要在安装功能向导界面中选择 ASP 的相关支持。

## FTP 服务器搭建

### 一、操作准备

Windows Server 2016 服务器环境。

## 二、操作要求

某公司管理员已按照公司要求在服务器中部署 IIS 服务器，同时内网能成功访问测试页面，已经准备好的原网站源代码目前存储在管理员 PC 机中，现需要在服务器中搭建 FTP 服务器并尝试成功访问。目前预设的网络拓扑如图 1-96 所示。

公司要求管理员完成如下配置。

1. 完成 FTP 服务器的安装。
2. 对 FTP 服务器进行基本配置。
3. 完成配置后，通过管理员 PC 机可正常访问 FTP 目录。

## 三、操作步骤

步骤 1　按照要求部署 FTP 服务器，并添加 FTP 各类组件功能。

（1）打开"服务器管理器"，单击"添加角色和功能"。

（2）打开"添加角色和功能向导"窗口，单击"下一步"。

（3）进入"安装类型"界面，选中"基于角色或基于功能的安装"，单击"下一步"。

（4）进入"服务器选择"界面，选中"从服务器池中选择服务器"，单击"下一步"。

（5）进入"服务器角色"界面，找到"Web 服务器（IIS）"并选中"FTP 服务器"，单击"下一步"，如图 1-111 所示。

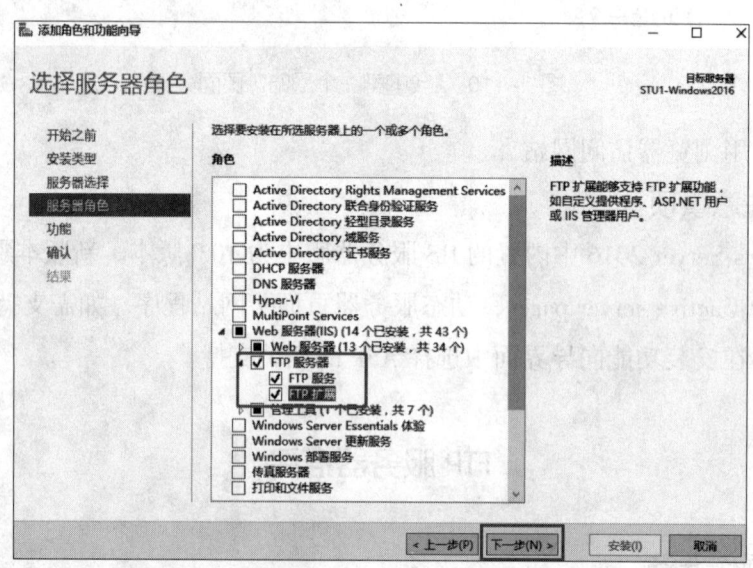

图 1-111　"服务器角色"界面——FTP 服务器

（6）进入"功能"界面，默认已选功能即可，单击"下一步"，如图 1-112 所示。

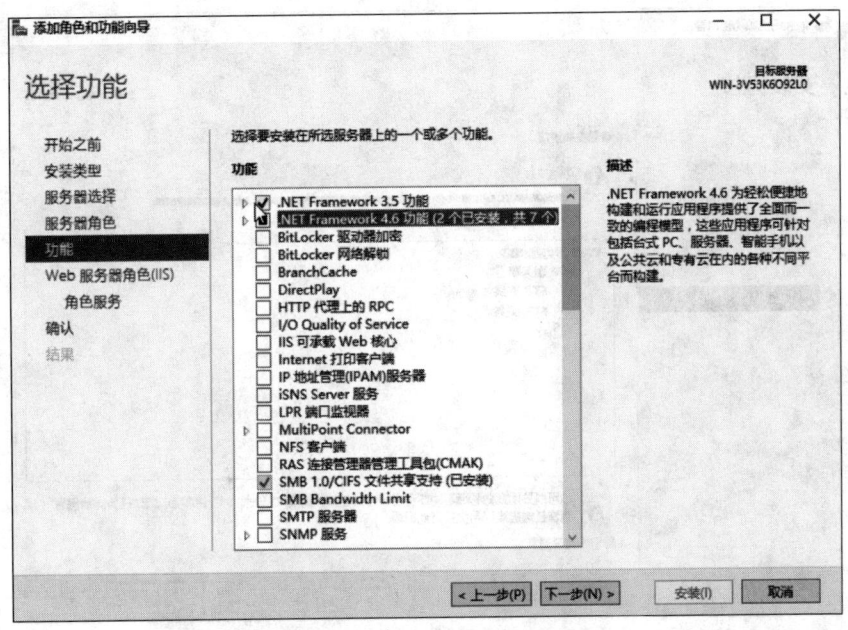

图 1-112　默认功能设置

（7）进入"确认"界面，确认所需要的内容均已选择安装，单击"安装"，如图 1-113 所示。

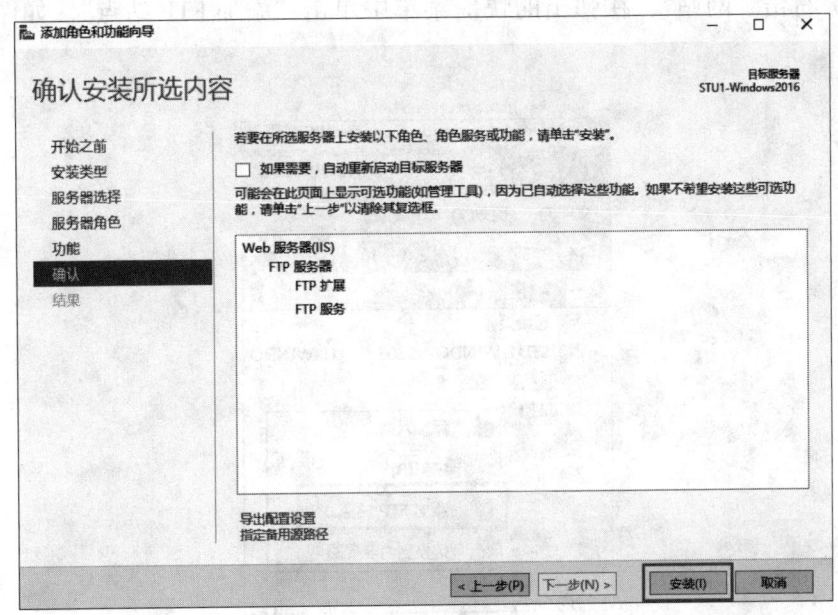

图 1-113　确认安装所选内容

（8）等待安装，当安装进度显示已经安装成功时，即安装完成，单击"关闭"，如图 1-114 所示。

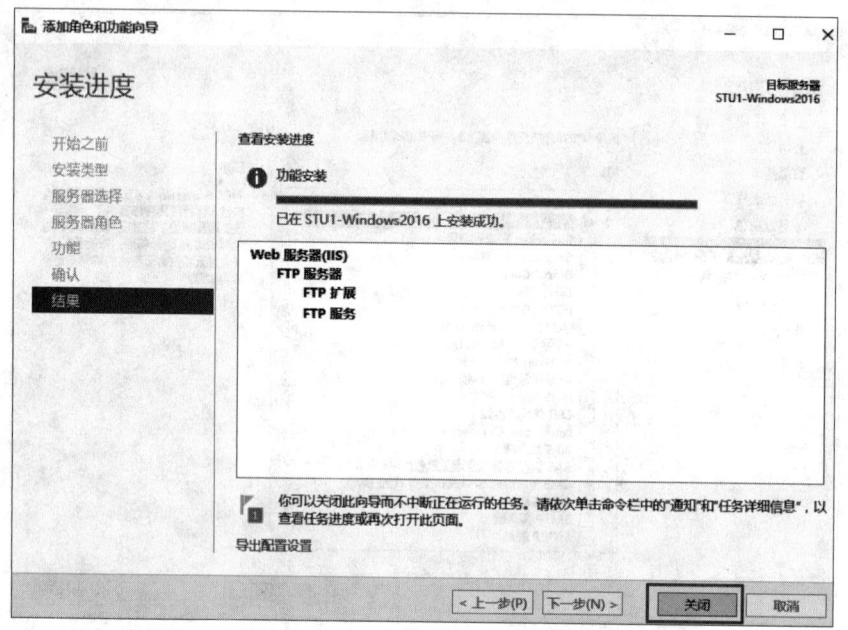

图 1-114　提示安装完成

步骤 2　建立新的 FTP 站点，实现远程连接。

（1）打开"Internet Information Service（IIS）管理器"界面。

（2）右击"网站"，在弹出的快捷菜单中单击"添加 FTP 站点"，如图 1-115 所示。

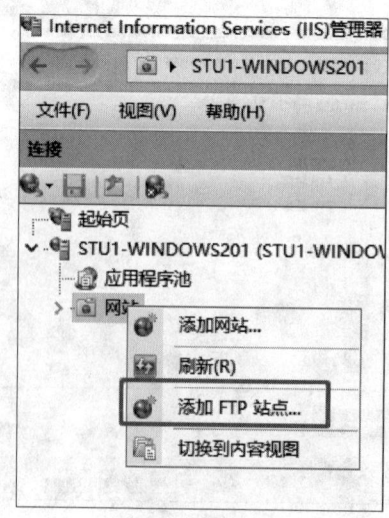

图 1-115　添加 FTP 站点

（3）输入FTP站点名称（这里输入"公司网站"），再输入或浏览主目录文件夹（C:\inetpub\ftproot），单击"下一步"，如图1-116所示。

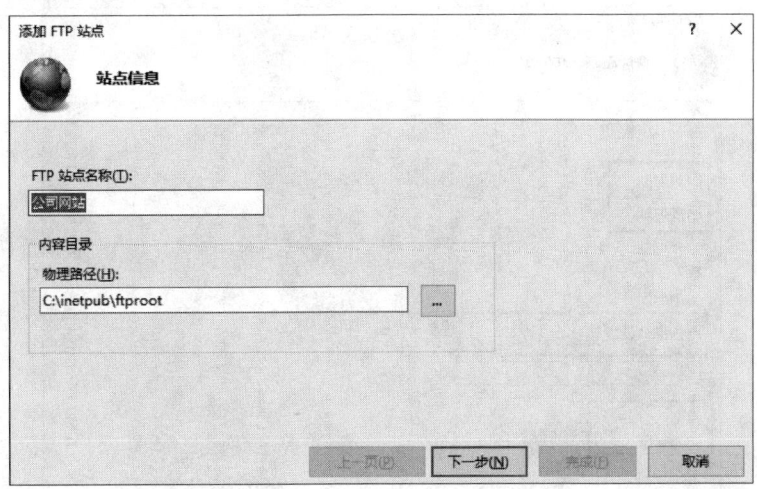

图1-116　站点信息配置

（4）未指派特定的IP地址给此站点，端口号默认为21，让FTP站点自动启动。在SSL（secure socket layer，安全套接字层）处选择"无SSL"（因为此时FTP站点尚未拥有SSL证书），单击"下一步"，如图1-117所示。

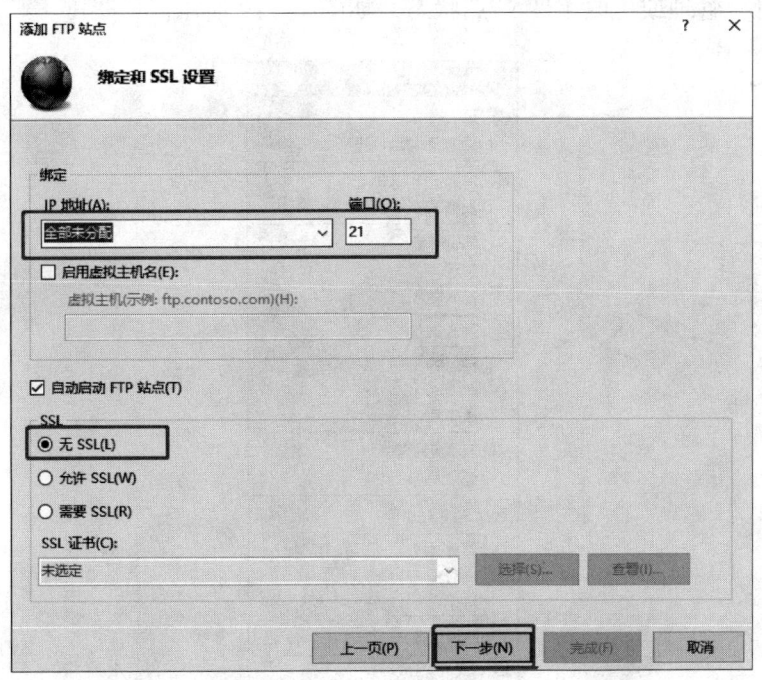

图1-117　FTP站点信息配置

（5）在"身份验证和授权信息"界面，在身份验证处选中"匿名""基本"，开放"所有用户"的"读取"权限，单击"完成"，如图1-118所示。

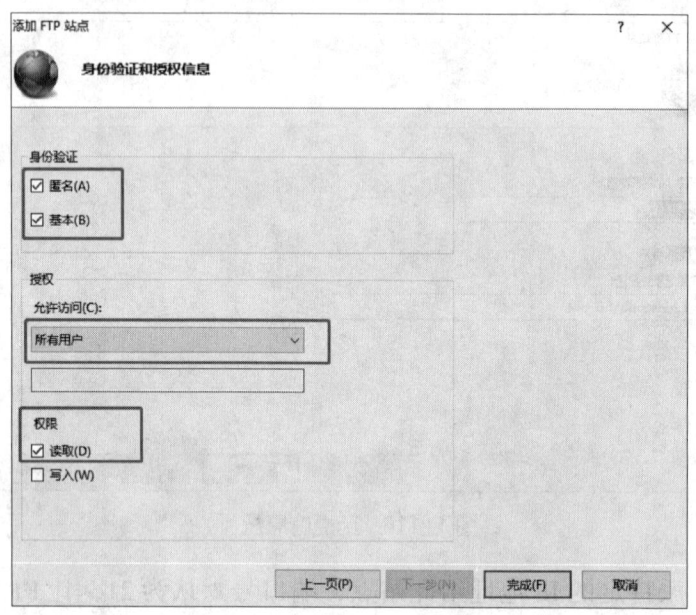

图1-118 访问授权配置

（6）在完成建站之后，可以通过操作栏的"重新启动""启动""停止""浏览"等查看、管理或更改FTP站点状态，如图1-119所示。

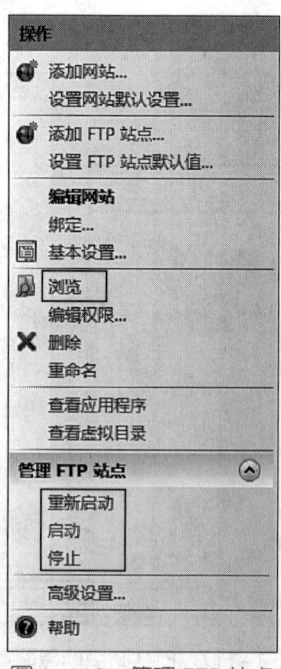

图1-119 管理FTP站点

（7）可使用"ftp://192.168.1.102"访问FTP站点，测试FTP站点是否搭建成功，如图1-120所示。

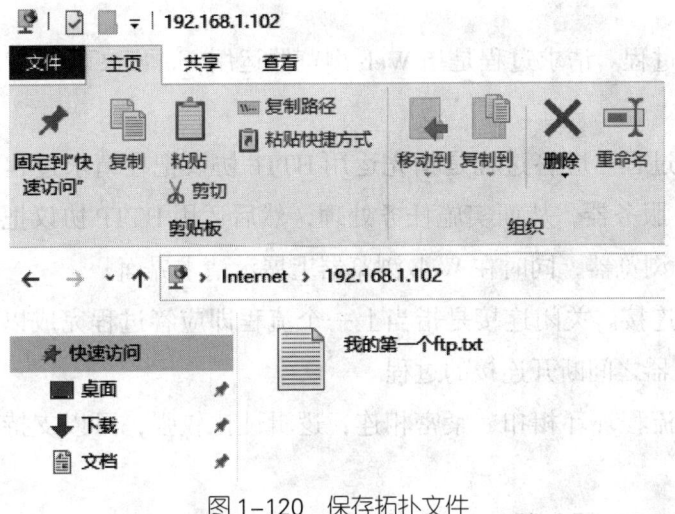

图1-120 保存拓扑文件

### 四、注意事项

Windows Server 2016中默认防火墙策略会对端口做限制，如在测试中无法直接连通FTP站点，请尝试暂时关闭服务器的Windows防火墙后尝试连接FTP站点。

## 学习单元2 配置应用服务的基本防护

### 一、Web服务器安全配置与防护

#### 1. Web服务器的工作流程

Web服务器的工作流程一般分为连接过程、请求过程、应答过程、关闭连接，下面对这四个流程一一进行介绍。

（1）连接过程。连接过程是指Web服务器和Web浏览器之间所建立起来的一种连接。要查看连接过程是否实现，用户可以找到并打开socket文件（一个抽象层,应用程序可以通过它发送或接收数据,可对其进行像对文件一样的"打开""读写""关闭"等操作)。这个文件的建立,意味着"连接过程"已经成功结束。

(2)请求过程。请求过程是指 Web 浏览器运用 socket 文件向 Web 服务器提出各种请求。

(3)应答过程。应答过程是指先运用 HTTP 协议把在请求过程中提出来的请求传输到 Web 服务器,从而实施任务处理,然后运用 HTTP 协议把任务处理的结果传输到 Web 浏览器,同时在 Web 浏览器上展示请求界面。

(4)关闭连接。关闭连接是指当上一个流程即应答过程完成以后,Web 服务器和 Web 浏览器之间断开连接的过程。

上述四个流程环环相扣、紧密相连,逻辑性比较强,可以支持多个进程、多个线程。

### 2. 常见的 Web 服务器

(1)IIS 服务器。IIS 是由微软公司提供的基于 Microsoft Windows 运行的互联网基本服务。最初,IIS 是 Windows NT 版本的可选包,之后被内置在 Windows 2000、Windows XP Professional 和 Windows Server 2003 等 Windows 操作系统中一起发行。IIS 是一套 Web 服务组件,包含 Web 服务器、FTP 服务器、NNTP(network news transfor protocal,网络新闻传送协议)服务器和 SMTP(simple mail transfer protocal,简单邮件传输协议)服务器,分别用于网页浏览、文件传输、新闻服务和邮件发送。同时,它提供 ISAPI(internet server application program interface,互联网服务器应用程序接口)作为扩展 Web 服务器功能的编程接口。另外,它还提供一个互联网数据库连接器,以实现对数据库的查询和更新。

(2)Apache 服务器。Apache HTTP Server(Apache 服务器)是一种开放源代码的网页服务器,它可以在大多数计算机操作系统中运行。它能通过简单的 API(application program interface,应用程序接口)进行扩展,将 Perl、Python 等脚本语言的解释器编译到服务器中。本来它只用于小型或试验网络,后来逐步扩充到各种 Unix 系统中。Apache 服务器的特点是简单、速度快、性能稳定,并可作为代理服务器来使用。

(3)Tomcat 服务器。Tomcat 服务器是一种免费且开放源代码的 Web 应用服务器,它属于轻量级应用服务器,在中小型系统和并发访问用户不是很多的场合下被普遍使用,是开发和调试 JSP(Java server pages,Java 服务器页面)程序的首选。

目前，许多大型 Web 应用一般将 Apache 服务器和 Tomcat 服务器结合使用。Apache 服务器负责接收用户的 HTTP 请求，如果是 Servlet（server applet，服务器小程序）或 JSP 请求，则把请求转发给 Tomcat 服务器处理，并将处理结果封装响应给用户。

**3. 安全配置与防护**

不同 Web 服务器的安全配置操作不同，但进行安全配置的思路大致相同，基本可以从 Web 应用运行身份、Web 目录访问权限、各 Web 应用安全选项、日志配置与审核等方面入手。其中，日志审核是默认开启的，但是开启后对服务器性能的影响较大。

（1）IIS 服务器安全配置

1）IIS 访问权限配置。为每个网站配置不同的匿名访问账户，这样能有效地把网站权限分隔开。

2）IIS 网站目录权限配置。目录有写入权限，但一定不要为其分配执行权限，因为当目录既有写入权限又有执行权限的话，黑客上传木马后还能执行就会让服务器成为僵尸主机。一般需要对网站上传目录和数据库目录分配写入权限，但一定不要分配执行权限，因为网站需要通过后台来管理数据，包括上传图片和文件。其他目录没有特别的权限，一般只分配读取和记录访问权限。

3）禁用不必要的 Web 服务拓展。如果允许未知的 ISAPI 拓展和 CGI（common gateway interface，通用网关接口）拓展在 Web 服务器上运行，那么服务器就容易被利用这些技术的病毒攻击。

4）安装 IIS 服务器证书。Web 服务器能支持 SSL 通信，从而保证 Web 服务器的通信安全。在安装 IIS 服务器证书之前，务必在服务器上开启 443 端口，同时在安全组增加 443 端口。

（2）Apache 服务器安全配置

1）限制 root 用户运行 Apache 服务器。一般情况下，启动 Apache 服务器的 httpd 进程需要 root 权限。由于 root 权限太大，对系统存在许多潜在的安全威胁，因此建议使用普通用户权限来启动服务器。

2）隐藏版本号。在 Web 服务器的响应头部中，Web 服务器的详细信息几乎都被暴露出来。如果每个版本的 Apache 和 PHP（page hypertext preprocessor，页面超文本预处理器）都有严重漏洞，则会给攻击者提供最有攻击价值的安全信息，这是非常危险的。因此，应隐藏版本号。

3）关闭目录浏览。在目录浏览被启用后，用户访问时就会看到此目录中完整的内容列表。不建议将敏感材料以纯文本的形式存储在一个 Web 服务器上,应禁止用户看到超过其需要范围的内容,即关闭目录浏览。

4) httpd.conf 的其他安全配置。配置 httpd.conf 限制一些特殊目录的特定 IP 访问,如内部接口等;配置 httpd.conf 限制一些文件类型的访问,如 txt 的日志;配置 httpd.conf 修改监听端口,防止一些内部系统被扫描;配置 httpd.conf 记录访问日志。

## 二、DNS 服务器安全配置与防护

### 1. 域名系统

在互联网上,域名与 IP 地址是一对一(或者多对一)的关系,域名虽然便于人们记忆,但机器之间只能识别 IP 地址。当用户输入域名时,DNS 服务器可以将其解析成 IP 地址(正向解析);当用户输入 IP 地址时,DNS 服务器可以将其解析成对应的域名(反向解析)。DNS 域名系统的树状结构从 0 级(根级)开始,最多可到 127 级。

从图 1-121 中可以看出,域名系统就像一棵倒置的树。树上的每个节点都有一个域名。一个完整的域名是用点(.)分隔开的标号序列,域名总是从节点向上读到根节点,最后一个标号是根节点的标号(为空)。例如,master.jszx.bjut.edu 就是名为 master 的计算机的完整域名。DNS 树可以看作由许许多多子树组成,这些子树被称为域,域本身又可划分为若干子域。那些分布在世界各地的 DNS 服务器是采用层次来组织的,每台 DNS 服务器或对一个大的域负责或对一个小的域负责。

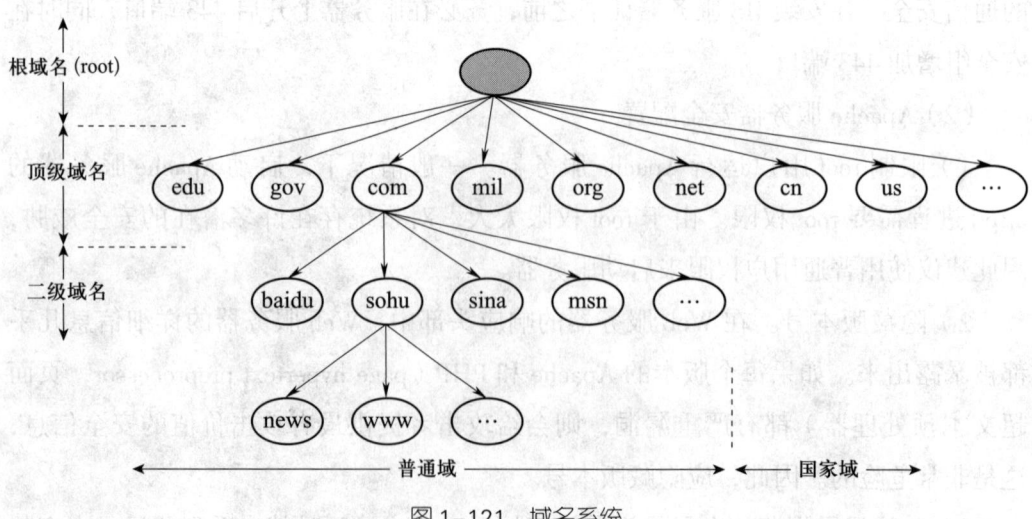

图 1-121 域名系统

DNS 服务器按区域类型分为以下三种：主要区域、辅助区域和存根区域。一般情况下，企业申请域名时会考虑配备两个 DNS 服务器，一个是主服务器，另一个是辅助服务器。一般的解析请求由主服务器负责，辅助服务器的数据是从主服务器复制而来的，辅助服务器的数据是只读的。当主服务器出现故障或由于负载太重无法响应客户机的解析请求时，辅助服务器会担负起域名解析的任务。主服务器使用的区域是主要区域，而辅助服务器使用的区域是辅助区域。存根区域可以看作一个特殊的、简化的辅助区域，它是一个区域副本，只包含标识该区域的权威 DNS 服务器所需的那些资源记录。存根区域用于使主副区域的 DNS 服务器知道其子区域的权威 DNS 服务器，从而保持 DNS 解析效率。

**2. 安全配置与防护**

（1）DNS 面临的风险。DNS 由于其协议有缺陷，因此一直都是网络安全中的一个薄弱环节。通过 DNS 进行攻击具有成本小、效率高且只利用少量资源就能发出极大破坏力的攻击等特点，而且对网络的 DNS 进行攻击可以很容易地逃过监控和防护。因此，DNS 成为互联网安全的重大隐患，常见的攻击有 DNS 缓存投毒、DNS 欺骗和 DDoS（distributed denial of service，分布式拒绝服务）攻击。

DNS 缓存投毒是指黑客利用 DNS 缓存服务器，将用户访问的网站转到其他网站并达到相应目的。DNS 缓存投毒的实现方式一般有两种，一种是通过控制和攻击用户的 DNS 缓存服务器，另一种是攻击权威域名服务器。DNS 欺骗的本质是冒充域名服务器进行攻击，在进行攻击之前，攻击者为用户传输虚假的 DNS 服务器响应结果，诱骗用户浏览恶意网站。在网络攻击者截获用户发送的请求之后，会通过给其发送虚假 IP 地址来实现欺骗用户的目的。DDoS 攻击的实现方式也有两种：一种是利用 DNS 服务器软件中的各种漏洞，使其拒绝服务或崩溃；另一种是把 DNS 服务器当成跳板去攻击其他互联网主机或服务器，并使它们拒绝提供服务。

（2）DNS 服务防护措施

1）加强 DNS 服务器自身安全配置。针对 DNS 服务器设定高优先级的防护策略，及时升级操作系统的漏洞补丁、关闭服务器上不必要的服务端口、隐藏 DNS 服务器软件版本信息等，以降低针对漏洞进行的攻击风险。

2）DNS 缓存投毒防范措施。一种措施是及时更新 DNS 数据库，并根据服务器的实际运行情况和性能，适当降低服务器缓存记录的生存时间值（time to live，TTL），以预防缓存中毒。另一种措施是 UDP 端口随机化，这种措施可以极大地降低 DNS 缓存投毒的命中率。

3）DNS 欺骗的防范措施。通过绑定 IP 地址和网关路由器 MAC 地址来避免 ARP（address resolution protocol，地址解析协议）欺骗造成的 DNS 欺骗。针对用户收到的欺骗应答包，可以利用它为了快速返回客户端而采用比合法应答包简单的报文这一特点，来监听 DNS 应答包，并根据相应的算法来鉴别真假，从而避免 DNS 欺骗。

4）DDoS 攻击防范措施。安装相应的防火墙来限制和过滤高 DNS 流量请求。新一代防火墙通常具有一定的防 DDoS 攻击功能，可以配置访问速率和每秒连接数的限制以避免 DDoS 攻击。如果部署具有较强的防 DDoS 攻击功能的新一代防火墙，就能更好地抵御针对 DNS 的 DDoS 攻击。

## 三、FTP 服务器安全配置与防护

### 1. 基础知识

FTP 是一个应用广泛的网络协议，它用于主机间的数据传输和文件共享，其主要功能为文件的上传和下载。

FTP 是由支持互联网文件传输的各种规则所组成的集合，采用客户端/服务器方式实现。客户端由三部分组成：用户界面、控制进程和数据传输进程。服务器由两部分组成：控制进程和数据传输进程。控制连接作用于控制进程之间，数据连接作用于数据传输进程之间。

FTP 需要用到两个端口。一个是作为控制连接端口的 21 端口，用于发送指令给服务器以等待服务器响应。另一个是作为数据传输端口的 20 端口，用来建立数据传输通道。控制连接端口（21 端口）在整个 FTP 工作过程中始终保持连接状态。数据连接则是在每传输一个文件时都要开启和关闭的。也就是说，在 FTP 的工作过程中，控制连接是永久的，数据连接是交互式的。

FTP 工作时，首先启动 FTP 客户端进程，与远程服务器建立连接，然后向远程服务器发出传输命令，远程服务器在收到命令后给予响应，并执行正确的命令。

FTP 命令是互联网用户使用最频繁的命令。不论是通过 Windows 命令行还是在 Unix 操作系统下使用 FTP，都会遇到大量的 FTP 内部命令。因此，相关人员应熟悉并灵活应用 FTP 内部命令。

在使用 FTP 进行文件传输时，针对不同的文件类型，FTP 提供两种文件传输模式，分别是 ASCII（American standard code for information interchange，美国信息交换标准代码）模式和二进制模式。

### 2. 安全配置与防护

架设 FTP 服务器可以选用不同的产品，如 Serv-U、VSFTPD、ProFTPD 等。口令破解是最常见的 FTP 应用攻击方式，因此在使用 FTP 应用时，首先要为账户设置复杂的口令。不同 FTP 服务器的安全配置操作不同，但进行安全配置的思路大致相同，基本可以从 FTP 应用运行身份、用户目录访问权限、各 FTP 应用安全选项、日志配置与审核等方面入手。下面以 Windows Server 2012 服务器为例，介绍其安全配置操作方法。

（1）利用 FTP 请求筛选功能限制用户终端行为。FTP 管理员可以通过 IIS 管理器对用户的操作进行合理的限制。例如，禁止浏览、上传和下载具有潜在风险的文件等命令，就可以利用 FTP 请求筛选功能来实现。

（2）限制登录次数，抵御暴力破解。在 IIS 管理器窗口左侧选择服务器名，在窗口中部的 FTP 栏中双击"FTP 登录尝试限制项"，在弹出的界面中选中"启用 FTP 登录尝试限制项"，在最大登录尝试失败次数栏中设置登录失败上限值，在时间段栏中设置判断周期［单位为秒（s）］。再选中"基于登录尝试失败次数拒绝 IP 地址"，在右侧的操作栏中单击应用链接，激活该功能。

（3）配置 SSL 证书加密。Windows Server 2012 中的 FTP 服务器支持 FTP Over SSL 工具，允许 FTP 客户端使用 SSL 安全连接与 FTP 服务器进行通信。FTP 服务器需要先申请和安装 SSL 安全连接证书。当 SSL 加密功能被激活后，客户端就可以使用 CuteFTP 等工具来连接 SSL FTP 服务器，这样传输过程中的数据就处于加密状态，可以有效防御黑客的嗅探操作。

（4）取消匿名登录。Windows 操作系统通过 IIS 搭建 FTP，有时会遇到恶意登录。可以取消匿名登录，并限制匿名登录的权限。

# IIS 服务器安全加固

## 一、操作准备

Windows Server 2016 服务器环境。

## 二、操作要求

按照某公司管理规定要求，开发建设 .NET 类应用系统时应采用 Windows Server 2016 平台提供服务。根据等级保护建设和信息安全要求，管理员需要根据以下要求对系统进行配置和安全加固。目前预设的网络拓扑图如图 1-96 所示。

1. 删除 IIS 默认站点，新添加"公司网站"站点，同时将桌面"网站备份"文件夹中的"www"网站目录文件夹迁移至 C 盘根目录下，并配置为可正常访问。

2. 配置网站目录权限，禁止用户直接看到网站目录中的资源文件。

3. 将桌面"证书 –www.inspc.com"文件夹中的"myself.pfx"证书文件安装在 IIS 服务器中，并通过 https 访问公司网站。

4. 为了提高网站的安全性，尝试增加 IIS 访问权限身份验证。

## 三、操作步骤

步骤 1　迁移网站目录文件夹，新添加"公司网站"站点。

（1）将桌面"网站备份"文件夹中的"www"复制到服务器 C 盘根目录下。

（2）进入"Internet Information Services（IIS）管理器"界面，右击"网站"，在弹出的快捷菜单中单击"添加网站"，如图 1-122 所示。

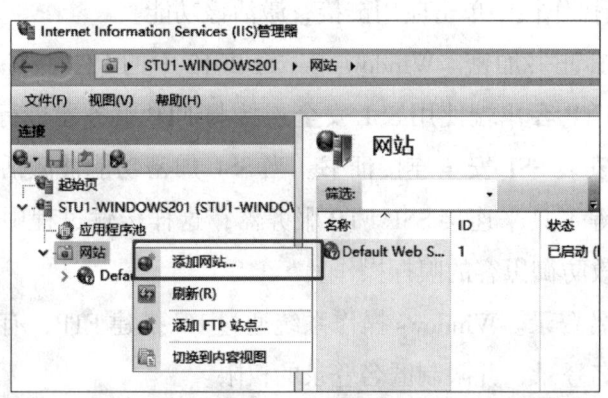

图 1-122　添加网站的操作

（3）打开"添加网站"界面后，在网站名称处输入"公司网站"，在物理路径处选择"C:\www"，在主机名处输入"www.inspc.com"，单击"确定"，如图 1-123 所示。

（4）在"公司网站主页"界面，找到"默认文档"并双击，如图 1-124 所示。

（5）单击右侧栏中的"添加"，在弹出的对话框中输入"index.asp"，单击"确定"，如图 1-125 所示。

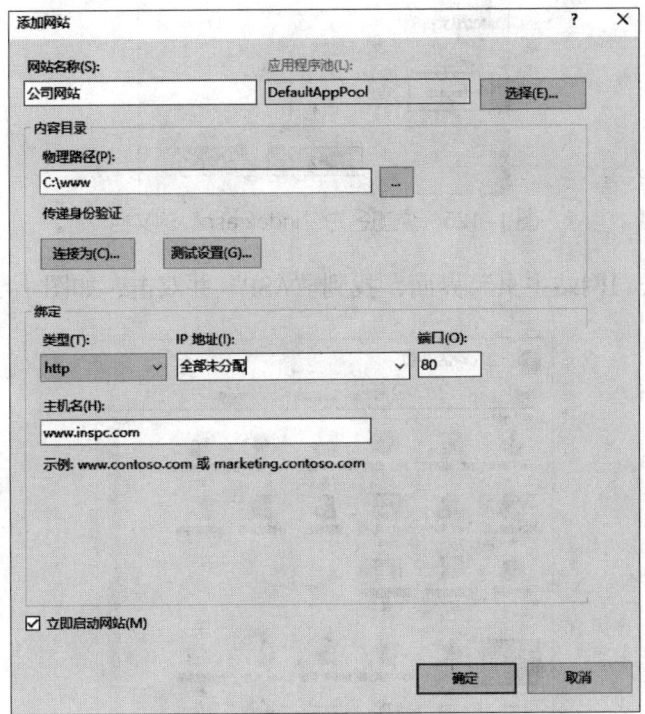

图 1-123 "添加网站"界面

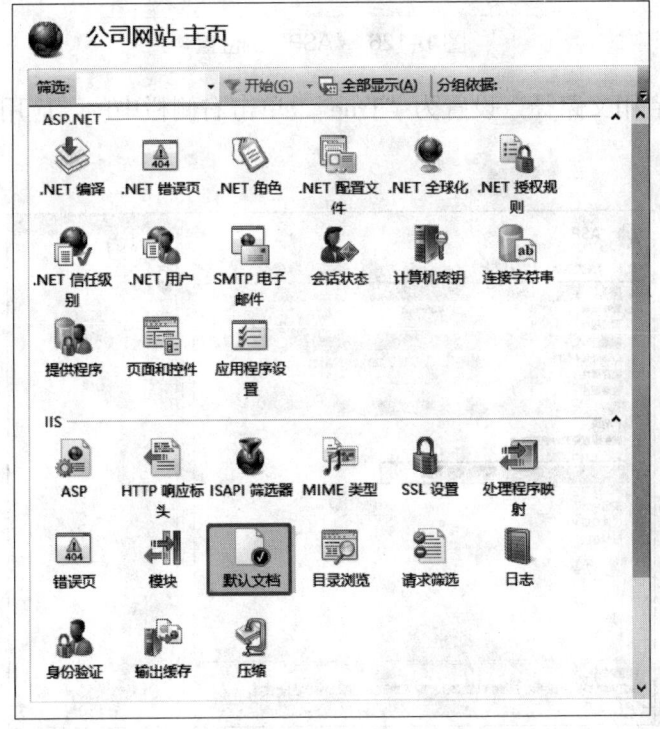

图 1-124 "默认文档"的位置

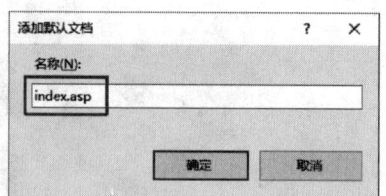

图 1-125 添加名为"index.asp"的文档

(6)在"公司网站主页"界面,找到"ASP"并双击,如图 1-126 所示。

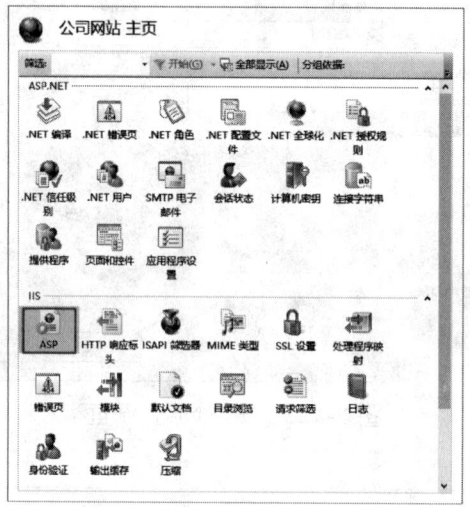

图 1-126 "ASP"的位置

(7)将"启用父路径"设置为"True",单击右侧栏中的"应用",如图 1-127 所示。

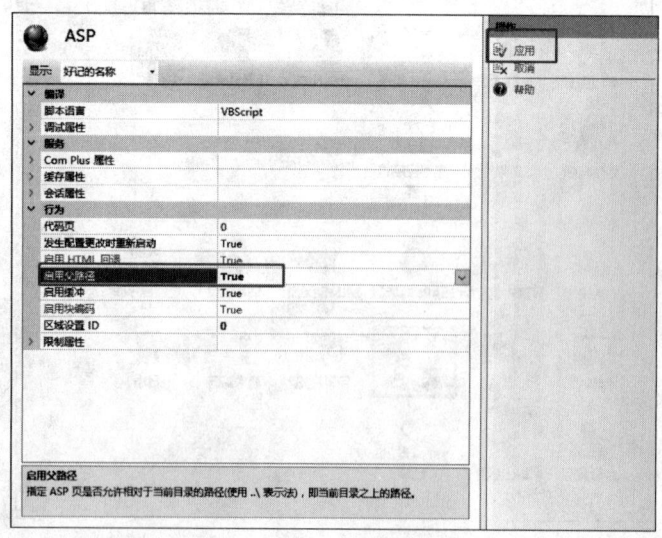

图 1-127 将"启用父路径"设置为"True"

(8)在"应用程序池"界面选择"DefaultAppPool"并右击,在弹出的快捷菜单中选择"高级设置",如图 1-128 所示。

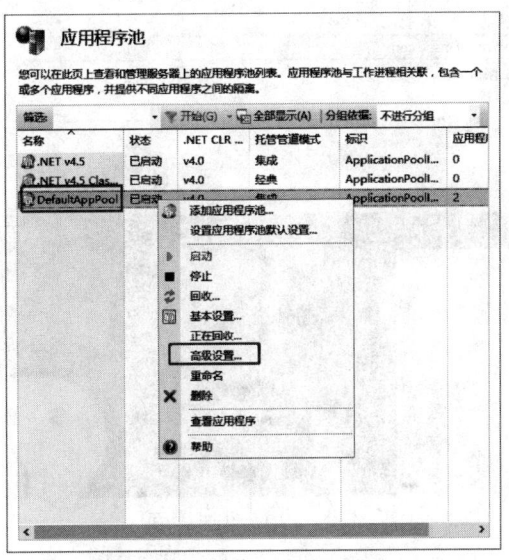

图 1-128　打开"高级设置"

(9)将"启用 32 位应用程序"设置为"True",单击"确定",如图 1-129 所示。此处操作是因为 ASP 网站程序使用了 Access 数据库,而 64 位操作系统不支持 Microsoft OLE DB Provider for Jet 驱动程序,也不支持更早的 Microsoft Access Driver(*.mdb)方式连接,于是将 IIS 的运行环境设置为 32 位。

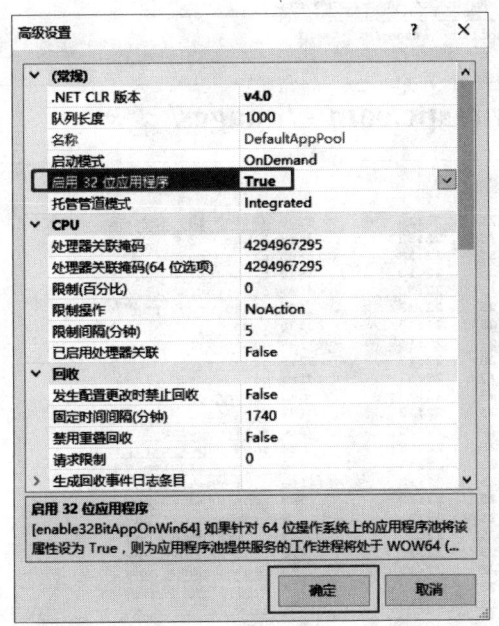

图 1-129　将"启用 32 位应用程序"设置为"True"

（10）测试管理员 PC 机能否成功访问 http://www.inspc.com/，测试页面如图 1-130 所示。

图 1-130 测试页面

步骤 2 配置网站目录权限配置，禁止用户直接看到网站目录中的资源文件。

（1）当管理员访问网站时，如果发现一些敏感文件暴露在网站中，如图 1-131 所示，这就需要对网站目录权限进行配置，防止敏感的文件暴露在互联网中。在"公司网站主页"界面找到"目录浏览"并双击，如图 1-132 所示。

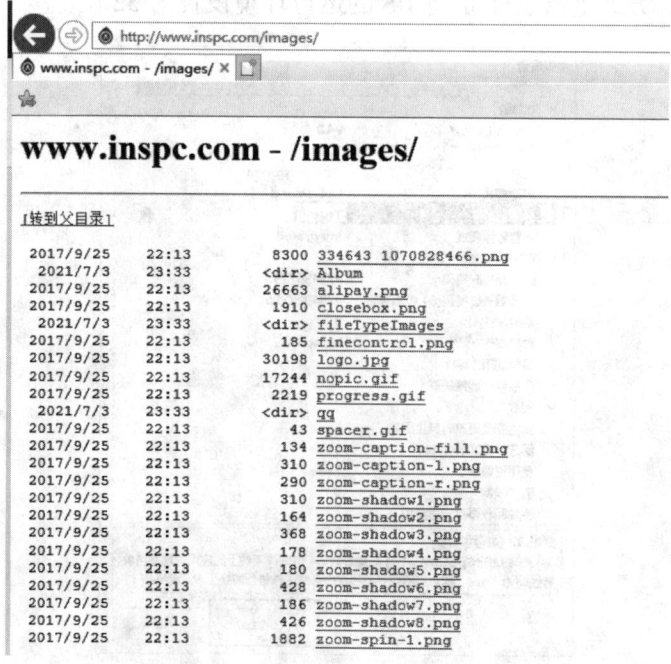

图 1-131 一些敏感文件暴露在网站中

图 1-132 "目录浏览"的位置

（2）将目录浏览功能设置为"禁用"，即完成对网站目录权限的配置，如图 1-133 所示。

图 1-133 网站目录权限配置

（3）再次刷新页面，可看到普通用户已无访问权限，如图 1-134 所示。

图 1-134 普通用户无访问权限

步骤 3　将桌面"证书-www.inspc.com"文件夹中的"myself.pfx"证书文件安

装在 IIS 服务器中,并通过 https 访问公司网站。

(1)在"STU1-WINDOWS201 主页"界面,找到并双击"服务器证书",如图 1-135 所示。

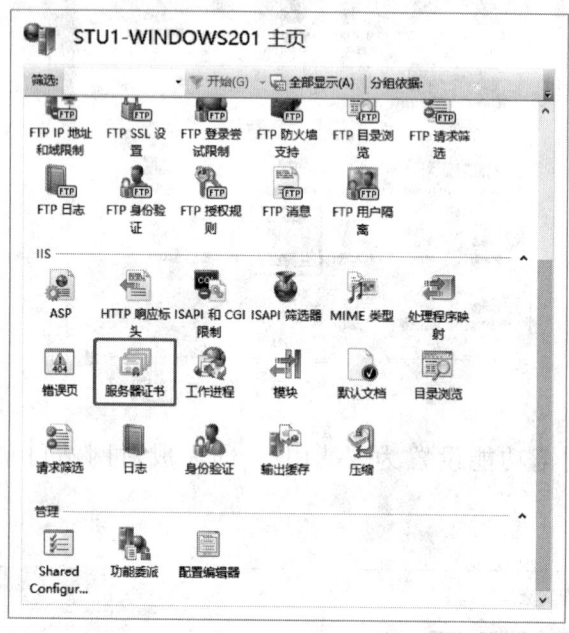

图 1-135 "服务器证书"位置

(2)单击右侧栏中的"导入",打开"导入证书"界面,如图 1-136 所示。

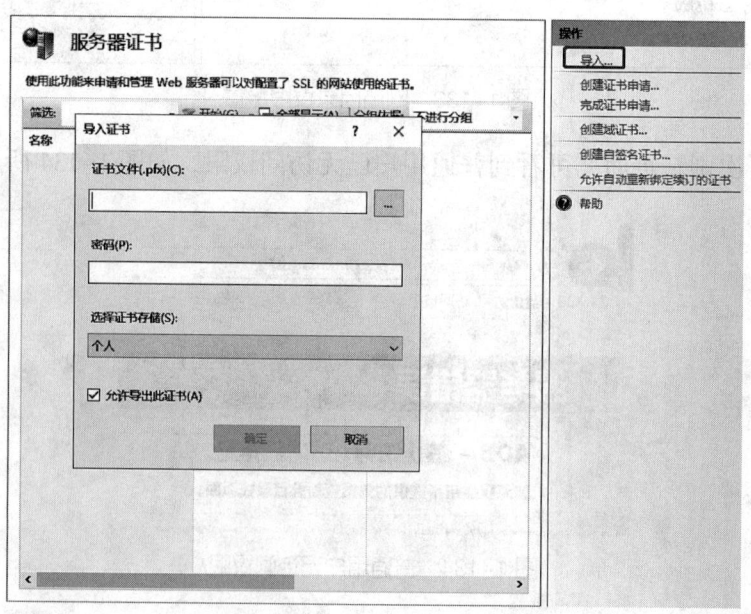

图 1-136 "导入证书"界面

(3)选择桌面上相应的"myself.pfx"文件,输入公司的导入密码,将"选择证书存储"设置为"Web 宿主",单击"确定",如图 1-137 所示。

图 1-137 导入"myself.pfx"文件

(4)右击"公司网站",单击"编辑绑定",如图 1-138 所示。

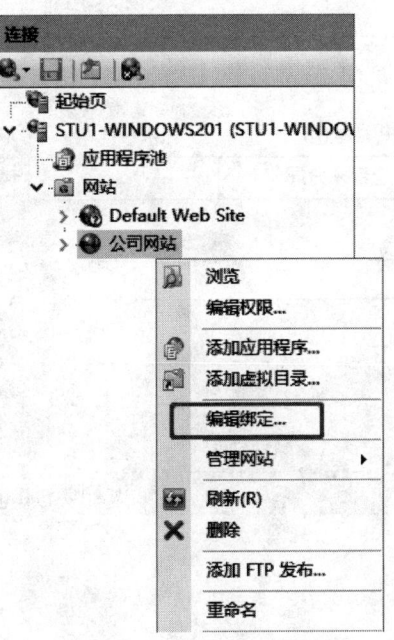

图 1-138 "编辑绑定"位置

(5)在"网站绑定"界面中添加网站,在类型处选择"https",在主机名处输入"www.inspc.com",如图 1-139 所示。

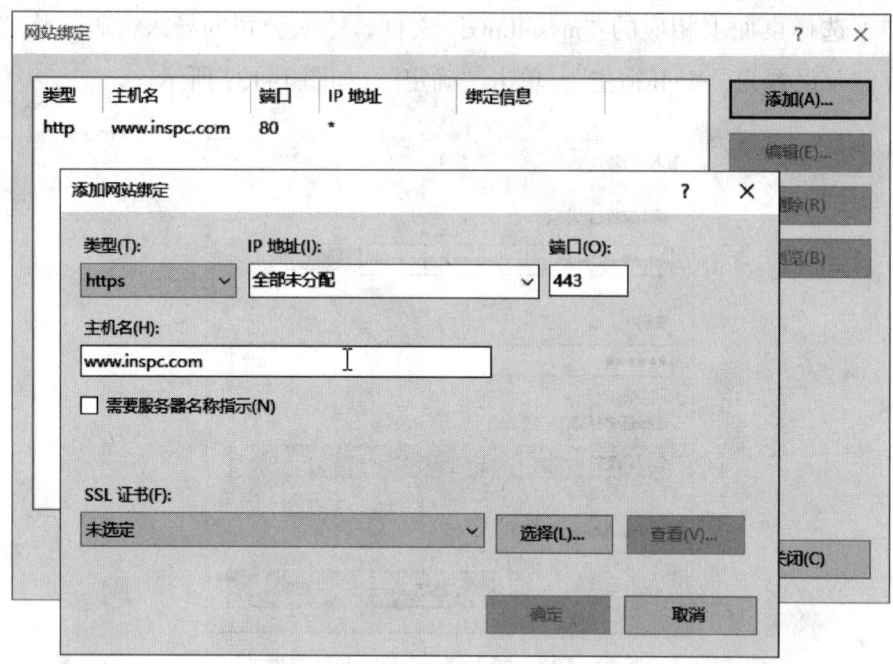

图 1-139 绑定添加的网站

（6）在 SSL 证书处导入证书文件，单击"确定"，如图 1-140 所示。

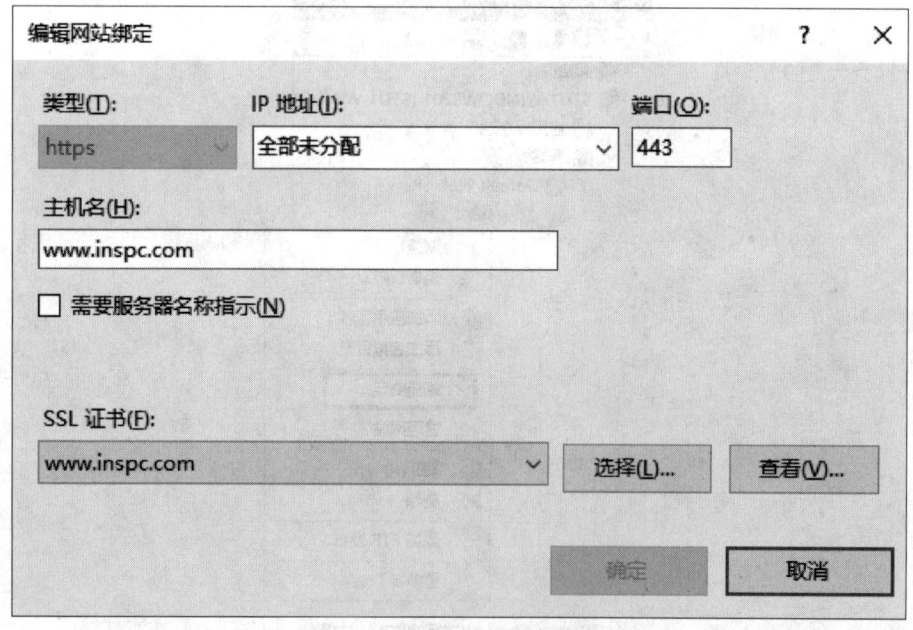

图 1-140 导入证书文件

（7）测试管理员 PC 机能否成功访问网站网址 https://www.inspc.com。查看网站证书，如图 1-141 所示，发现已经成功签名，则可通过 https 对网站进行访问。

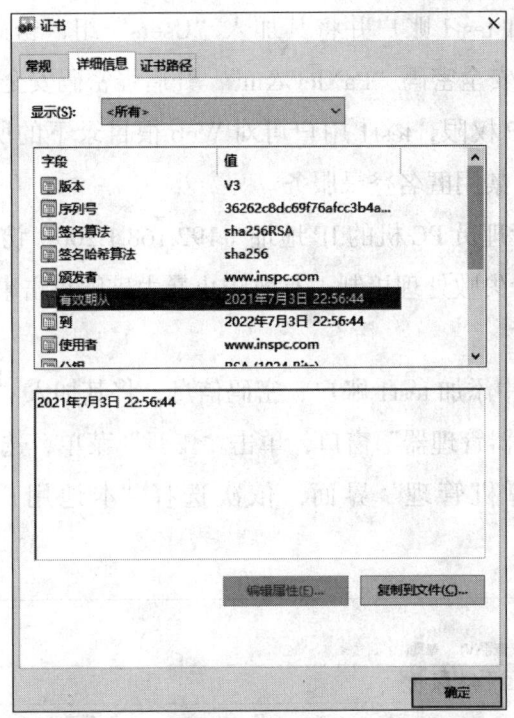

图 1-141　网站证书

（8）管理员在确认无误的情况下，将默认网站（Default Website Site）删除。

## 四、注意事项

IIS 管理器中的身份认证模块有多种身份认证方法，各位读者可在工作中自行尝试配置。

# FTP 服务器安全加固

## 一、操作准备

1. Windows Server 2016 服务器环境。
2. 已经部署 IIS 服务器。

## 二、操作要求

某公司官网已经投入使用，在运营使用期间又有了新的功能使用需求。管理员新建 test1 用户对网站目录文件进行远程管理，需要开通 FTP 读取、写入权限。为了安全起见，管理员需要对 FTP 的用户权限进行控制，并按照公司规定进行安全加固。目前预设的网络拓扑图如图 1-96 所示。

操作要求具体如下。

1. 在系统中添加 test1 账户并将其加入"Users"组,密码设置为 8 位数字以上、含有特殊字符的安全密码"PaXlcG&m",开启强密码安全策略。

2. 配置网站 FTP 权限,test1 用户可对 Web 根目录下的所有文件进行读取和写入操作,开启 FTP 禁用匿名登录服务。

3. 限制只能是管理员 PC 机的 IP 地址(192.168.1.200)访问该 FTP 服务器。

4. 启用账户登录失败处理机制,有效防止暴力破解攻击事件。

### 三、操作步骤

步骤 1　在系统中添加 test1 账户、密码信息,将其加入"Users"组。

(1)打开"服务器管理器"窗口,单击"工具"菜单,选择"计算机管理"。

(2)进入"计算机管理"界面,依次选择"本地用户和组""用户",如图 1-142 所示。

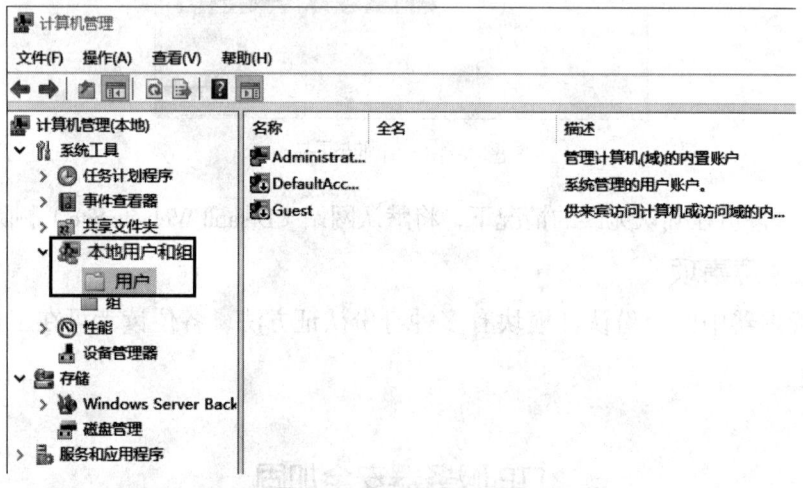

图 1-142　"用户"位置

(3)右击右侧空白处,在弹出的快捷菜单中单击"新用户",如图 1-143 所示。

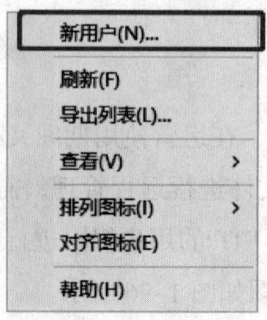

图 1-143　创建新用户

（4）在"新用户"界面中，添加用户名为"test1"、全名为"test1"，设置密码为"PaXlcG&m"（8位数字以上、含有特殊字符的安全密码），取消选中"用户下次登录时须更改密码"，选中"密码永不过期"，如图1-144所示。

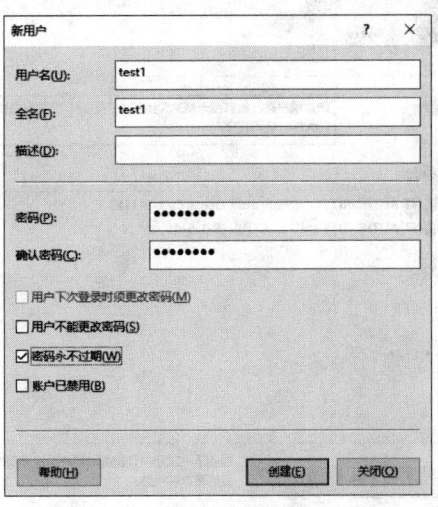

图1-144 设置新用户相关信息

（5）在"计算机管理"界面中，依次选择"本地用户和组""组"，右击"Users"，在弹出的菜单中单击"添加到组"，如图1-145所示。

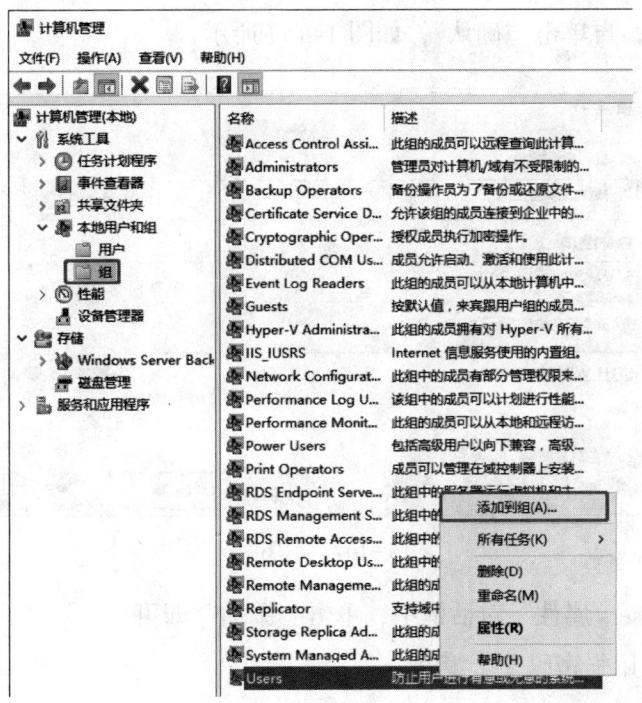

图1-145 "添加到组"位置

(6)在"Users 属性"对话框中,单击"添加",如图 1-146 所示。

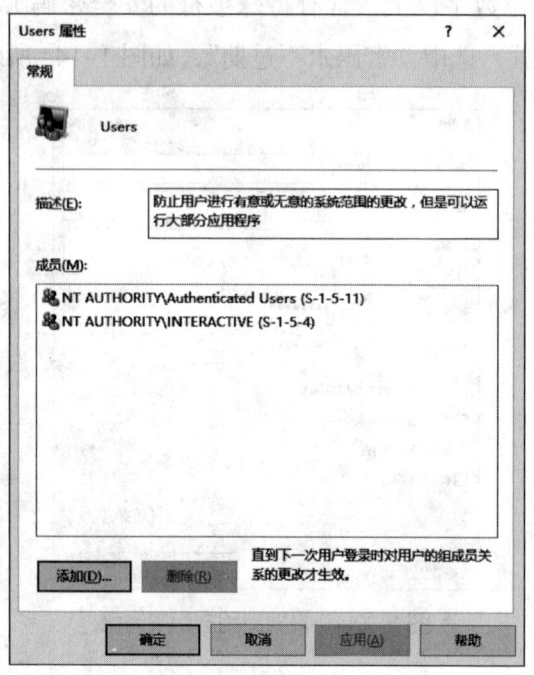

图 1-146 "Users 属性"对话框

(7)在"选择用户"对话框中输入 test1 账户的相关信息,单击"确定",单击"检查名称",再单击"确认",如图 1-147 所示。

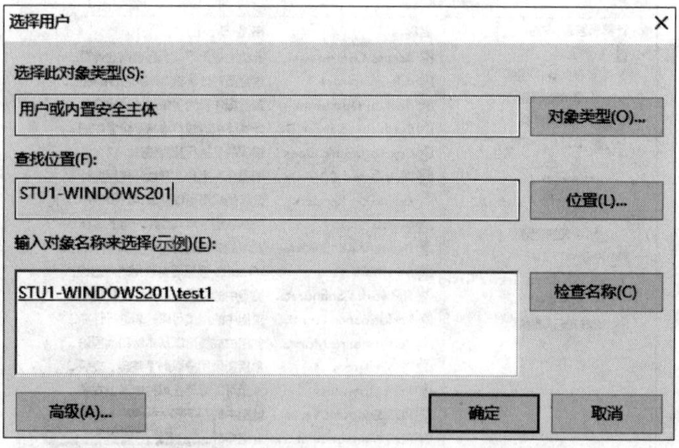

图 1-147 添加用户

(8)在"Users 属性"对话框中,单击"添加"即可。

步骤 2 启用强密码安全策略。

(1)打开"服务器管理器"窗口,单击"工具"菜单,选择"本地安全策略",打开"本地安全策略"窗口。

（2）依次选择"账户策略""密码策略",此时"密码必须符合复杂性要求"的设置是"已禁用",如图1-148所示。

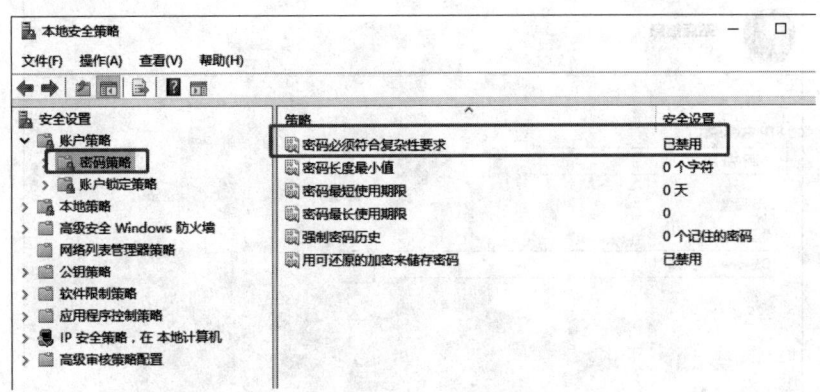

图1-148 "密码必须符合复杂性要求"已禁用

（3）打开"密码必须符合复杂性要求 属性"界面,选中"已启用",单击"确定",如图1-149所示。

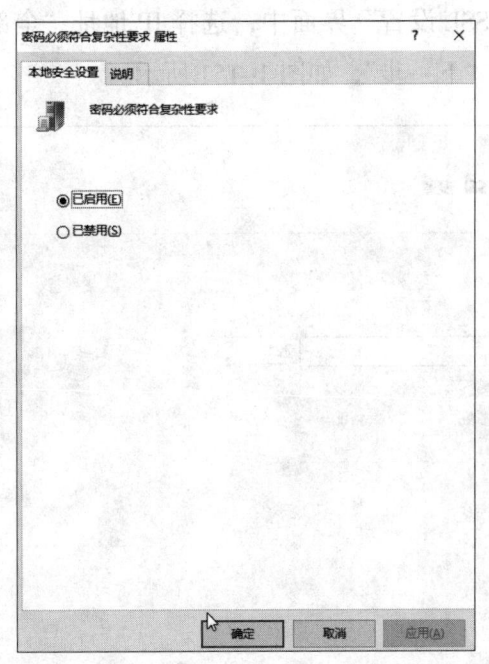

图1-149 启用"密码必须符合复杂性要求 属性"界面

步骤3 创建公司FTP服务器,并配置test1用户访问权限,禁用匿名登录。

（1）打开"Internet Information Services（IIS）管理器"界面,右击"网站",在弹出的快捷菜单中单击"添加FTP站点"。

（2）打开"站点信息"界面后，在 FTP 站点名称处输入"公司网站 FTP"，在物理路径处选择" C:\www"，单击"下一步"，如图 1-150 所示。

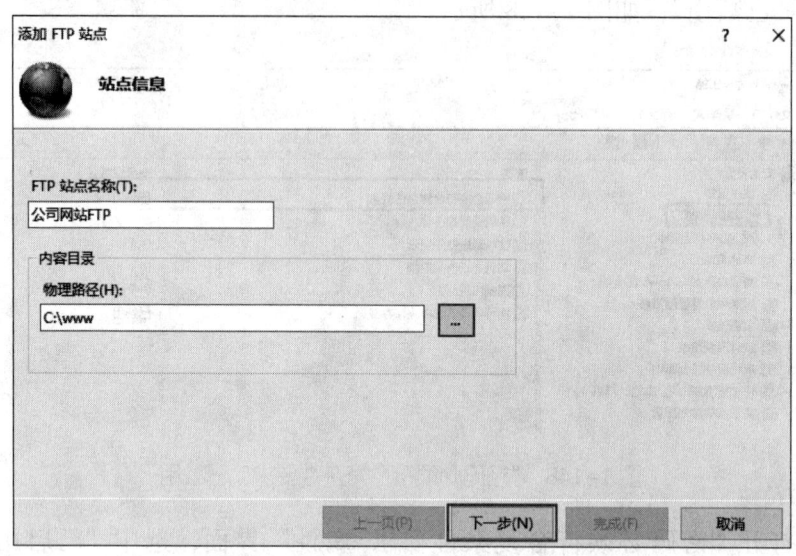

图 1-150  添加 FTP "站点" 界面

（3）在"绑定和 SSL 设置"界面中，选择 IP 地址"全部未分配"，在 SSL 处选中"无 SSL"，单击"下一步"，如图 1-151 所示。

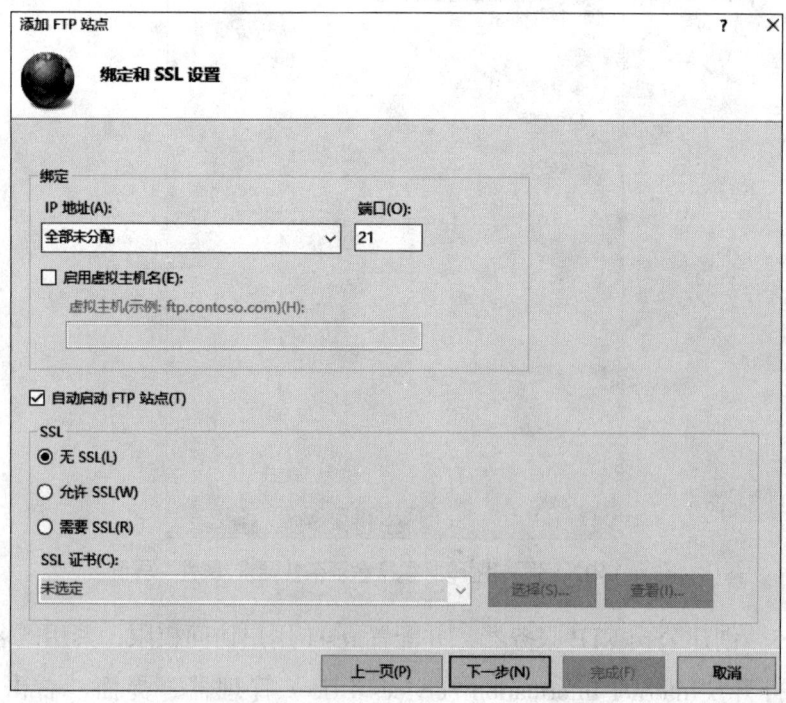

图 1-151  "绑定和 SSL 设置" 界面

（4）在"身份验证和授权信息"界面的身份验证处选中"基本"、取消选中"匿名"，授权指定用户"test1"，在权限处选中"读取""写入"，单击"完成"，如图 1-152 所示。

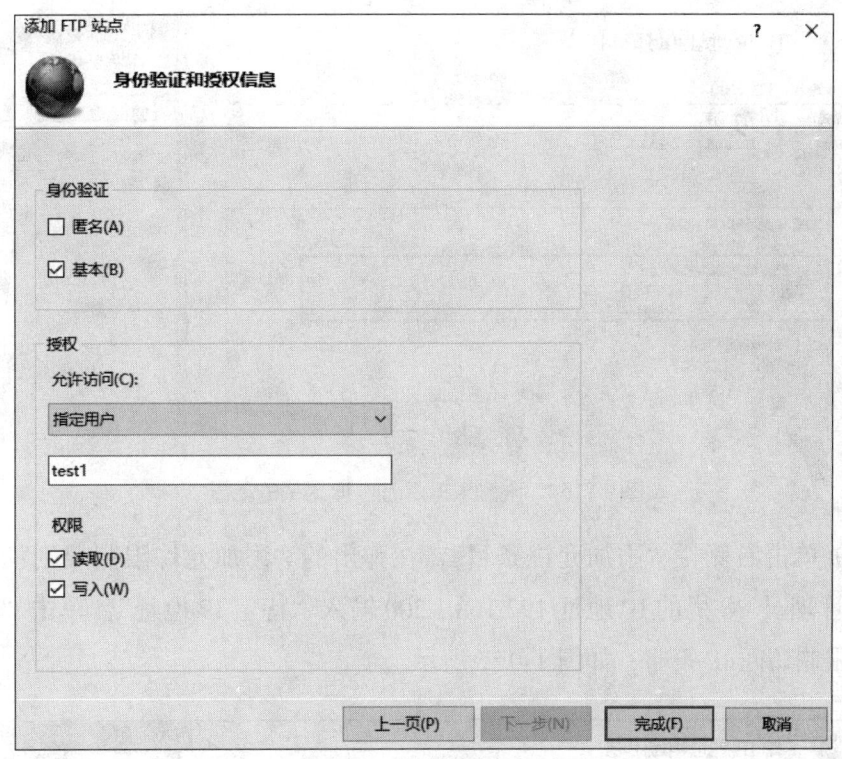

图 1-152　站点身份验证配置

（5）在"公司网站 FTP 主页"界面，找到"FTP IP 地址和域限制"并双击，如图 1-153 所示。

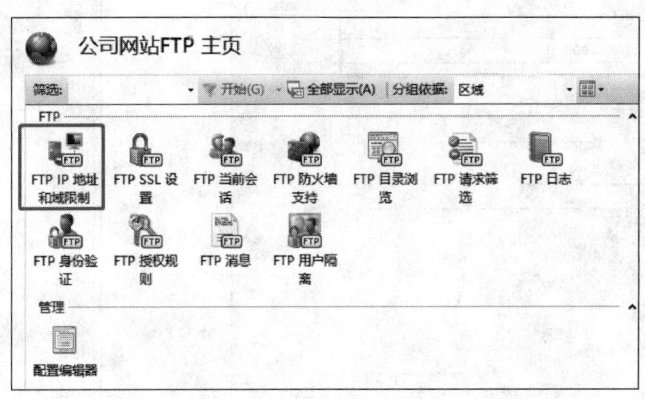

图 1-153　"FTP IP 地址和域限制"的位置

（6）单击右侧栏"编辑功能设置"，在弹出的"编辑 IP 地址和域限制设置"对话框中，"拒绝"未指定的客户端的访问权，这样在添加允许的条目前，其他未授权地址均无法访问 FTP 服务器，这就是限制未指定访问 IP 策略，如图 1-154 所示。

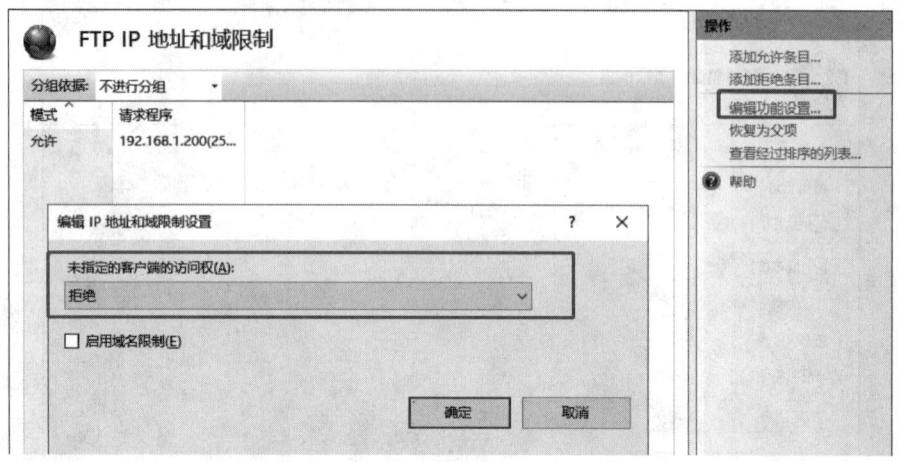

图 1-154　限制未指定访问 IP 策略的配置

（7）单击右侧栏"添加允许条目"，在弹出的"添加允许限制规则"对话框中，将管理员 PC 机的 IP 地址 192.168.1.200 输入"特定 IP 地址"，单击"确定"，这就是限制访问 IP 策略，如图 1-155 所示。

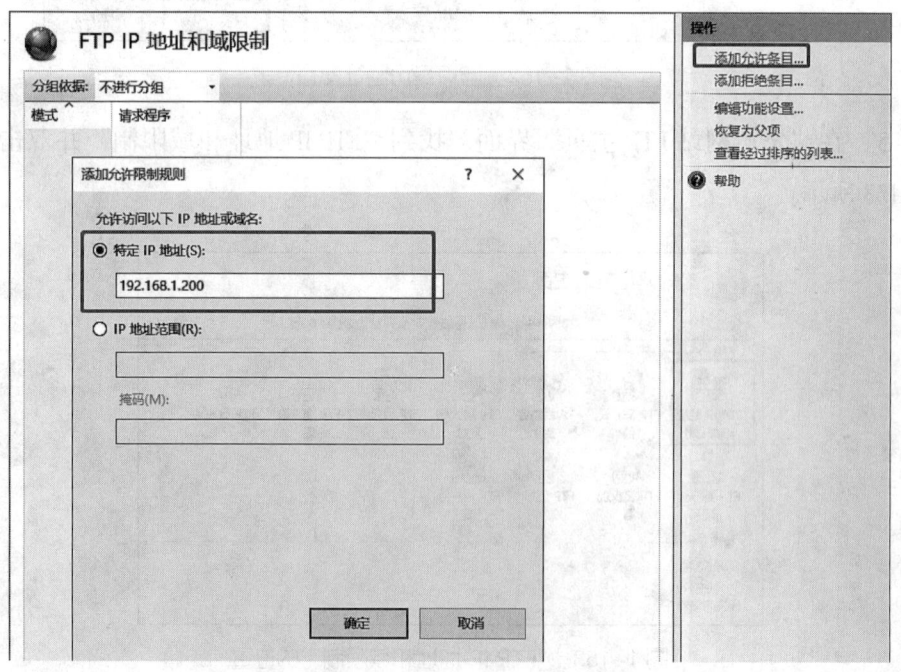

图 1-155　限制访问 IP 策略的配置

（8）管理员 PC 机尝试访问"ftp://192.168.1.102"，可成功访问，如图 1-156 所示。

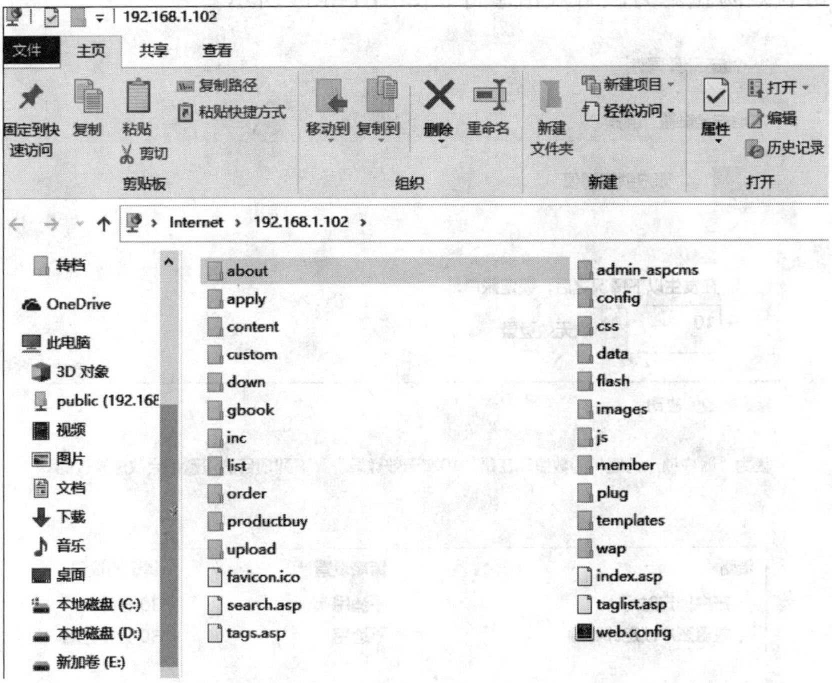

图 1-156 成功访问 FTP 服务器

步骤 4 启用账户登录失败处理机制，有效防止暴力破解攻击事件。

（1）打开"服务器管理器"窗口，单击"工具"菜单，选择"本地安全策略"，打开"本地安全策略"窗口。

（2）依次选择"账户策略""账户锁定策略"，如图 1-157 所示。

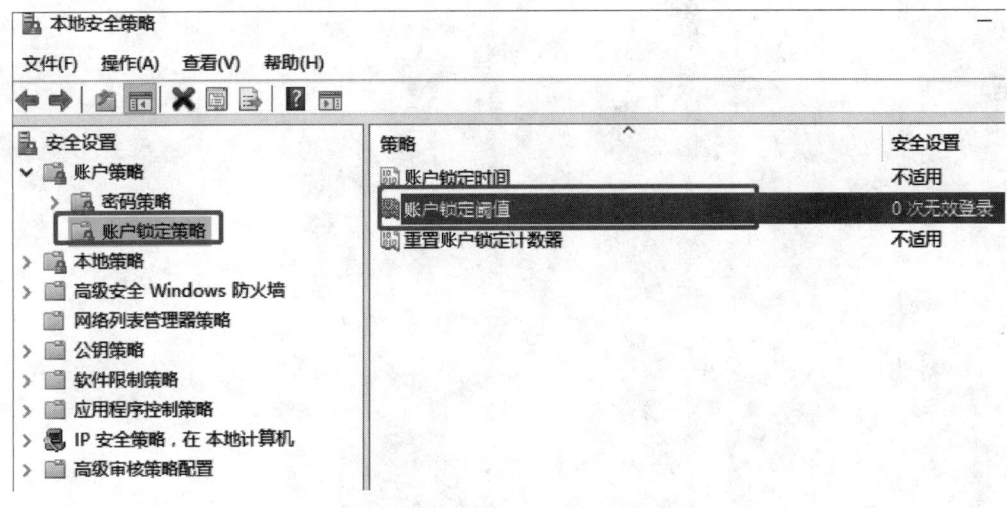

图 1-157 "账户锁定策略"界面

(3)打开"账户锁定阈值 属性"界面,选择"10"次无效登录,单击"确定",即可有效防止暴力破解攻击事件,如图1-158所示。

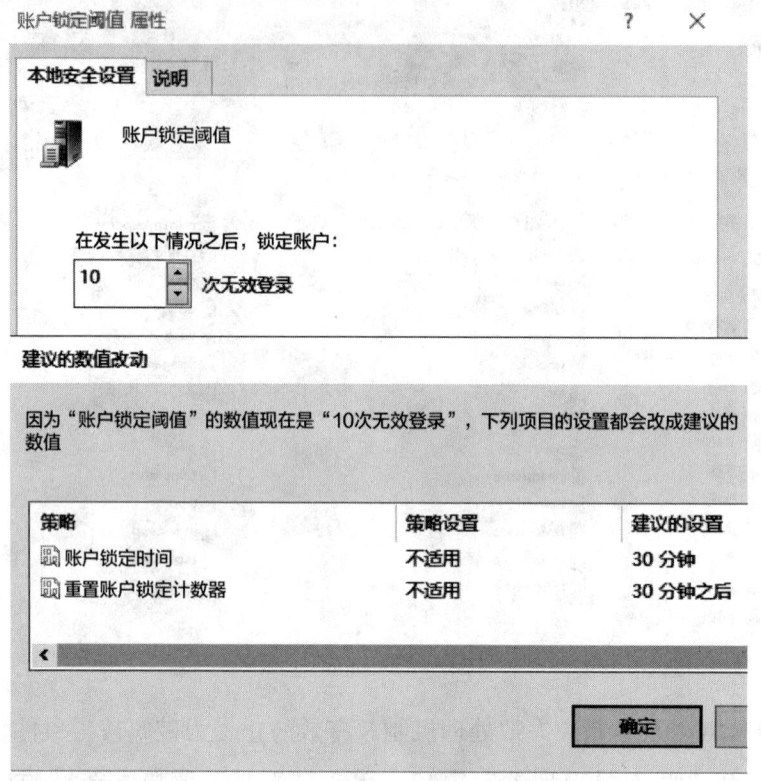

图1-158 设置"10"次无效登录

# 职业模块 ❷
# 网络与信息安全管理

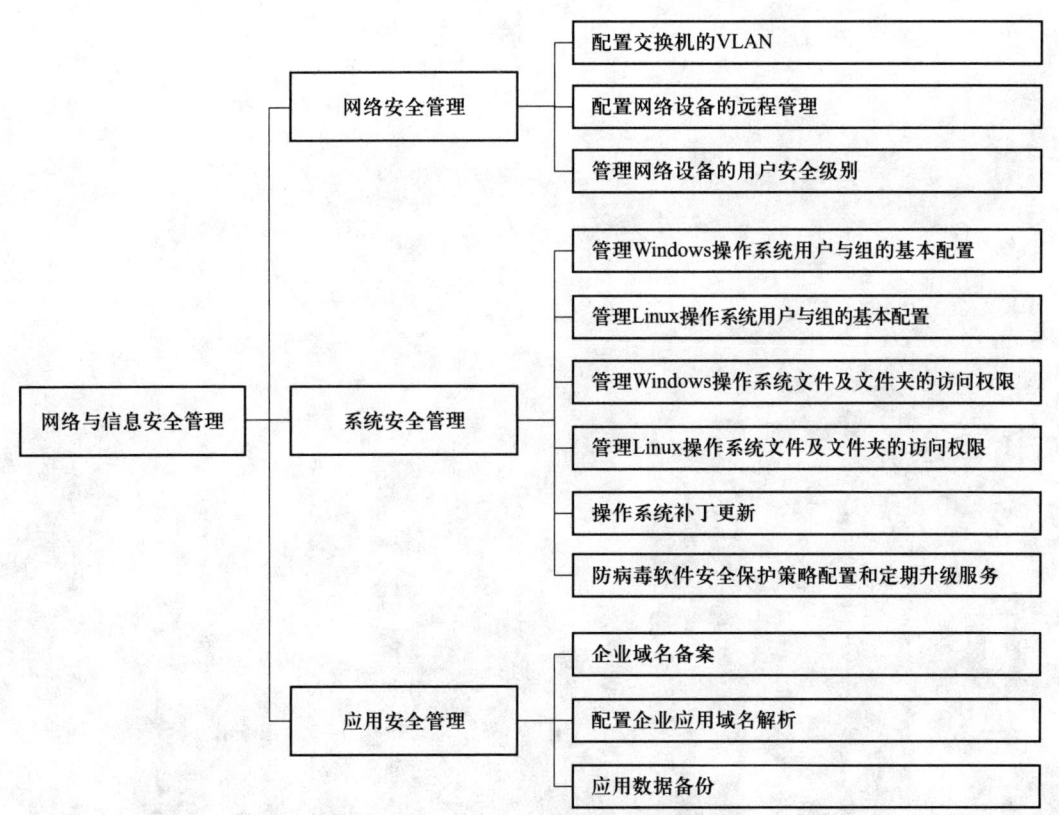

# 培训课程 1 网络安全管理

## 学习单元 1　配置交换机的 VLAN

知识要求

### 一、VLAN 的概念

随着网络在日常生活和工作中的应用越来越深入，网络上传输的信息也越来越多，如果任凭所有信息都无限制地在网络上传输，那么将极大地影响网络的正常应用。在交换式局域网中，希望将一种信息的传输控制在一定范围内，这种信息就是广播信息。同时，随着局域网规模的不断扩大，为了更好地管理网络，也需要有一种比较好的方法对网络进行分割管理，而最简单的方法就是利用 VLAN 技术来划分网络。

VLAN 是 virtual local area network 的缩写，即虚拟局域网，它是一个局域网的逻辑分段。VLAN 技术的出现，使管理员能够根据实际应用需求，把同一物理局域网内的不同用户从逻辑上划分成不同的广播域。每个 VLAN 都包含一组有相同需求的工作站，各工作站没有限制在同一个物理范围中，即这些工作站可以分布在不同的物理网段。

VLAN 技术通过交换机所提供的功能将局域网从逻辑上划分为一个个网段，从而形成虚拟工作组。交换机的引入解决了共享式以太网的冲突现象，提高了数据传输的效率，但对于广播信息的传输却没有任何限制，即整个网络属于同一个广播域，任何一个广播帧都将被广播到整个局域网中的每一台主机。在网络通信中，广播信息是普遍存在的，广播帧将占用大量的网络带宽，导致网速和通信效率下降，并额外增加了网络主机为处理广播信息所产生的负荷。很多病毒是通过广播信息进行传播的，如果没有有效的隔离措施，一旦病毒发起泛洪攻击，将会很快耗尽网络带宽，导致网络阻塞和瘫痪。

隔离广播信息理论上需要通过网络层设备即路由器来实现。可以利用路由器的以太网接口对网络地址进行分段，从而实现对广播域的分割和隔离。路由器所能划分出的网段数量，取决于路由器上以太网接口的数量。由于路由器的主要作用是实现数据在不同网络之间的转发，因此路由器所具有的以太网接口数量较少，一般为1～4个。同时，路由器成本较高，用路由器来分割广播域的成本也较高。因此，在局域网中往往通过交换机实现网络分段，且交换机必须支持VLAN技术。

## 二、VLAN 的优点

### 1. 限制广播域范围

在交换机上划分 VLAN，可将一个较大的局域网划分成若干个网段，每个网段内所有主机之间的通信和广播仅限于该网段内，广播帧不会被转发到其他网段。也就是说，一个 VLAN 就是一个广播域，VLAN 之间不能直接进行通信，从而实现对广播域的分割和隔离。如图 2-1 所示，VLAN10 中的广播信息只能在 VLAN10 的范围中广播，而不会广播到 VLAN20 中。

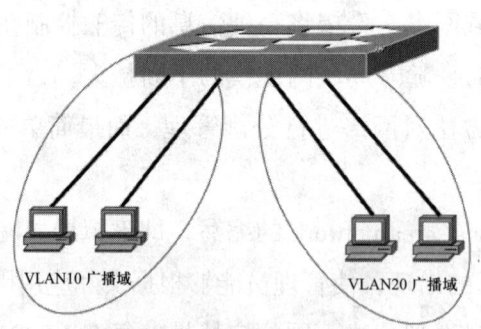

图 2-1  利用 VLAN 分割广播域

### 2. 简化网络管理和提高组网灵活性

由于 VLAN 是对交换机端口实施的逻辑分组，因此不受任何物理连接的限制。同一个 VLAN 中的用户可以连接在不同的交换机上，也可以位于不同的物理位置，这就增加了网络应用和管理的灵活性。如图 2-2 所示，同一个 VLAN 可以位于不同楼层的交换机上。

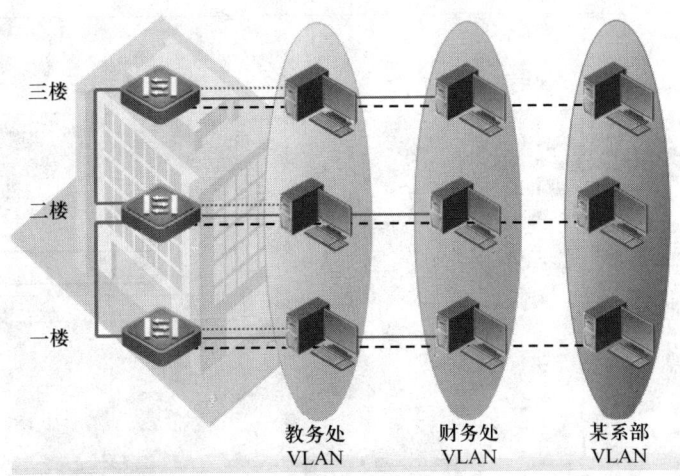

图 2-2 跨区域的虚拟局域网

**3. 提高网络安全性**

在默认情况下，VLAN 之间是相互隔离的，不能直接通信。对于保密性要求较高的部门，如图 2-2 所示的财务处，可将其划分在一个 VLAN 中，其他 VLAN 中的用户将不能直接访问该 VLAN 中的主机。如果需要不同 VLAN 中的用户互相访问，可通过访问控制列表来控制访问范围，这样既起到隔离作用，也提高了访问的安全性。

## 三、VLAN 的创建、划分和查看

**1. VLAN 的创建**

目前，路由器、交换机的工作模式分为用户模式、特权模式、全局配置模式和其他配置模式。在 Cisco Packet Tracer 8 中，要创建一个 VLAN，先输入 "enable" 并按下回车键，再输入 "configure terminal" 并按下回车键，便进入全局配置模式，其界面如图 2-3 所示。然后输入 "vlan 10"（10 是要创建 VLAN 的 ID），再输入 "exit" 退出，VLAN 10 就创建成功了，如图 2-4 所示，还可以另外创建 VLAN 20、VLAN 30。

**2. VLAN 的划分**

假设需要把 F0/1 端口划分给创建好的 VLAN 10，则先输入 "int f0/1" 进入 F0/1 端口，再输入 "switchport access vlan 10"，将 F0/1 端口划分到 VLAN 10 中，如图 2-5 所示。

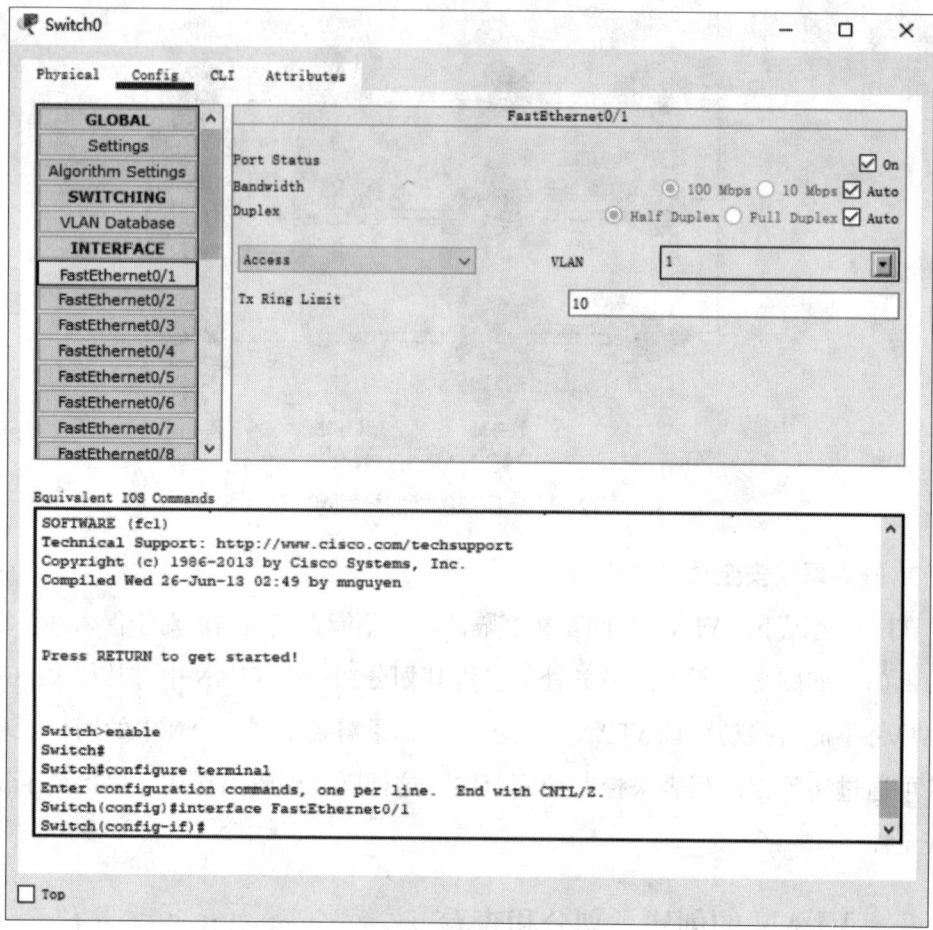

图 2-3 全局配置模式界面

```
Switch(config)#vlan 10
Switch(config-vlan)#exit
Switch(config)#vlan 20
Switch(config-vlan)#exit
Switch(config)#vlan 30
```

图 2-4 创建 VLAN 的界面

```
Switch(config-vlan)#int f0/1
Switch(config-if)#sw
Switch(config-if)#switchport ac
Switch(config-if)#switchport access vlan
Switch(config-if)#switchport access vlan 10
```

图 2-5 将物理接口 F0/1 划分至 VLAN 10（使用 Tab 键自动补全）

### 3. VLAN 的查看

可以通过"show vlan"命令查看交换机的 VLAN 划分情况。

## 利用 VLAN 划分不同广播域

### 一、操作准备
1. 计算机一台。
2. 网络设备模拟软件 Cisco Packet Tracer 8。
3. 拓扑工程文件 200.PKT。

### 二、操作要求
某公司要求管理员按照 PC 机所属部门进行 VLAN 划分,以减少广播域,防范广播风暴。目前预设的网络拓扑图如图 2-6 所示。

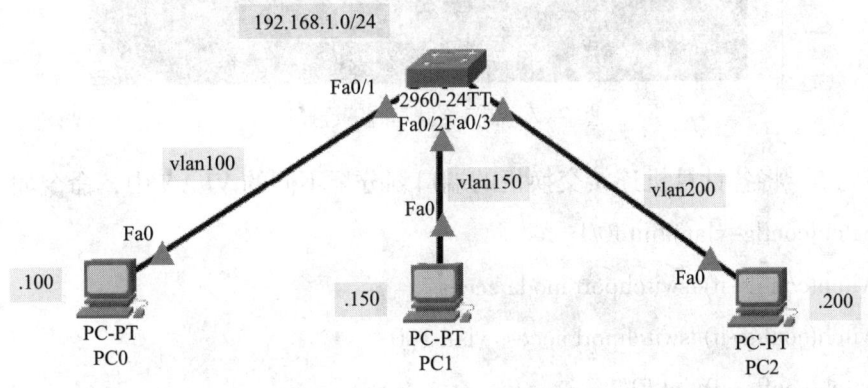

图 2-6 目前预设的网络拓扑图

### 三、操作步骤
步骤 1 将三台计算机用网线与交换机相连。

步骤 2 按网络拓扑图中的规划地址进行 IP 地址的配置。

步骤 3 测试三台计算机之间的连通性,即测试终端之间的连通性,如图 2-7 所示。

步骤 4 在交换机上依次创建"vlan 100""vlan 150""vlan 200",命令如下:

Switch(config)#vlan 100

Switch(config-vlan)#vlan 150

Switch(config-vlan)#vlan 200

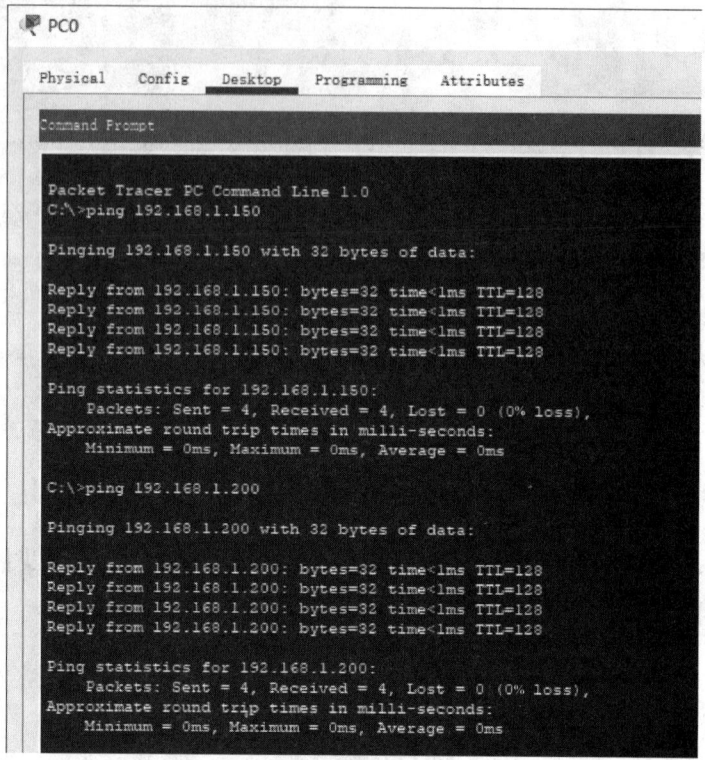

图 2-7 测试终端之间的连通性

步骤 5  将各计算机连接交换机的端口划分至不同的 VLAN 中，命令如下：

Switch(config-vlan)#int f0/1

Switch(config-if)#switchport mode access

Switch(config-if)#switchport access vlan 100

Switch(config-if)#int f0/2

Switch(config-if)#switchport mode access

Switch(config-if)#switchport access vlan 150

Switch(config-if)#int f0/3

Switch(config-if)#switchport mode access

Switch(config-if)#switchport access vlan 200

步骤 6  检查接口与 VLAN 的对应情况，如图 2-8 所示。

步骤 7  测试此时终端之间的连通性，如图 2-9 所示。可见，虽然所有计算机的 IP 地址都在同一个网段，但在划分到不同的 VLAN 后，PC0 和另外两台计算机已经无法通信了。读者可自行测试 PC1 和 PC2 之间的连通性（应该也无法连通）。原因是利用交换机划分 VLAN 后，不同 VLAN 之间是无法直接交换数据的。

```
Switch(config-if)#do sh vlan
VLAN Name                             Status    Ports
---- -------------------------------- --------- -------------------------------
1    default                          active    Fa0/4, Fa0/5, Fa0/6, Fa0/7
                                                Fa0/8, Fa0/9, Fa0/10, Fa0/11
                                                Fa0/12, Fa0/13, Fa0/14, Fa0/15
                                                Fa0/16, Fa0/17, Fa0/18, Fa0/19
                                                Fa0/20, Fa0/21, Fa0/22, Fa0/23
                                                Fa0/24, Gig0/1, Gig0/2
100  VLAN0100                         active    Fa0/1
150  VLAN0150                         active    Fa0/2
200  VLAN0200                         active    Fa0/3
1002 fddi-default                     active
1003 token-ring-default               active
1004 fddinet-default                  active
1005 trnet-default                    active
```

图 2-8　检查接口与 VLAN 的对应情况

```
C:\>ping 192.168.1.150

Pinging 192.168.1.150 with 32 bytes of data:

Request timed out.
Request timed out.
Request timed out.
Request timed out.

Ping statistics for 192.168.1.150:
    Packets: Sent = 4, Received = 0, Lost = 4 (100% loss),

C:\>ping 192.168.1.200

Pinging 192.168.1.200 with 32 bytes of data:

Request timed out.
Request timed out.
Request timed out.
Request timed out.

Ping statistics for 192.168.1.200:
    Packets: Sent = 4, Received = 0, Lost = 4 (100% loss),
```

图 2-9　在 VLAN 划分后测试终端之间的连通性

# 学习单元 2　配置网络设备的远程管理

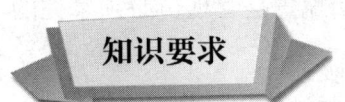

## 一、网络设备的四种登录方法

### 1. 通过控制台端口（console）登录网络设备

这种登录方法是先将计算机的 RS-232 串口与网络设备的 console 端口通过配

置电缆连接，再进行登录。只有通过这种方法登录网络设备并进行 IP 地址、缺省网关、口令等的初始配置，才可以通过网络采用其他方法进行登录。

### 2. 通过远程上机（telnet）登录交换机

只要计算机和交换机能够通过网络通信，并且网络设备已经设置了管理 IP 地址，就可以在计算机上利用 SecureCRT、PuTTY 等终端仿真程序远程登录交换机。这种登录方法是交换机日常管理的一种重要方法，后面的技能操作默认都用此方法登录交换机。

### 3. 通过 Web 浏览器登录交换机

与第二种方法一样，网络设备需要先设置管理 IP 地址，并且开启相应的服务功能。此时，在能够与网络设备进行通信的计算机上使用 Web 浏览器，利用 IP 地址去登录交换机。这种登录方法的优势是具有图形化配置界面，但对于企业级交换机而言，有许多功能无法利用图形化界面进行配置，还是需要采用命令行的方式。目前，家用网络设备都利用这种方法进行登录。

### 4. 通过网络管理软件登录交换机

支持网络管理的网络设备都遵循简单网络管理协议（simple network management protocol，SNMP），只要在计算机上安装 SNMP 网络管理软件，就可以通过网络很方便地管理网络中的所有网络设备。这种方法一般用在网络中网络设备比较多的情况，当然也需要事先配置好管理 IP 地址并开启相应的 SNMP 功能。

## 二、路由器、交换机的本地访问管理

路由器、交换机一般都具备 console 端口，通过它可以连接控制台，便于管理员进行初始配置和管理。虽然除此之外还有其他方式，如 Web 方式、SSH 方式、telnet 方式等，但是采用这些方式之前，必须先通过 console 端口进行基本的配置。因为其他方式都需要借助 IP 地址、域名或设备名称才可以实现，而新购买的设备显然不会内置这些参数，所以通过 console 端口进行初始配置是管理员必须掌握的技能。

在用 console 线缆连接路由器、交换机的控制台端口与计算机的 RS-232 串口之后，就可以通过超级终端对其进行完全管理和配置。物理线路的连接与设置拓扑图如图 2-10 所示。在笔记本计算机 Laptop0 上设置超级终端的连接参数，如图 2-11 所示。进入超级终端的配置界面如图 2-12 所示。在这种配置模式下，网络设备不需要配置 IP 地址，计算机与网络设备之间的通信依靠串行线路完成。

图 2-10　物理线路的连接与设置拓扑图

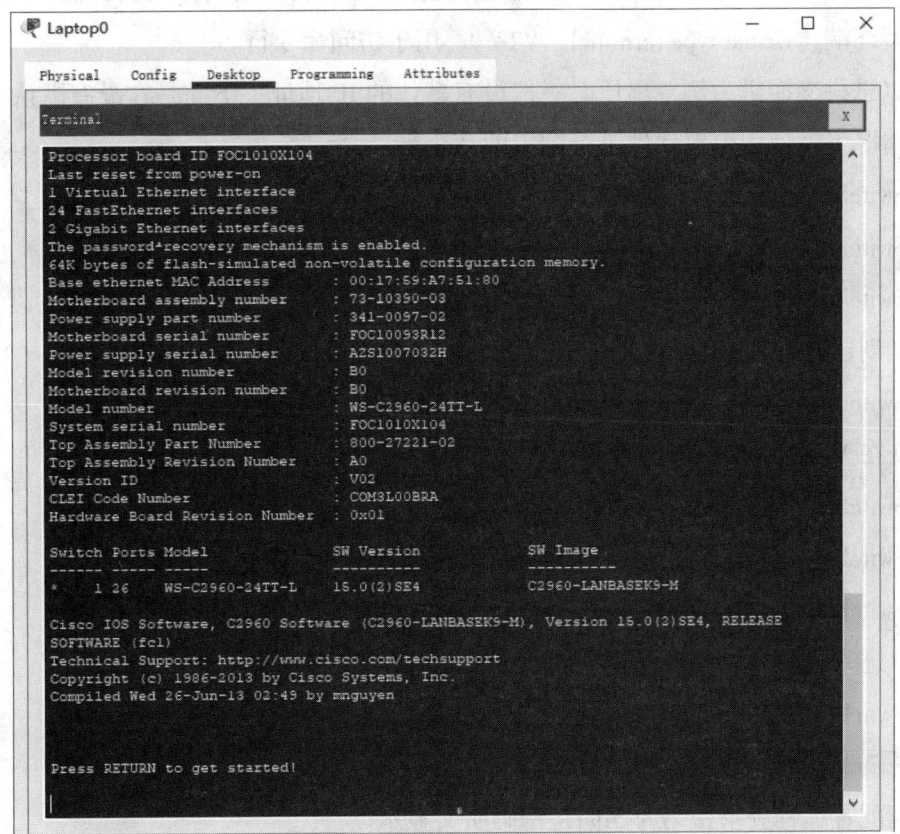

图 2-11　超级终端参数设置

图 2-12　进入超级终端的配置界面

进入交换机控制台后，可以按以下流程配置（以思科交换机为例，路由器配置流程相似）：进入特权模式，命令为"Switch>enable"；进入全局配置模式，命令为"Switch#conf t"；进入 0 号控制台，命令为"Switch(config)#line console 0"；设置控制台密码"1573qWzX"，命令为"Switch(config-line)#password 1573qWzX"；开启密码检查，命令为"Switch(config-line)#login"；退回特权模式，命令为"Switch(config-line)#CTRL+Z"；查看当前设置，命令为"Switch#show running-config"；退出（重进时会要求输入密码），命令为"Switch#exit"。

控制台权限是路由器、交换机的最高管理权限，一般只有管理员才能使用，非授权人员如果得到该权限可能造成严重后果，因此该权限账户的口令需要设置较高的复杂度，并且不要与其他任何用户口令相同。

### 三、路由器、交换机的远程访问管理

通常采用 telnet、SSH 方式对路由器、交换机进行远程连接管理。首先，需要给路由器、交换机指定一个 IP 地址，保证它们可以被访问到。其次，需要配置虚拟类型终端（virtual type terminal，VTY），用于访问命令行。

以思科交换机为例，出厂时一般设有默认的 IP 地址。下面是在没有默认 IP 地址的情况下，使用模拟软件进行配置的命令行。

Switch>En  // 进入特权模式

Switch#conf t  // 进入全局配置模式

Switch(config)#inter vlan 1

// 创建并进入 VLAN 1 的端口视图（默认交换机的所有端口都在 VLAN 1）

Switch(config-if)#IP address 192.168.1.1 255.255.255.0

// 在 VLAN 1 端口上配置交换机远程管理的 IP 地址

Switch(config-if)#no shutdown  // 开启接口

Switch(config-if)#exit  // 退出，回到全局配置模式

Switch(config)#line vty 0 4

// 进入远程登录用户管理视图，0~4 个用户

Switch(config-line)#login  // 打开登录认证功能

Switch(config-line)#password 5ijsj

// 配置远程登录密码为 5ijsj，密码明文显示

Switch(config-line)#privilege level 3

// 配置远程登录用户的权限为最高级别权限 3

Switch(config-line)#end  // 退出，回到特权模式

Switch#show run  // 显示当前交换机配置情况

除了以上基本配置的操作，还可以配置 VTY 的超时退出时间，默认为 10 min，但是可以根据自身安全需求进行设置，以下命令将超时退出时间设置为 1 min：

Switch(config)# exec-timeout 1 0

## 保护网络设备的 VTY 线路

### 一、操作准备

1. 计算机一台，其操作系统为 Windows 7 及以上。
2. 网络设备模拟软件 Cisco Packet Tracer 8。

### 二、操作要求

某公司要求管理员（所用计算机为 Admin）为网络设备的远程访问线路进行增强登录设置，如果有人违规登录，将锁定 VTY 线路为静默模式，不允许一般用户继续尝试登录，以保护网络设备的 VTY 线路，避免遭遇暴力破解攻击。目前预设的网络拓扑图如图 2-13 所示。

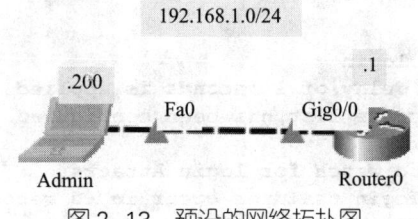

图 2-13　预设的网络拓扑图

### 三、操作步骤

步骤 1　按照网络拓扑图的地址规划设置网络设备和管理员的 IP 地址，并测试连通性。

步骤 2　在网络设备中设置身份认证所需的密码长度最短为 10 位，命令如下：

Router(config)#security passwords min-length 10

步骤 3　设置 VTY 线路的登录密码为"inspc@2021"，并检查配置文件，命令如下：

Router(config)#line vty 0 4

Router(config-line)#password inspc@2021

可以在配置文件中看到相关配置项，此时密码部分为明文存储，如图 2-14 所示。

```
line vty 0 4
 password inspc@2021
 login
```

图 2-14　设置 VTY 线路的登录密码

步骤 4　在全局配置模式下开启明文加密保护，命令如下：

Router(config)#service password-encryption

此时再查看密码部分，已经转换为密文存储，如图 2-15 所示。

```
line vty 0 4
 password 7 0828425D191A254542595D
 login
```

图 2-15　VTY 线路登录密码的密文存储

步骤 5　在 VTY 线路开启增强登录功能，若远程用户在 60 s 内尝试 3 次登录均失败，则将其账户锁定 30 s，命令如下：

Router(config)#login block-for 30 attempts 3 within 60

步骤 6　查看当前的登录情况，如果未发生违规登录情况，则应为"Normal-Mode"（正常模式），如图 2-16 所示。

```
Router(config)#do sh login
    A default login delay of 1 seconds is applied.
    No Quiet-Mode access list has been configured.

    Router enabled to watch for login Attacks.
    If more than 3 login failures occur in 60 seconds or less,
    logins will be disabled for 30 seconds.

    Router presently in Normal-Mode.
    Current Watch Window
        Time remaining: 0 seconds.
        Login failures for current window: 0.
    Total login failures: 0.
```

图 2-16　未发生违规登录情况的 VTY 线路为正常模式

步骤 7　尝试从管理员计算机多次错误登录，再次查看路由器的登录情况，此时 VTY 线路已处于"Quiet-Mode"（静默模式），如图 2-17 所示。

```
Router(config-line)#do sh login
    A default login delay of 1 seconds is applied.
    No Quiet-Mode access list has been configured.

    Router enabled to watch for login Attacks.
    If more than 3 login failures occur in 60 seconds or less,
    logins will be disabled for 30 seconds.

    Router presently in Quiet-Mode.
    Will remain in Quiet-Mode for 3 seconds.
    Denying logins from all sources.
```

图 2-17　多次失败登录后 VTY 线路变为静默模式

步骤 8　配置系统日志，要求登录失败和成功事件都被记入系统日志，命令如下：

Router(config)#login on-failure log

Router(config)#login on-success log

步骤 9　查看日志记录，锁定账户，如图 2-18 所示。

```
Router#sh login failures
Total failed logins: 6
Detailed information about last 50 failures

Username        SourceIPAddr    lPort Count TimeStamp
d               192.168.1.200    23    2    10:27:45 UTC Thu Jul 8 2021
a               192.168.1.200    23    1    10:27:47 UTC Thu Jul 8 2021
```

图 2-18　登录事件的日志记录

## 学习单元 3　管理网络设备的用户安全级别

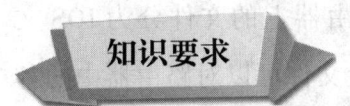

### 一、交换机的用户安全级别

考虑到有多个用户的情况，交换机可为不同级别的用户设置不同权限。以思科交换机为例，其 IOS（internetworking operating system，网络互联操作系统）软件支持的用户可分为 16 个级别，每个级别的用户可单独配置口令。在 0~15 级别中，数字越大,级别越高,用户权限越高,高权限用户继承低权限用户的所有权限。级别为 0 的用户优先级最低,能使用的命令和进行的配置非常有限;级别为 15 的用户拥有最高级别的权限,能进行完全访问。各级别权限特点如下。

级别 0:该级别甚少使用,包含 disable、enable、exit、help、logout 五个命令。

级别 1:登录的默认级别,路由器提示符为 ">",用户不能对运行的配置文件做任何改变,但可以查看。

级别 2~14:可以根据用户级别定制特权,高级别包含低级别的命令权限。

级别 15:为 enable 模式保留的特权级别,可以执行 IOS 所有命令。

每个命令也有优先级,只有当用户级别等于或高于命令级别时,才能使用该命令。有些命令通过调整可以成为更高级别的命令,这时低权限用户将无法使用这些命令,以此达到安全保护的目的。

在路由器中可以使用 privilege 命令来实现特权级别的变更,路由器 privilege 命令参数如图 2-19 所示。

```
router(config)#
privilege mode {level level command | reset} command
```

| 命令参数 | 描述 |
|---|---|
| mode | 此命令参数指定配置模式,可以使用"privilege?"命令查看路由器上可用的路由器确认模式完整列表 |
| level | (可选)此命令参数允许使用指定命令设置特权级别 |
| level command | (可选)此命令参数是与命令关联的特权级别,最多可以使用数字0到15指定16个特权级别 |
| reset | (可选)此命令参数能重置命令的特权级别 |
| command | (可选)此命令参数在重置特权级别时使用 |

图 2-19 路由器 privilege 命令参数

## 二、路由器的用户安全级别

思科路由器的文件管理方式与交换机类似。路由器上的文件分为 IOS 文件、运行配置文件和启动配置文件。其中,启动配置文件可以对路由器中的各个模块进行配置,类似于驱动文件。路由器的启动流程图如图 2-20 所示。

可以在特权模式下使用 "show running-config" 命令查看运行配置文件,以将配置文件导出。这种导出方式的优势是当路由器出现问题后,可以将配置文件导回路由器,快速解决路由器的问题。导出配置文件需要使用 Cisco TFTP 软件,这就需要路由器与 TFTP 服务器能够正常通信。在路由器的特权模式下,使用 "copy

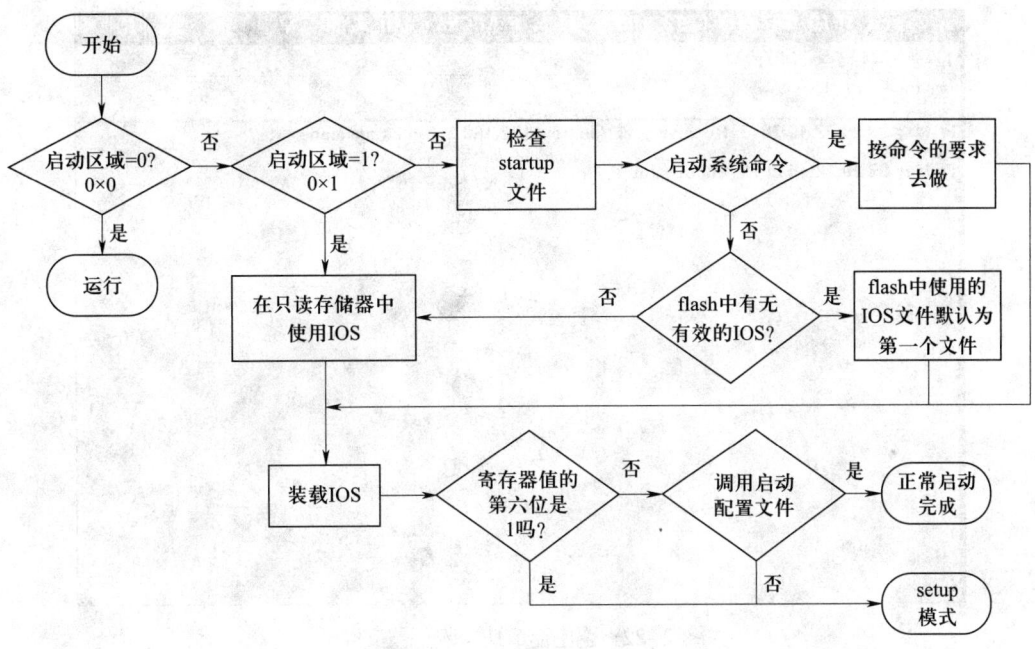

图 2-20　路由器的启动流程图

running-config tftp"命令,按回车键后输入远程主机的 IP 地址,便可更改保存文件的文件名,再按回车键即可导出。导入配置文件的命令为"copy tftp running-config",输入 TFTP 服务器地址,再输入导入文件的文件名,按 2 次回车键即可。"Cisco TFTP Server"工作窗口如图 2-21 所示。路由器成功接收配置文件如图 2-22 所示。路由器将配置文件上传至 TFTP 服务器如图 2-23 所示。

图 2-21　"Cisco TFTP Server"工作窗口

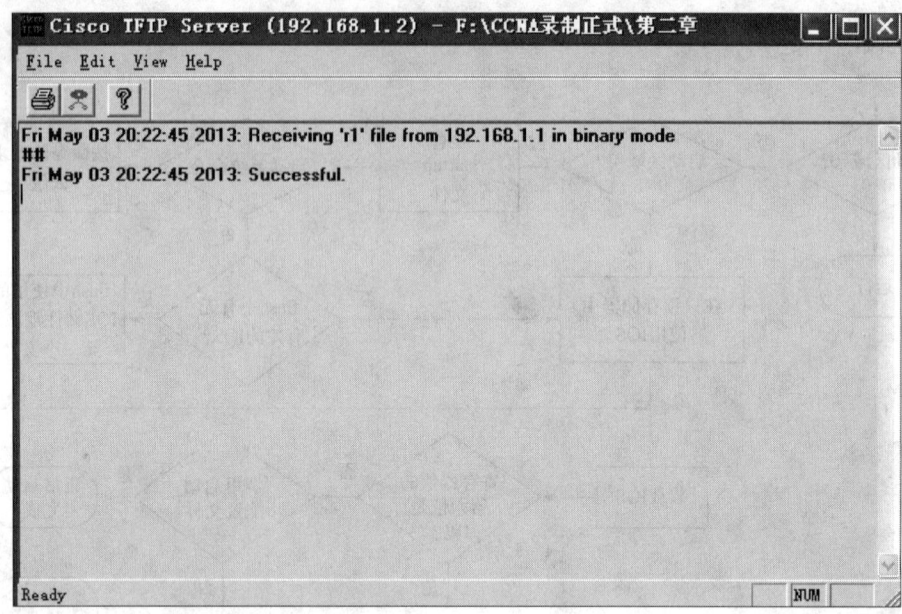

图 2-22 路由器成功接收配置文件

```
Router#
*Mar  1 00:04:43.095: %SYS-5-CONFIG_I: Configured f
Router#
Router#co
Router#cop
Router#copy run
Router#copy running-config tf
Router#copy running-config tftp
Address or name of remote host []? 192.168.1.2
Destination filename [router-confg]? r1
!!
856 bytes copied in 3.152 secs (272 bytes/sec)
Router#
```

图 2-23 路由器将配置文件上传至 TFTP 服务器

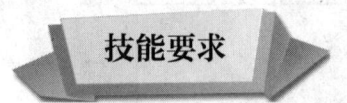

# 网络设备的安全级别管理

## 一、操作准备

1. 计算机一台,其操作系统为 Windows 7 及以上。
2. 网络设备模拟软件 Cisco Packet Tracer 8。

## 二、操作要求

某公司管理员为了对账户实行分级管理，拟按以下要求进行操作：管理员账户 user 具有最低级别的访问权限，不能使用 ping 命令；管理员账户 SUPPORT 具有 5 级权限，可使用 ping 命令；管理员账户 JR-ADMIN 拥有 10 级权限，除了拥有账户 SUPPORT 的权限外，还可执行 reload 命令；管理员账户 ADMIN 拥有 15 级权限，具备完全访问权限。目前预设的网络拓扑图如图 2-24 所示。

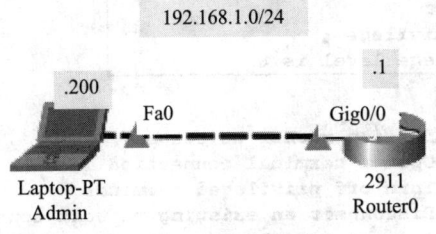

图 2-24　目前预设的网络拓扑图

## 三、操作步骤

**步骤 1**　设置用户账户 user 拥有 1 级权限，同时设置该用户登录时使用密钥，命令如下：

Router(config)#username user privilege 1 secret user@inspc2021

**步骤 2**　将 ping 命令设置为 5 级权限，此时自动剥夺低级别用户对 ping 命令的使用权：

Router(config)#privilege exec level 5 ping

**步骤 3**　设置用户账户 SUPPORT 拥有 5 级权限，同时设置进入 5 级权限的 enable 密码，命令如下：

Router(config)#username SUPPORT privilege 5 secret support5@inspc2021

Router(config)#enable secret level 5 support5@inspc2021

**步骤 4**　设置 10 级权限可以执行 reload 命令，并增加用户账户 JR-ADMIN 为 10 级权限用户，10 级权限用户自动拥有低级别用户的所有命令权限：

Router(config)#privilege exec level 10 reload

Router(config)#enable secret level 10 jr-admin10@inspc2021

Router(config)#username JR-ADMIN privilege 10 secret jr-admin10@inspc2021

**步骤 5**　增加用户账户 ADMIN，将其设置为 15 级权限用户，命令如下：

Router(config)#username ADMIN privilege 15 secret admin15@inspc2021

**步骤 6**　测试配置结果，可见 ping 命令已在 5 级权限中，如图 2-25 所示。

```
Router0

Physical   Config   CLI   Attributes

                              IOS Command Line Interface

Router>show pri
Router>show privilege
Current privilege level is 1
Router>en
Router>enable 5
Password:
Router#show pri
Router#show privilege
Current privilege level is 5
Router#?
Exec commands:
  <1-99>      Session number to resume
  connect     Open a terminal connection
  disable     Turn off privileged commands
  disconnect  Disconnect an existing network connection
  enable      Turn on privileged commands
  exit        Exit from the EXEC
  logout      Exit from the EXEC
  no          Disable debugging informations
  ping        Send echo messages
  resume      Resume an active network connection
  show        Show running system information
  ssh         Open a secure shell client connection
  telnet      Open a telnet connection
  terminal    Set terminal line parameters
  traceroute  Trace route to destination
```

图 2-25 测试配置结果

# 培训课程 2 系统安全管理

## 学习单元 1　管理 Windows 操作系统用户与组的基本配置

### 一、用户与组基础知识

"本地用户和组"管理工具位于"计算机管理"中,管理员通过使用这一组管理工具,可以管理单台本地计算机或远程计算机,也可以管理存储在本地计算机上的用户账户或组账户,还可以在特定计算机上(只能是这台计算机)分配本地用户账户或组账户的权利和权限。权利是指用户能在计算机上执行的某些操作,如备份文件和文件夹或者关机。权限是指与对象(通常是文件、文件夹或打印机)相关联的一种规则,它规定哪些用户可以访问该对象以及以何种方式访问。

下面介绍一些相关概念。

#### 1. 本地用户

本地用户是一种具有唯一 SID(security identifier,安全标识符),仅在创建它的存储虚拟机上可见的用户账户。本地用户账户拥有一组属性,包括用户名和 SID。本地用户账户在本地向 CIFS(common internet file system,通过互联网文件系统)服务器进行 NTLM 身份验证。

### 2. 本地组

本地组是一种具有唯一 SID，仅在创建它的存储虚拟设备上可见的组。本地组包含一系列成员，成员可以是本地用户、域用户、域组和域计算机账户。本地组可以被创建、修改或删除。

### 3. 本地域

本地域具有一个本地作用范围，该范围的边界由存储虚拟设备确定。本地域的名称是 CIFS 服务器的名称。本地用户和本地组包含在本地域中。

### 4. SID

SID 是一个可变长度的数值，用于标识 Windows 样式的安全主体。例如，典型的 SID 格式为 S-1-5-21-3139654847-1303905135-2517279418-123456。

### 5. NTLM 身份验证

NTLM 身份验证是一种 Microsoft Windows 安全措施，用于在 CIFS 服务器上进行用户身份验证。

### 6. 集群复制数据库

集群复制数据库是一种在集群中的每个节点上都有一个实例的复制数据库。本地用户和组对象存储在集群复制数据库中。

## 二、Windows 操作系统的用户与组

Windows 操作系统内置了一些用户和组。Windows 操作系统内置用户见表 2-1，Windows 操作系统内置组见表 2-2。

表 2-1 Windows 操作系统内置用户

| 内置用户名称 | 描述 |
| --- | --- |
| Administrator | Administrator 具有对服务器的完全控制权限，并可以根据需要给予其他用户权利和访问控制权限。Administrator 是 Administrators 组的成员。不可以从 Administrators 组删除 Administrator，但可以将其重命名或禁用 |
| Guest | 默认情况下，Guest 是默认的 Guests 组成员，该组成员允许登录服务器。Guest 的其他权利及任何权限都必须由 Administrators 组成员授予。默认情况下，Guest 是被禁用的 |

表 2-2　Windows 操作系统内置组

| 内置组名称 | 描述 |
| --- | --- |
| Administrators | 管理员对计算机或域有不受限制的完全访问权限 |
| Backup Operators | 备份操作员为了备份或还原文件可以突破安全限制 |
| Guests | 按默认值，成员与 Users 组成员有同等访问权限，但限制更多 |
| Network Configuration Operators | 成员有部分管理权限来管理网络功能的配置 |
| Performance Log Users | 成员可以远程访问此计算机上性能计数器的日志 |
| Performance Monitor Users | 成员可以远程访问，以监视计算机 |
| Power Users | 成员拥有大部分管理权限，但也有限制；成员可以运行经过验证的应用程序，也可以运行旧版应用程序 |
| Remote Desktop Users | 成员被授予远程登录的权限 |
| Replicators | 成员支持域中的文件复制 |
| Users | 成员无法进行有意或无意的改动，可以运行经过验证的应用程序，但不可以运行大多数旧版应用程序 |

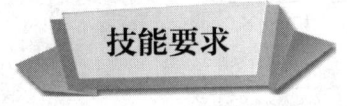

技能要求

# Windows 操作系统用户与组管理

### 一、操作准备

1. 计算机一台，其操作系统为 Windows 7 及以上。
2. 虚拟化模拟软件平台。
3. 已安装好 Windows Server 2016 的虚拟机。
4. 系统默认登录账户为 administrator，登录密码暂无设置。

### 二、操作要求

某公司由于业务需要，需要在新采购的新服务器系统内按照组织架构统一部署用户与组的基本创建工作，操作要求具体如下。

1. 公司有销售部门、技术部门和财务部门，创建相应的组 Sales、Technics、Finance。

2. 公司有销售人员账户 LY、CQ、MX、RYT，均为销售组 Sales 成员，并且前两个账户也是 Power Users 组的成员。下次登录时必须更改这几个账户的密码。

3. 新建公司管理员账户 HZ，其密码设置为强密码且用户不能更改，同时该密码永不过期，该账户隶属于管理员组 Administrators。

### 三、操作步骤

步骤1　为公司创建销售组 Sales、技术组 Technics 和财务组 Finance。打开"计算机管理"窗口，依次单击"本地用户和组""组"，右击右侧空白处，在弹出的快捷菜单中单击"新建组"，输入组名"Sales"，单击"创建"。技术组 Technics 和财务组 Finance 采用同样的方法创建。

步骤2　创建销售人员账户 LY、CQ、MX、RYT，将其添加至销售组，且将前两个账户添加至 Power Users 组。打开"计算机管理"窗口，依次单击"本地用户和组""用户"，右击右侧空白处，在弹出的快捷菜单中单击"新用户"，输入用户名"LY"，单击"创建"。采用同样的方法创建销售组其他成员账户 CQ、MX、RYT。将所有销售人员账户添加到销售组 Sales，如图 2-26 所示。再将账户 LY 与 CQ 添加到 Power Users 组，如图 2-27 所示。

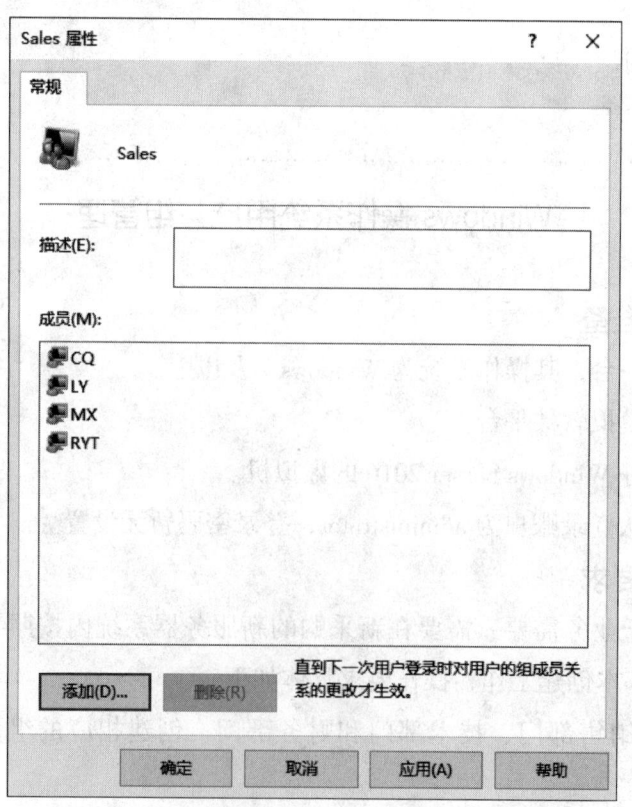

图 2-26　将销售人员账户添加到销售组 Sales

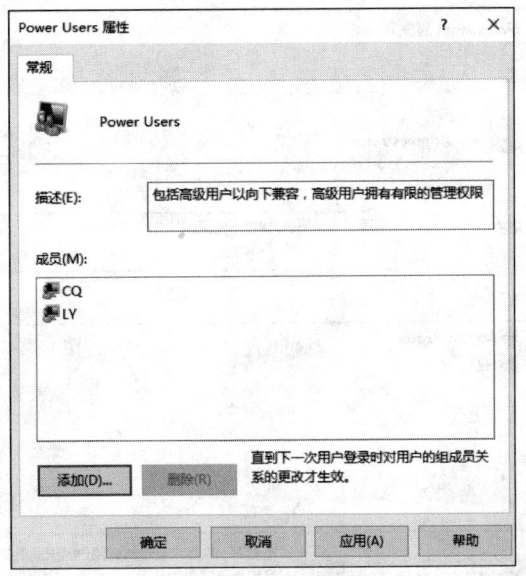

图 2-27　将账户 LY 与 CQ 添加到 Power Users 组

步骤 3　新建公司管理员账户 HZ，该账户隶属于管理员组。进入"计算机管理"界面，依次选择"本地用户和组""用户"，新建名为"HZ"的用户，填写并确认密码（使用强密码），取消选中"用户下次登录时须更改密码"，选中"用户不能更改密码"和"密码永不过期"，单击"创建"，如图 2-28 所示。将账户 HZ 添加到管理员组 Administrators，如图 2-29 所示。

图 2-28　新建管理员账户 HZ

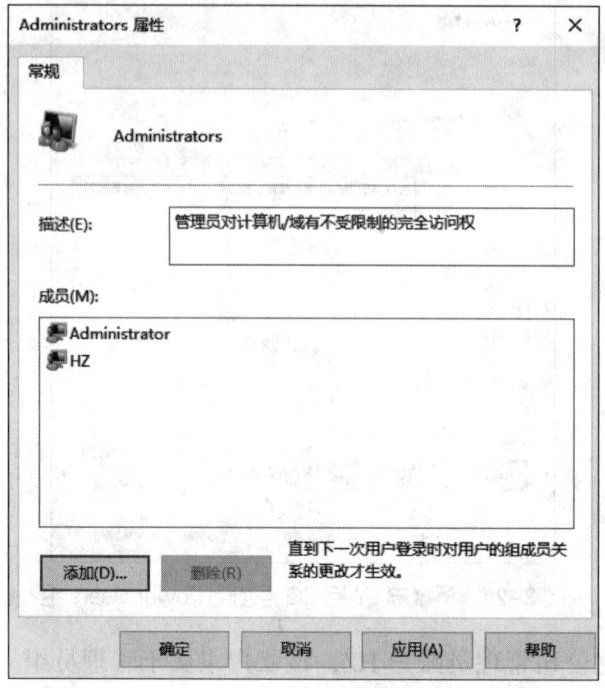

图 2-29 将账户 HZ 添加到管理员组 Administrators

### 四、注意事项

在配置组的权限时应注意，在默认情况下，测试组并不隶属于用户组，所以，需要验证功能的读者应进一步设置组的权限属性，以便顺利测试。

# 学习单元 2　管理 Linux 操作系统用户与组的基本配置

### 一、Linux 操作系统用户与组基础概念

计算机操作系统为了实现各种层面的资源共享，基本上都被设计成多用户、多任务的操作系统。为了防止资源被滥用或盗用，每种操作系统都会有一套完整

的安全管控机制。操作系统中用户和组的访问控制模块，是用来实现用户或用户组对文件、目录等客体的访问控制权限的。操作系统可通过多种技术来识别自然人，如芯片授权（利用门禁卡、加密狗等）、生物特征识别（指纹、虹膜、面部识别等）、传统的用户账户等。

Linux 操作系统以 ID 来识别用户类型。用户类型分为管理员和普通用户两种。管理员的 UID 为 0，普通用户的 UID 是在 1~65535 范围内自动分配的。普通用户包括系统用户和登录用户。系统用户用于标识在守护进程可以获取的资源，其 UID 为 1~499（CentOS 6）或 1~999（CentOS 7、CentOS 8）。登录用户用于交互式登录，其 UID 为 500 及以上（CentOS 6）或 1000 及以上（CentOS 7）。

GID 标识用户所属的用户组。其中，管理员组的 GID 为 0，系统组的 GID 为 1~499（CentOS 6）或 1~999（CentOS 7），普通组的 GID 为 500 及以上（CentOS 6）或 1000 及以上（CentOS 7）。

默认情况下，Linux 操作系统每创建一个用户，都会自动创建一个与其对应的用户组（作为该用户的基本组），组名与用户名相同，GID 与 UID 也相同。

## 二、Linux 操作系统用户与组管理

Linux 操作系统中也会内置一些用户和组。下面以 CentOS 7 为例进行介绍。在 CentOS 7 中，每个用户都有一个 UID，UID 在 0~999 范围内的用户为系统内置账户。这些系统内置账户一般为系统服务账户，如 mail、ftp 等，如图 2-30 所示。

```
[root@localhost ~]# cat /etc/passwd
root:x:0:0:root:/root:/bin/bash
bin:x:1:1:bin:/bin:/sbin/nologin
daemon:x:2:2:daemon:/sbin:/sbin/nologin
adm:x:3:4:adm:/var/adm:/sbin/nologin
lp:x:4:7:lp:/var/spool/lpd:/sbin/nologin
sync:x:5:0:sync:/sbin:/bin/sync
shutdown:x:6:0:shutdown:/sbin:/sbin/shutdown
halt:x:7:0:halt:/sbin:/sbin/halt
mail:x:8:12:mail:/var/spool/mail:/sbin/nologin
operator:x:11:0:operator:/root:/sbin/nologin
games:x:12:100:games:/usr/games:/sbin/nologin
ftp:x:14:50:FTP User:/var/ftp:/sbin/nologin
nobody:x:99:99:Nobody:/:/sbin/nologin
systemd-network:x:192:192:systemd Network Management:/:/sbin/nologin
```

图 2-30 CentOS 7 的系统内置账户（部分）

在 CentOS 7 中，每个组都有一个 GID，GID 在 0~999 范围内的组为系统内置组。这些系统内置组一般为系统服务账户的主组。

用户和组的管理工作主要涉及用户和组的添加、删除和修改。支持通过 useradd 命令添加用户，通过 userdel 命令删除用户，通过 usermod 命令修改用户。同时，支持通过 groupadd 命令增加组，通过 groupdel 命令删除组，通过 groupmod 命令修改组。

另外，与用户和组相关的信息都存放在一些系统文件中，这些系统文件包括 /etc/passwd、/etc/shadow、/etc/group 等。

Linux 操作系统中的每个用户都在 /etc/passwd 文件中有一个对应的记录行，它记录了这个用户的一些基本属性，如用户名、口令（非实际口令）、用户标识号、组标识号、注释性描述、主目录等。

对安全性要求较高的 Linux 操作系统把加密后的口令分离出来，单独存放在一个文件中，这个文件是 /etc/shadow。超级用户才拥有读取该文件的权限，这就保证了用户密码的安全性。/etc/shadow 文件包含登录名、口令、最后一次修改时间、最小时间间隔、最大时间间隔和警告时间等字段。

任何一个用户都属于某个组，一个组中可以有多个用户，一个用户也可以属于不同的组。当一个用户同时是多个组的成员时，在 /etc/passwd 文件中记录的是用户所属的主组，也就是登录时所属的默认组，而其他组则称为附加组。用户要访问属于附加组的文件时，必须先使用 newgrp 命令使自己成为所要访问的组的成员。组的所有信息都存放在 /etc/group 文件中，该文件包含组名、口令、组标识号、组内用户列表等字段。

技能要求

## Linux 操作系统用户与组管理

### 一、操作准备

1. 计算机一台。
2. 虚拟化软件平台。
3. 已安装好 CentOS 7 的虚拟机。

### 二、操作要求

某公司内部有一台 Linux 共享服务器，需要在这台服务器上设置多个用户账户以登录该系统。要求在服务器上创建用户账户 test01、test02，以及测试组 testgroup，并将新建的两个用户添加到测试组中。

## 三、操作步骤

步骤 1　创建用户账户 test01、test02。

（1）在应用程序中打开"用户和组群"。

（2）单击"添加用户"，创建用户账户 test01、test02，分别如图 2-31、图 2-32 所示。

图 2-31　创建用户账户 test01

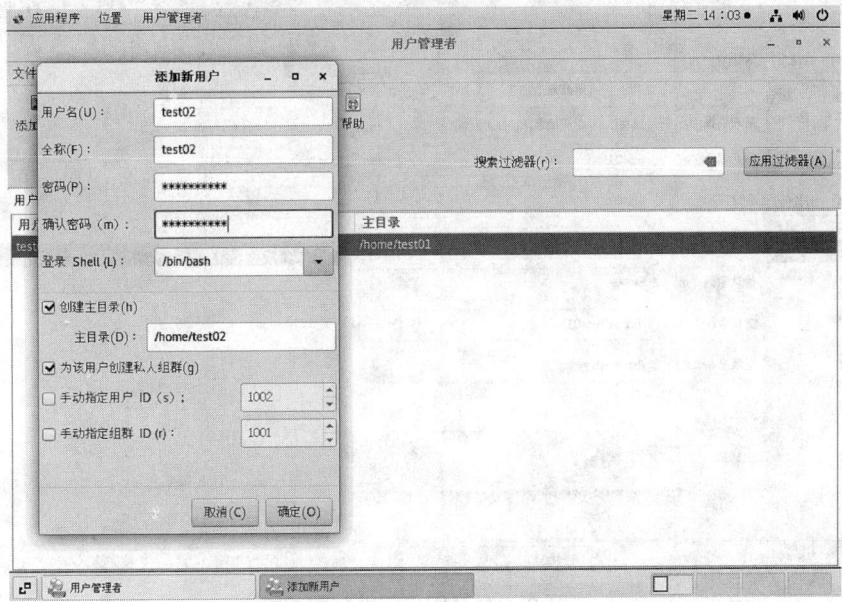

图 2-32　创建用户账户 test02

步骤2　单击"添加组群",创建测试组 testgroup,如图 2-33 所示。

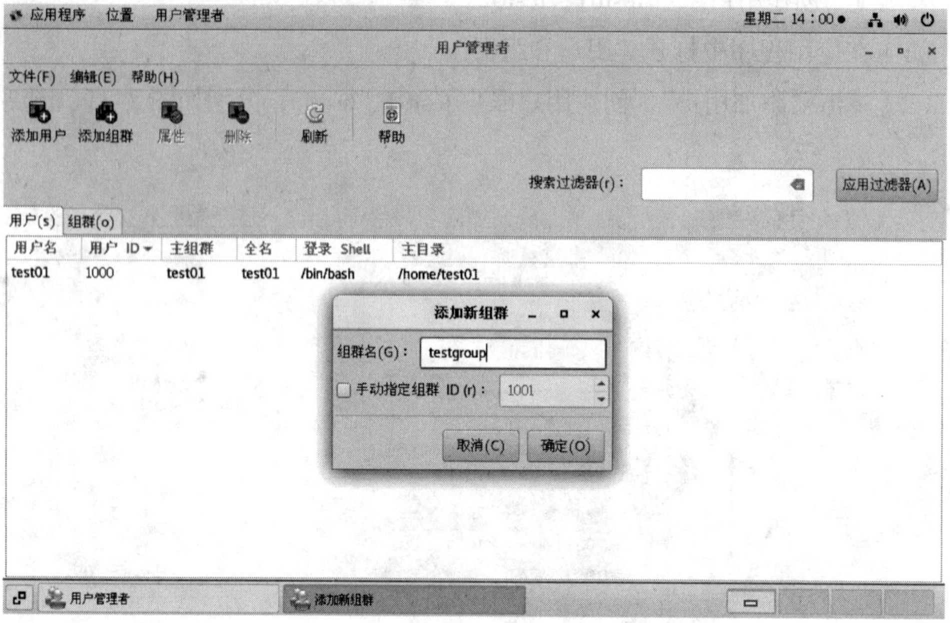

图 2-33　创建测试组 testgroup

步骤3　将两个用户账户添加到测试组中。

(1)在"用户"选项卡中双击"test01",打开"用户属性"界面,如图 2-34 所示。

图 2-34　"用户属性"界面

（2）选择"组群"选项卡，找到并选中"testgroup"，取消选中"test01"，如图 2-35 所示。对用户账户 test02 同样进行上述操作。

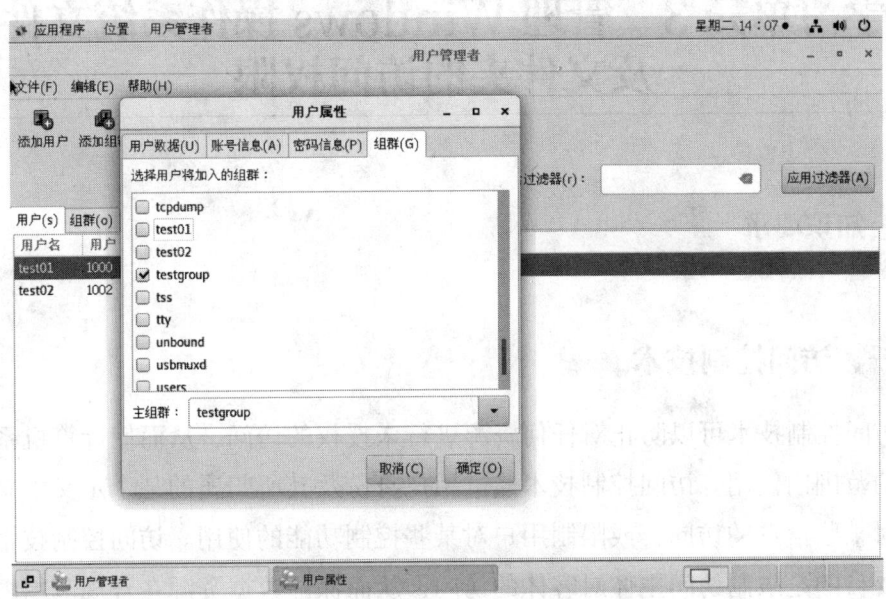

图 2-35 "组群"选项卡

（3）查看用户和组的信息，如图 2-36 所示。

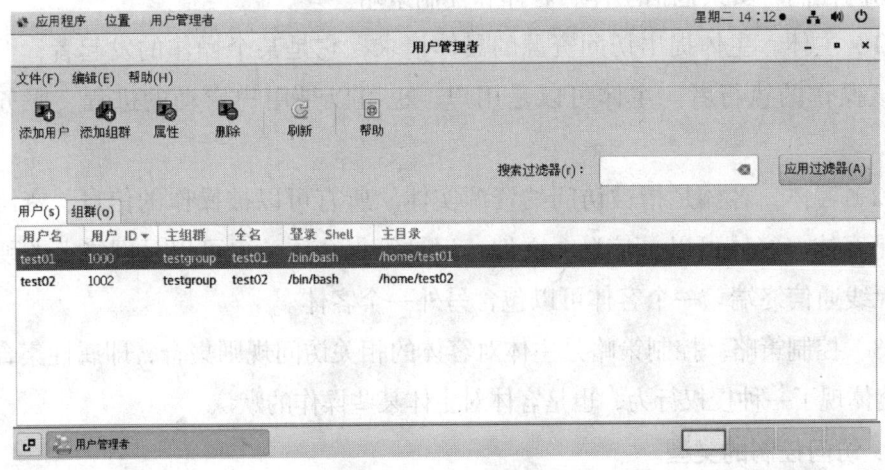

图 2-36 查看用户和组的信息

## 四、注意事项

1. 采用图形化方式创建用户时，同时会创建一个和用户同名的组。

2. 一个用户账户可以加入多个组。

# 学习单元 3　管理 Windows 操作系统文件及文件夹的访问权限

## 一、访问控制技术

访问控制技术可以防止对任何资源进行未授权的访问，从而使计算机系统在合规的范围内使用。访问控制技术通过用户身份及其所归属的某个定义组来限制用户对某些信息的访问，或限制用户对某些控制功能的使用。访问控制技术应用的主要目的是限制访问主体对客体的访问，从而保证数据资源在合规范围内得以有效使用和管理。

### 1. 访问控制三要素

访问控制三要素包括主体、客体和控制策略。

（1）主体。主体提出访问资源的具体请求，它是某个操作的发起者，但不一定是该操作的执行者。主体可以是用户，也可以是用户启动的进程、服务和设备等。

（2）客体。客体是指被访问的资源实体。所有可以被操作的信息、资源、对象都是客体。客体可以是信息、文件、记录等集合体，也可以是网络上的硬件设施、无线通信终端。一个客体可以包含另外一个客体。

（3）控制策略。控制策略是主体对客体的相关访问规则集合，即属性集合。控制策略体现了一种授权行为，也是客体对主体某些操作的默认。

### 2. 访问控制的类型

访问控制主要分为自主访问控制和强制访问控制。

（1）自主访问控制。自主访问控制是一种用户对自身所创建的客体的访问权限进行控制的安全机制。这些访问权限包括允许或拒绝其他用户对该用户所创建的客体进行读取、写入、执行、修改、删除以及授权转移等操作。自主访问控制的主要特点是由用户自主进行授权管理。

（2）强制访问控制。强制访问控制是一种由系统按确定的规则对用户所创建的客体的访问权限进行控制的安全机制。这些访问权限包括主体对客体的读取、写入、修改、删除等操作。强制访问控制由管理员统一进行授权管理，并提供了基于信息机密性的存取控制方法，用于将系统中的用户和信息进行分级别、分类别管理，强制限制信息的共享和流动，使不同级别和类别的用户只能访问与其有关的、指定范围内的信息，从根本上防止信息泄露和访问混乱。

## 二、Windows 操作系统文件访问控制

Windows 操作系统访问控制是指授权用户、组和计算机访问网络或 Windows 计算机上的对象的过程。相关概念包括权限、对象所有权、权限继承、用户权限和对象审核。Windows 操作系统的每个文件都有权限集，可授权给特定用户读取、写入或执行等权限。从图 2-37 可看出，用户列表位于顶部，权限位于底部，支持对指定用户分配读取、写入、修改、完全控制等权限。

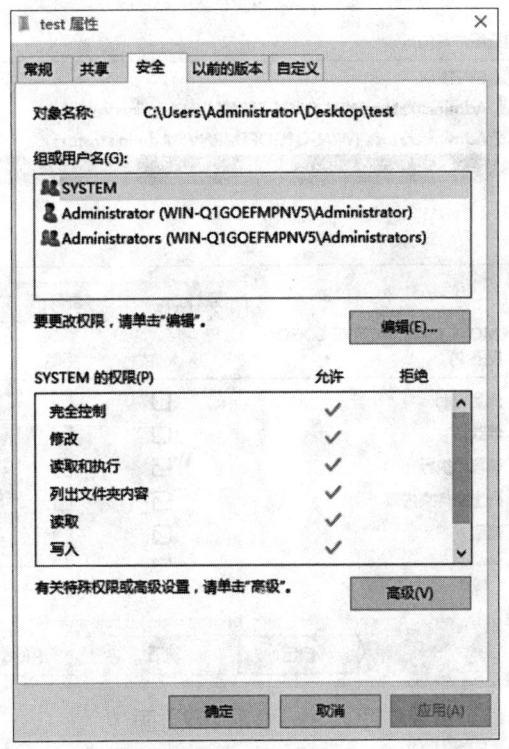

图 2-37 Windows 操作系统文件权限

文件或文件夹权限也可以选择继承或不继承，每个文件或文件夹都从父文件夹获得其权限，这种层次结构一直持续到硬盘驱动器的根目录。文件权限至少具

有三个用户：SYSTEM、当前登录的用户账户和 Administrators 组。可以通过右击文件或文件夹选择"属性"，然后单击"安全"选项卡来访问这些权限。Windows 操作系统中有六种基本权限：完全控制、修改、读取和执行、列出文件夹内容、读取、写入。其中，完全控制是指对文件或文件夹拥有不受限制的完全访问权限；写入是指支持往文件或文件夹中写入数据；列出文件夹内容是指只能浏览该卷或目录下的子目录，不能读取也不能运行。

如果要更改特定用户的权限，可以单击"安全"选项卡中的"编辑"，打开权限更改界面，如图 2-38 所示。注意，因为继承关系，部分用户的控制权限无法修改。通过单击"添加"，可添加指定用户，并授予用户相应的允许或拒绝权限。

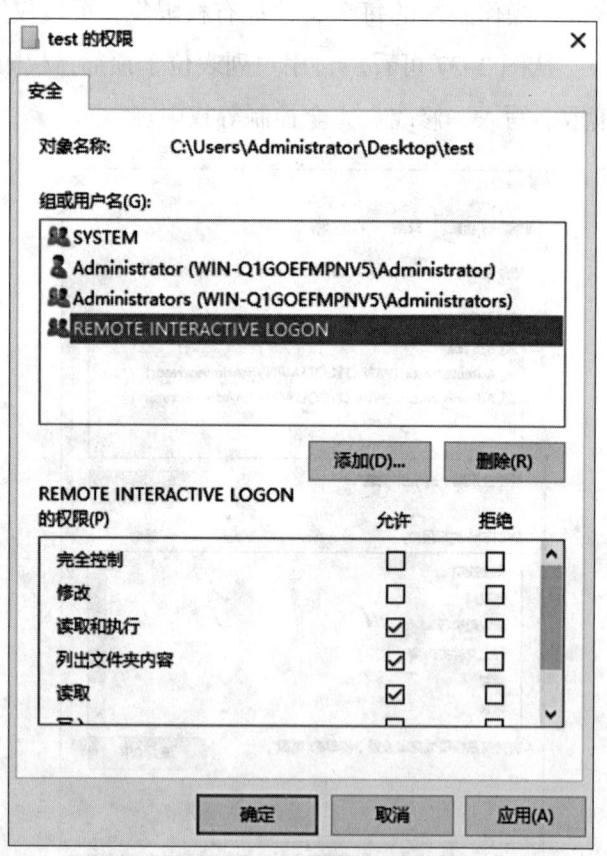

图 2-38　权限更改界面

如果要修改文件或文件夹权限的继承关系，可单击"安全"选项卡中的"高级"。在高级安全设置界面（见图 2-39）可添加、删除、查看用户继承关系，并支持禁用继承。

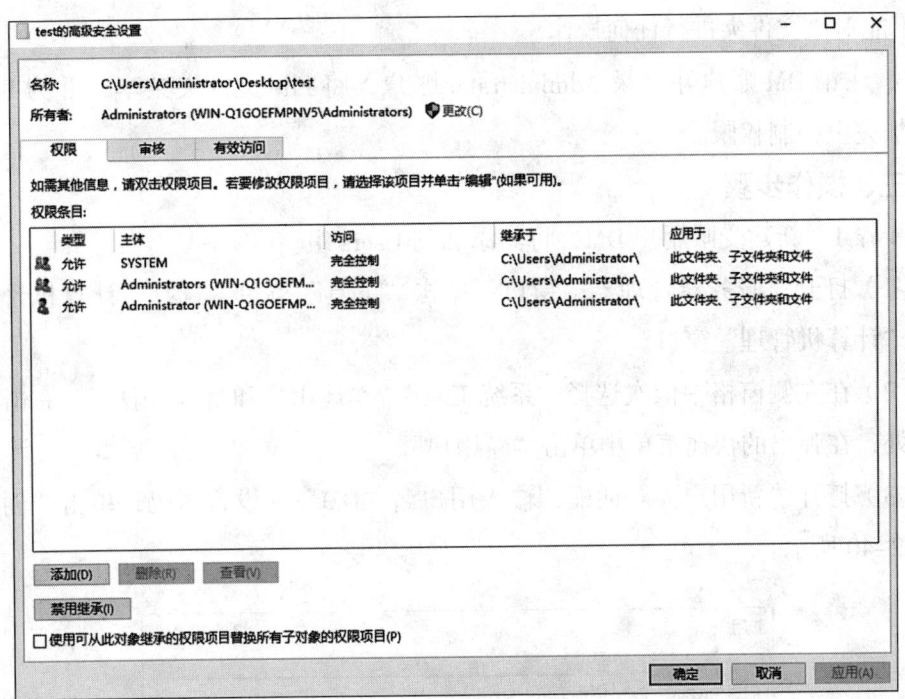

图 2-39 高级安全设置界面

## Windows 操作系统文件及文件夹访问权限管理

### 一、操作准备

1. 计算机一台，其操作系统为 Windows 7 及以上。

2. 虚拟化模拟软件平台。

3. 已安装好 Windows Server 2016 的虚拟机。

4. 系统默认登录账户为 administrator，登录密码暂无设置。

### 二、操作要求

Windows 操作系统对资源的管控是基于用户权限的，任何用户对不同的资源都具有不同的权限，操作要求具体如下。

1. 新建用户 DM，将其添加到 Users 组。

2. 对于 "C:\File" 文件夹，除管理员以外，仅给予 DM 访问该文件夹的权限，

DM 不能对该文件夹进行任何操作。

3. 注销 DM 账户并登录 Administrator 账户,将 File 文件夹共享,并为 DM 账户添加完全控制权限。

## 三、操作步骤

步骤 1　新建受限用户 DM,将其添加到 Users 组。

(1)打开"服务器管理器"窗口,单击"工具"菜单,选择"计算机管理",打开"计算机管理"窗口。

(2)在左侧窗格中依次选择"系统工具""本地用户和组""用户",右击右侧空白处,在弹出的快捷菜单中单击"新用户"。

(3)打开"新用户"对话框,输入用户名"DM"并设置密码,单击"创建",如图 2-40 所示。

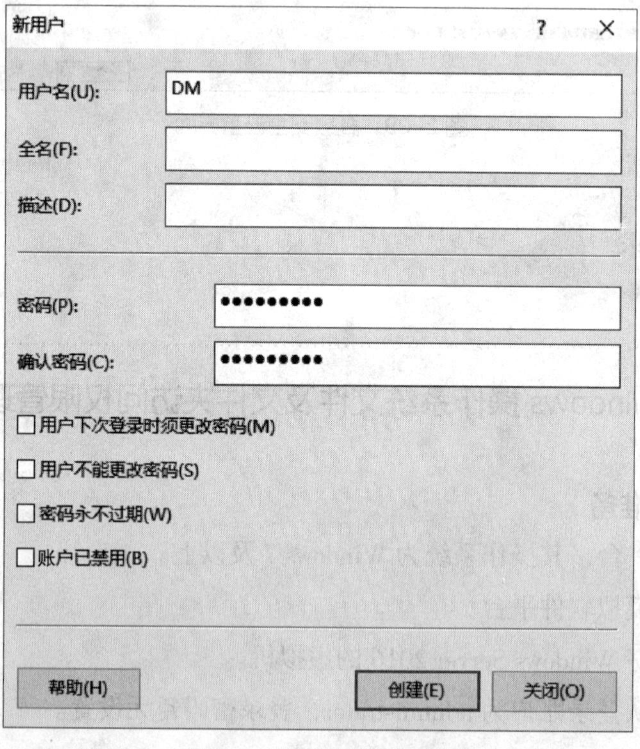

图 2-40　创建新用户 DM

(4)返回"计算机管理"窗口,右击新创建的 DM 用户,在弹出的快捷菜单中单击"属性",打开"属性"对话框,切换到"隶属于"选项卡,检查 DM 用户是否隶属于 Users 组。

步骤 2　以 Administrator 账户的名义在"C:\File"文件夹中放入一些文件。打开 C 盘中的 File 文件夹，在 File 文件夹下新建图像文件"test.bmp"，如图 2-41 所示。

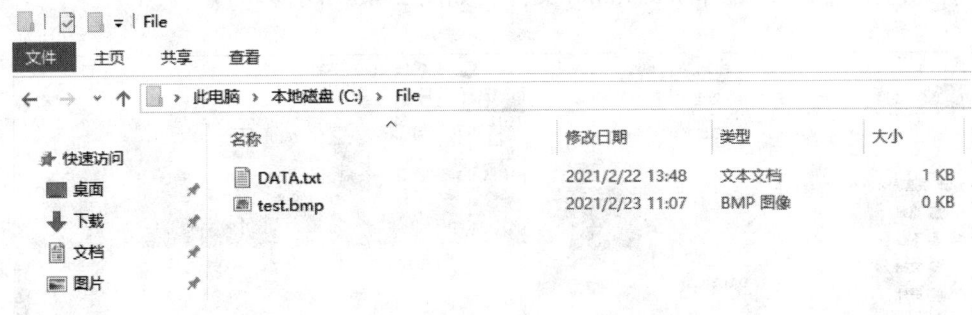

图 2-41　新建图像文件"test.bmp"

步骤 3　除管理员以外，给予 DM 对该文件夹的"读取和执行""列出文件夹内容""读取"的权限，不给予其"完全控制""修改""写入"的权限，如图 2-42 所示。

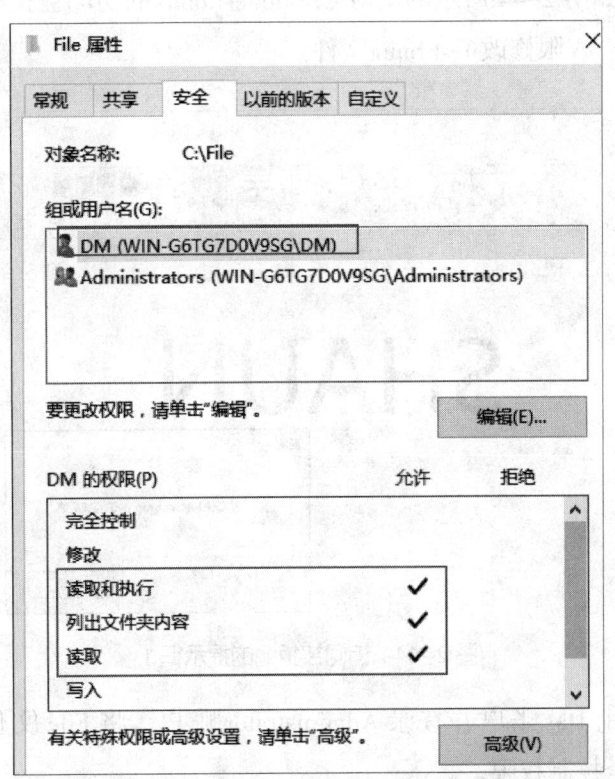

图 2-42　给予 DM 访问该文件夹的权限

步骤 4　切换到账户 DM，尝试访问 File 文件夹及其内部文件，查看访问效果。

（1）注销当前用户账户，使用 DM 账户登录；找到 C 盘根目录下的 File 文件夹并双击尝试打开。如果能打开则说明 DM 账户可以访问 File 文件夹，并能看到并打开（用"画图"程序）test.bmp 文件，如图 2-43 所示。

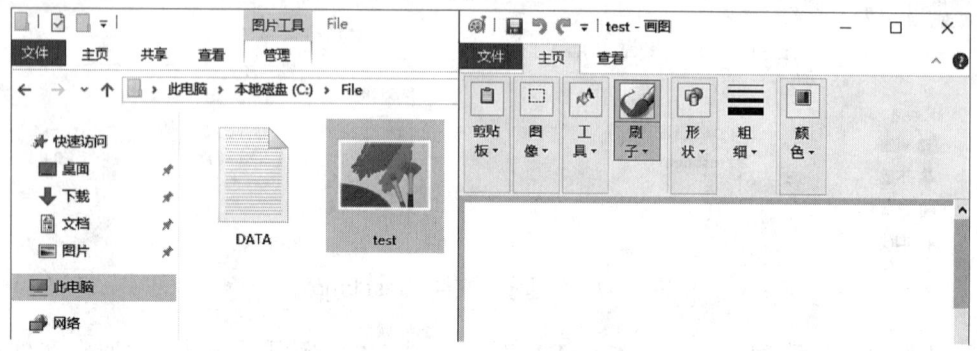

图 2-43　访问 File 文件夹及其内部文件的效果

（2）打开文件 test.bmp 后输入一些内容（此处输入了"SHAUN"），然后保存该文件，会弹出如图 2-44 所示的"对 C:\File\test.bmp 的访问被拒绝。"提示框，这说明账户 DM 没有权限修改 test.bmp 文件。

图 2-44　访问被拒绝的提示框 1

步骤 5　注销 DM 账户并登录 Administrator 账户，将 File 文件夹共享，并为 DM 账户添加完全控制权限。

（1）注销 DM 账户，重新登录 Administrator 账户，此时找到并右击"C:\File"文件夹，在弹出的快捷菜单中单击"属性"，在"File 属性"对话框中切换到"共享"选项卡,单击"高级共享",在"高级共享"对话框中选中"共享此文件夹"复选框,如图 2-45 所示。

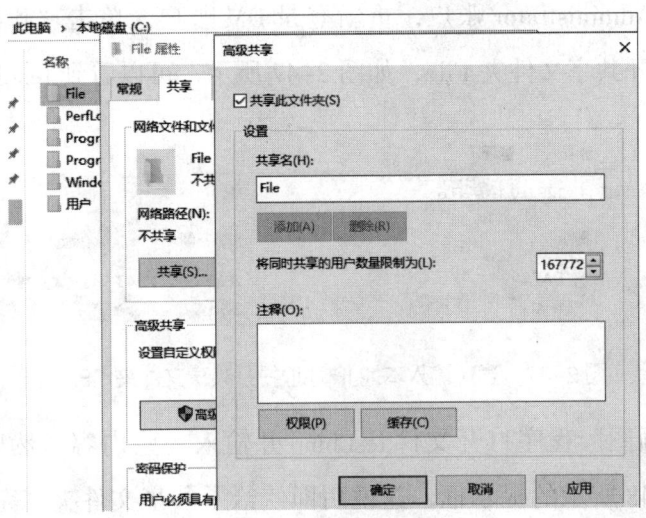

图 2-45 共享设置

(2)单击"注释"文本框下方的"权限",打开"File 的权限"对话框,删除"Users"组,添加用户"DM"并给予其"完全控制""更改""读取"的权限,如图 2-46 所示。

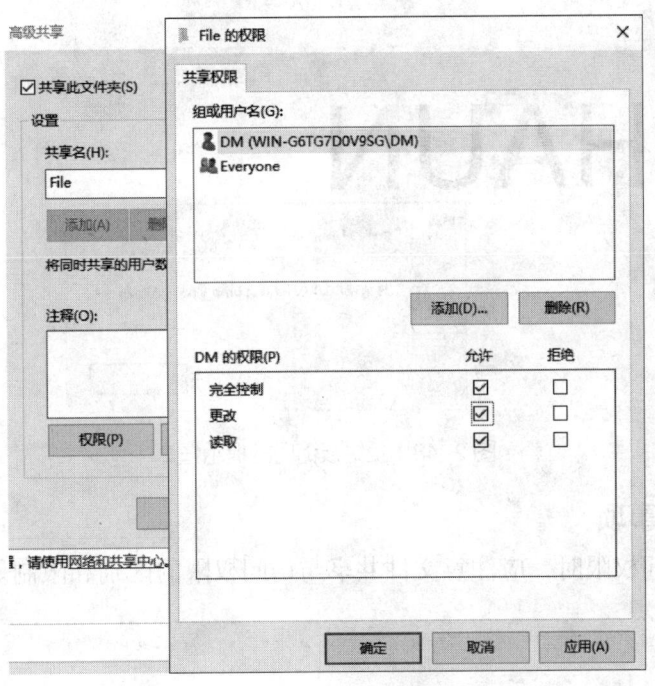

图 2-46 权限设置

步骤6　注销 Administrator 并登录，以 DM 账户访问共享文件的方式，尝试访问 File 文件夹及其内部文件，查看访问效果。

（1）注销 Administrator 账户，重新登录 DM 账户，单击"开始"，直接输入本地 IP 地址打开共享文件夹 File，如图 2-47 所示，可以看到 test.bmp 文件。

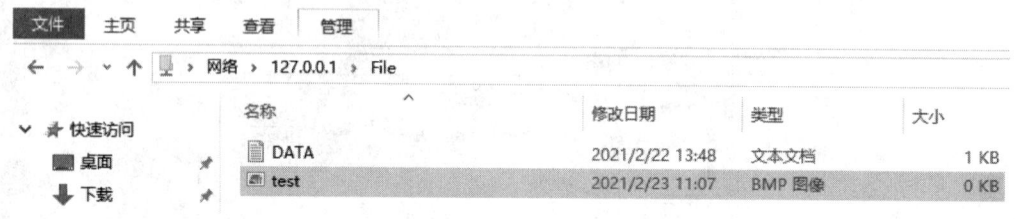

图 2-47　通过输入本地 IP 地址打开共享文件夹"File"

（2）用"画图"程序打开文件 test.bmp 并输入一些内容，然后保存该文件，会出现如图 2-48 所示的提示框，这说明即使给予共享文件夹"完全控制"的权限，也会受限于本地访问控制权限，即共享权限优先级低于本地权限。

图 2-48　拒绝被访问的提示框 2

### 四、注意事项

在测试访问权限时，应注意文件共享与访问权限的区别和限制。

# 学习单元4 管理Linux操作系统文件及文件夹的访问权限

知识要求

## 一、Linux文件系统

Linux操作系统以文件的形式对计算机中的数据和硬件资源进行管理。Linux操作系统支持的文件系统非常多,除了默认的文件系统Ext2、Ext3和Ext4之外,还支持FAT16、FAT32、NTFS(需要重新编译内核)等Windows文件系统。也就是说,Linux操作系统可以通过挂载的方式使用Windows文件系统中的数据。Linux操作系统支持的文件系统在"/usr/src/kemels/ 当前系统版本 /fs"目录中(需要在安装时选择),该目录中的每个子目录都是一个可以识别的文件系统。常见的Linux文件系统见表2-3。

表2-3 常见的Linux文件系统

| 文件系统 | 描述 |
| --- | --- |
| Ext | 最早的文件系统,由于在性能和兼容性上具有很多缺陷,现在已经很少使用 |
| Ext2 | Ext文件系统的升级版本,Red Hat Linux 7.2以下版本的文件系统都默认是Ext2,支持最大16 TB的分区和最大2 TB的文件(1 TB=1 024 GB=1 024×1 024 KB) |
| Ext3 | Ext2文件系统的升级版本,与Ext2最大的区别就是带日志功能,以便在操作系统突然停止工作时提高文件系统的可靠性,支持最大16 TB的分区和最大2 TB的文件 |
| Ext4 | Ext3文件系统的升级版,在性能、伸缩性和可靠性方面进行了大量改进,如向下兼容Ext3、支持最大1 EB的分区和最大16 TB的文件、无限数量子目录、多块分配、延迟分配、持久预分配、快速FSCK(file syetem check,文件系统检查)、日志校验、无日志模式、在线碎片整理、inode增强、默认启用barrier等,是CentOS 6的默认文件系统 |
| XFS | 被业界称为最先进、最具有可升级性的文件系统,由美国硅图公司设计,CentOS 7版本默认使用此文件系统 |

续表

| 文件系统 | 描述 |
|---|---|
| Swap | 用于交换分区的文件系统（类似于 Windows 操作系统中的虚拟内存），当内存不够用时，使用交换分区暂时替代内存；一般其大小为内存的 2 倍，但是不超过 2 GB |
| NFS | NFS 是 network file system（网络文件系统）的缩写，用来实现不同主机之间的文件共享，本地主机可以通过挂载的方式使用远程共享资源 |
| ISO 9660 | 光盘的标准文件系统，Linux 操作系统要想使用光盘，必须支持 ISO 9660 文件系统 |
| FAT | Windows 操作系统下的 FAT16 文件系统，在 Linux 操作系统中被识别为 FAT |
| VFAT | Windows 下的 FAT32 文件系统，在 Linux 操作系统中识别为 VFAT，支持最大 32 GB 的分区和最大 4 GB 的文件 |
| NTFS | Windows 操作系统下的文件系统，不过 Linux 操作系统默认不识别，如果需要 Linux 操作系统识别，则需要重新编译内核；比 FAT 文件系统更安全、速度更快，支持最大 2 TB 的分区和最大 64 GB 的文件 |
| UFS | 操作系统 Solaris 和 SunOS 所采用的文件系统 |
| proc | Linux 操作系统中基于内存的虚拟文件系统，用来管理内存存储目录 /proc |
| sysfs | 和 proc 一样，也是基于内存的虚拟文件系统，用来管理内存存储目录 /sysfs |
| tmpfs | 一种基于内存的虚拟文件系统，不过也可以使用 Swap 交换分区 |

常见的 Linux 文件类型包括普通文件、目录文件（也就是文件夹）、设备文件、链接文件、管道文件、套接字文件（数据通信的接口）等，Linux 操作系统通过目录树对这些文件进行管理。可见，Linux 操作系统将目录看成一种文件进行管理，目录文件包含各自目录下的文件名和指向这些文件的指针，打开目录事实上就是打开目录文件。

## 二、Linux 操作系统文件访问控制

Linux 操作系统将文件或文件夹的访问者分为文件的属主用户、同组用户和其他用户三类，这三类用户对该文件有读取、写入和执行三种访问权限。文件的属主用户、所属用户组以及访问权限都作为文件的属性保存在文件的描述之中。Linux 操作系统内核在访问文件时，会把访问进程的 UID 和 GID 与文件的相应属性进行匹配，以确定该进程对文件的存取权限。同时，细化用户的文件访问权限，结合证书定义用户对文件的访问权限。例如，对某被保护文件进行设置，即使是超级用户也只能读取，不能进行修改等其他操作。设置只有通过身份认证的用户才可以使用文件系统，可以防止来自内部和外部的攻击。

在 Linux 操作系统中，经常使用以下两个命令：chown（change ownerp）用来

修改文件所属的用户与组，chmod（change mode）用来修改用户的权限。

通过 chown 命令更改文件属主或文件属组的命令语法如下：

chown [-R] 属主名 文件名

chown [-R] 属主名 : 属组名 文件名

通过 chmod 命令更改文件属性的命令语法如下：

chmod [-cfvR] [--help] [--version] mode file...

在 Linux 操作系统中，可以使用"ls - l"命令来显示一个文件的属性以及文件所属的用户和组，命令示例如下：

[root@www    /]# ls -l

total 64

dr-xr-xr-x      2 root root 4096 Dec 14    2012 bin

dr-xr-xr-x      4 root root 4096 Apr 19    2012 boot

在上述命令示例中，bin 文件的第一个属性用 d 表示，d 在 Linux 操作系统中代表该文件是一个目录文件。其他文件属性对应如下："-"代表普通文件，"l"代表链接文件，"b"代表块设备文件，"c"代表字符设备文件。

## Linux 操作系统文件及文件夹访问权限管理

### 一、操作准备

1. 计算机一台。
2. 虚拟化模拟软件平台。
3. 已安装好 CentOS 7 的虚拟机。

### 二、操作要求

某公司有一台 Linux 服务器，服务器根目录上有开发组文件夹"develop"，该文件夹用来存放重要文件，目前其权限为所有人可控制，操作要求具体如下。

1. 将开发组管理员 admin 设置为目录所有者，将开发组 develops 设置为目录所属组。

2. 开发组成员和 leader 能对该文件夹进行任何操作，但其他用户、其他组成员不能查看。

### 三、操作步骤

步骤1 添加用户admin、leader和组develops，分别如图2-49、图2-50和图2-51所示；将用户admin和leader添加到develops组里，如图2-52所示。

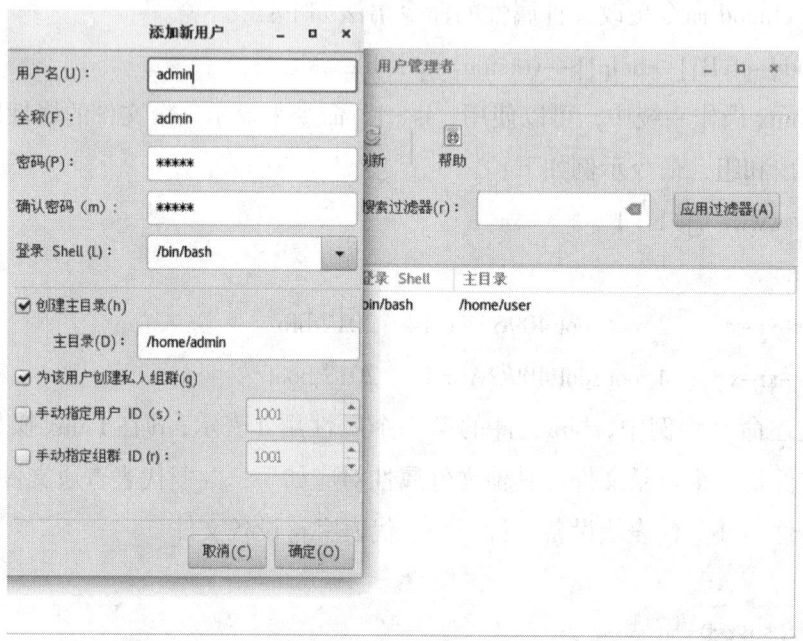

图2-49 添加用户admin

图2-50 添加用户leader

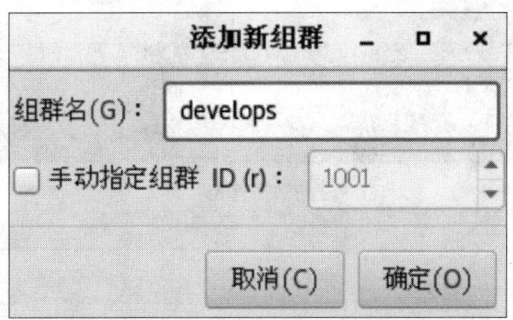

图 2-51　添加组 develops

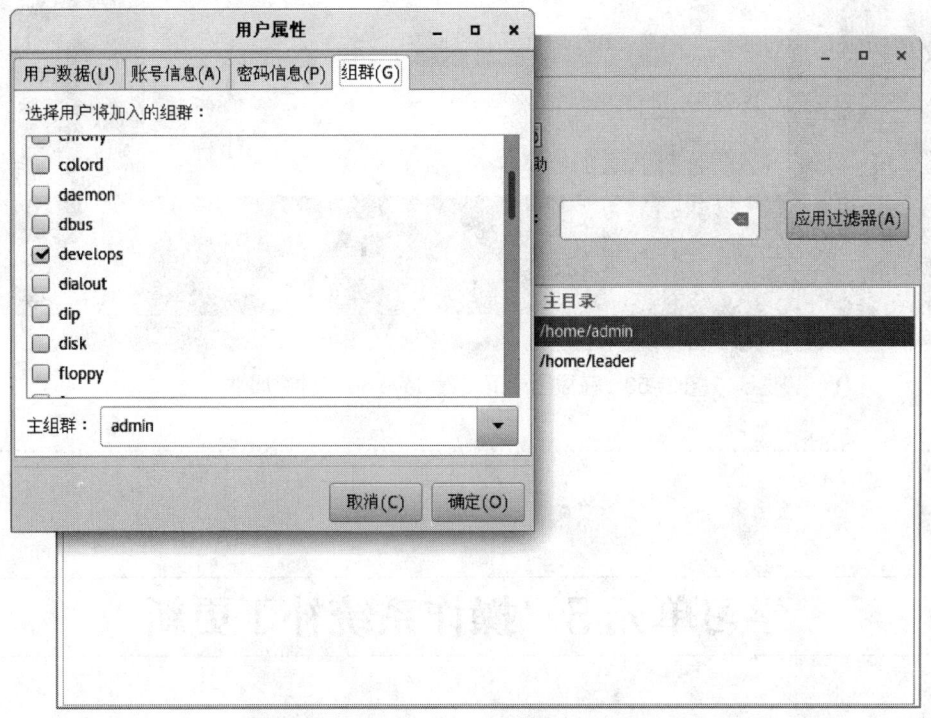

图 2-52　将用户 admin 和 leader 添加到 develops 组里

步骤 2　在根目录下设置 develop 文件夹属性，将"admin"设置为 develop 文件夹的所有者，将"develops"设置为文件夹的所属组，其他用户不能访问，如图 2-53 所示。

**四、注意事项**

1. 一个用户可以加入多个群组，但只有一个主群。
2. 更高级的权限设置需要命令行来设置。

图 2-53 在根目录下设置 develop 文件夹属性

# 学习单元 5 操作系统补丁更新

## 一、安全漏洞基础知识

安全漏洞是指计算机信息系统在需求、设计、实现、配置、运行等过程中，有意或无意产生的缺陷。这些缺陷以不同形式存在于计算机信息系统的各个层次和环节之中，一旦被恶意主体利用，就会对计算机信息系统的安全造成损害，从而影响计算机信息系统的正常运行。软件在开发过程中难免会有漏洞，这些漏洞很有可能被攻击者利用进而发起攻击，一般开发者在软件发行之后会对其进一步完善，如以补丁的形式对软件进行改进。

国外知名的公共网络安全漏洞库包括 CVE（common vulnerabilities and exposures，常见的网络安全漏洞列表）、NVD（national vulnerability database，美国国家信息安全漏洞库）等。国内知名的安全漏洞库包括 CNCVE（China national common vulnerabilities and exposures，中国常见的网络安全漏洞列表）、CNNVD（China national vulnerability database of information security，中国国家信息安全漏洞库）等。漏洞可以分为超危、高危、中危、低危四个级别。一般情况下，重要系统的漏洞补丁需要先经过测试才可以安装，以免影响系统的正常运行。注意，超危、高危漏洞需要尽快处理，如果还没有补丁，可以通过相关配置进行缓解。

漏洞管理是一个持续的过程，包括资产主动发现、持续监控、缓解、修复和防御。漏洞是不可能被完全消除的，重要的是如何管理和控制漏洞，并将漏洞暴露的风险控制在可接受的范围内。因此，对于一个企业而言，需要建立安全漏洞全生命周期管理流程，从产品、系统、攻防等多角度对漏洞的识别、利用、修复、公开等进行管理，实现安全漏洞的全过程管控。

从漏洞发现角度，可以通过网络层脆弱扫描器、Web 层脆弱扫描器等工具定期检测重要系统的漏洞，也可以持续关注所使用产品的补丁发布情况，及时利用补丁对高危漏洞等进行处理和修复。从漏洞防护角度，可以通过在各层面部署安全产品和应用，对漏洞进行检测、限制和拦截。

## 二、Windows Server 更新服务

Windows Server 更新服务（简称 WSUS）是微软公司提供的一种原生服务，该服务支持更新内部 Windows 操作系统的安全补丁，同时支持安全补丁的统一管理和分发。在 WSUS 的实施过程中，网络上应至少有一台 WSUS 服务器能够连接到 Microsoft 更新，以获得可用的更新信息。内部网络中的客户机通过 WSUS 服务器得到更新。

默认情况下，Windows Server 操作系统没有安装 WSUS，需要在微软官方下载中心下载相关安装包，再进行安装。

在配置和管理 WSUS 服务器时，可以手动同步服务器，查看同步状态，设

置指定代理服务器以及管理更新；也可以设置同步更新的时间，并要求在微软官方下载中心下载代理服务器、更新源、语言包等；可以选择让该 WSUS 服务器与网络上的某台上游 WSUS 服务器同步更新信息。如果使用 SSL，应确保上游 WSUS 服务器的配置支持 SSL，且该服务器的端口设置必须与上游 WSUS 服务器匹配。

如果客户机与 WSUS 服务器在同一个域中，则只要通过域功能分发一下即可。如果客户机与 WSUS 服务器不在同一个域中，则每一台客户机都必须进行以下设置才能起作用。

1. 打开"服务器管理器"，单击"添加角色和功能"，在"服务器角色"界面中选中"Windows Server 更新服务"，如图 2-54 所示。

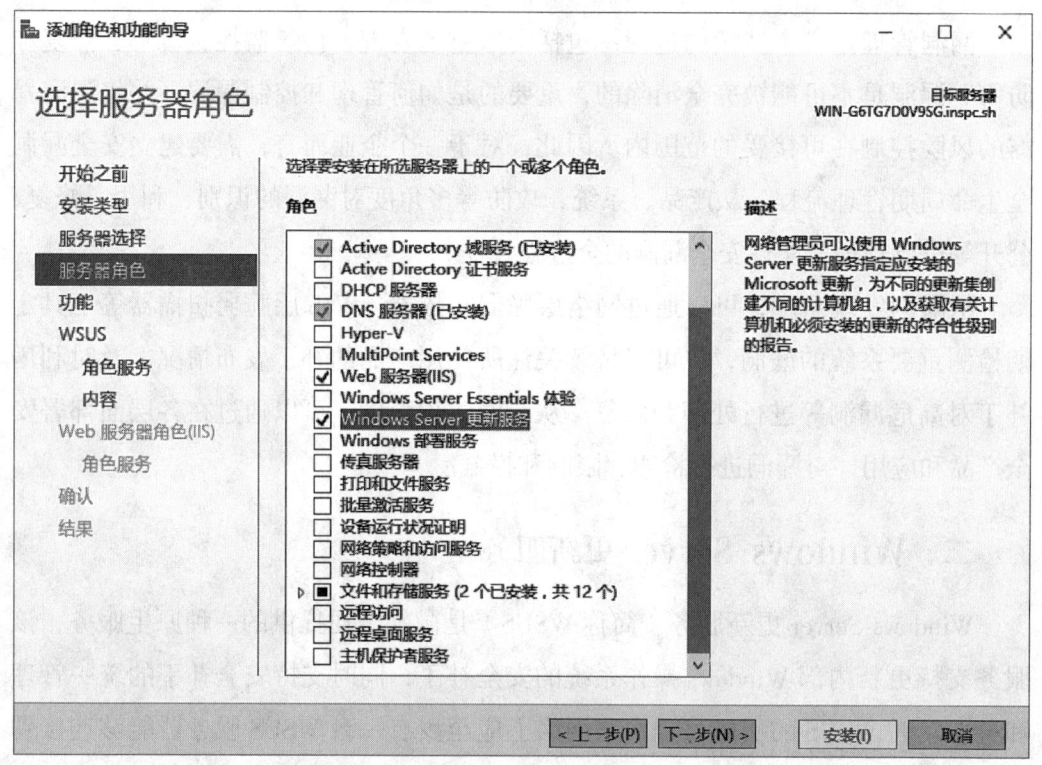

图 2-54　选中"Windows Server 更新服务"

2. 在"服务器管理器"窗口中，选择"WSUS"，右击右侧服务器项目，在弹出的快捷菜单中选中"Windows Server 更新服务"，如图 2-55 所示。

3. 在"Windows Server Update Services 配置向导"窗口中，多次单击"下一步"，直至进入"指定代理服务器"界面，如图 2-56 所示。

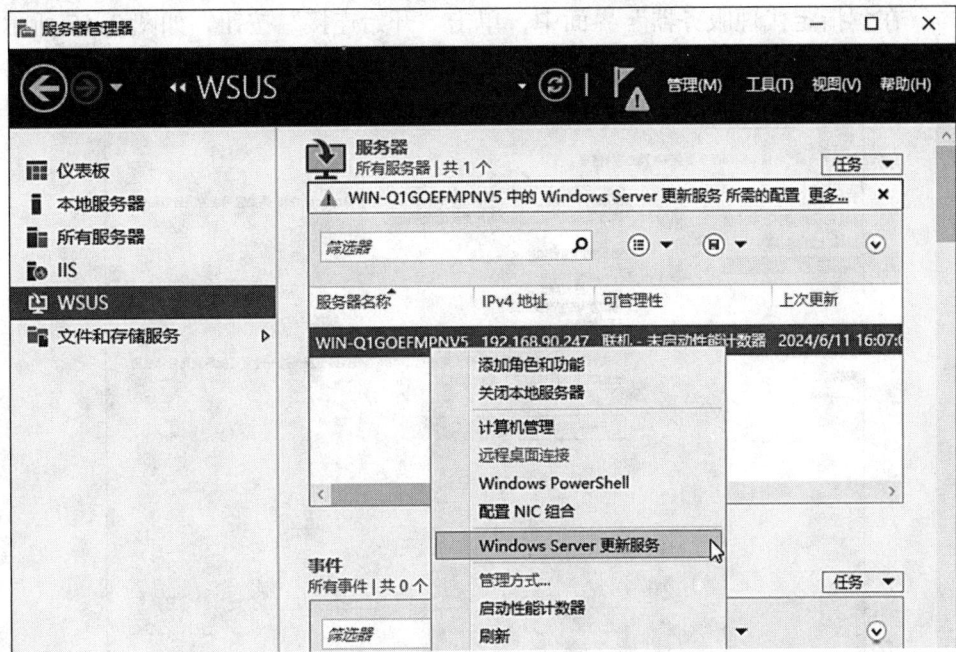

图 2-55 "Windows Server 更新服务"位置

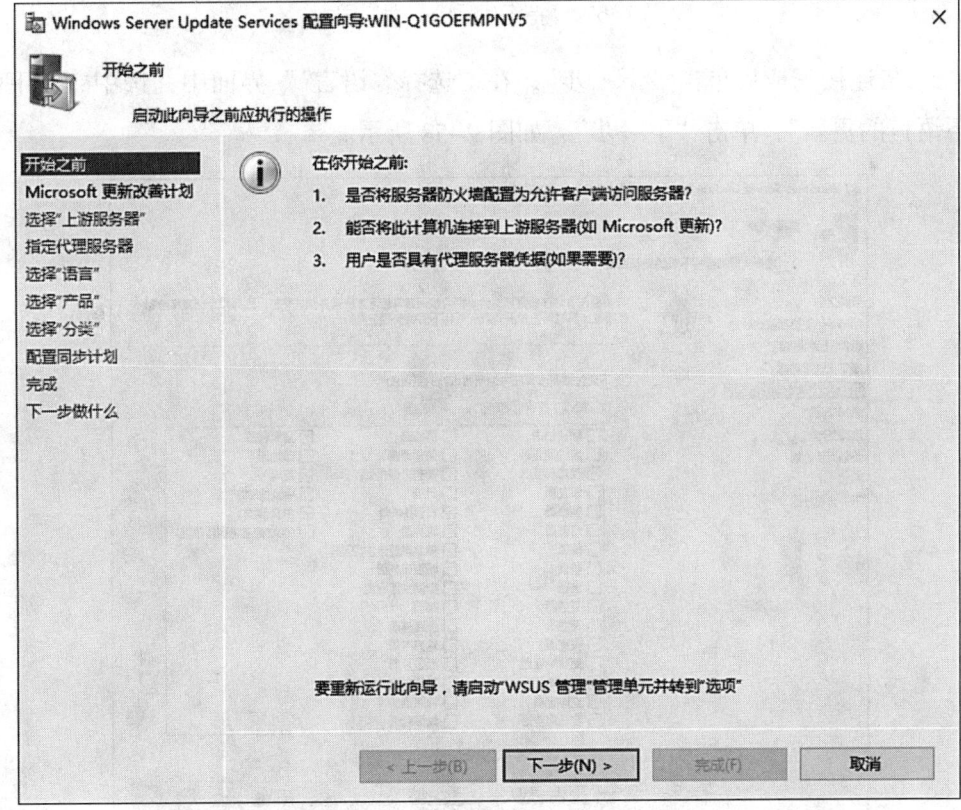

图 2-56 "Windows Server Update Services 配置向导"窗口

4. 在"指定代理服务器"界面中,单击"开始连接"按钮,如图2-57所示。

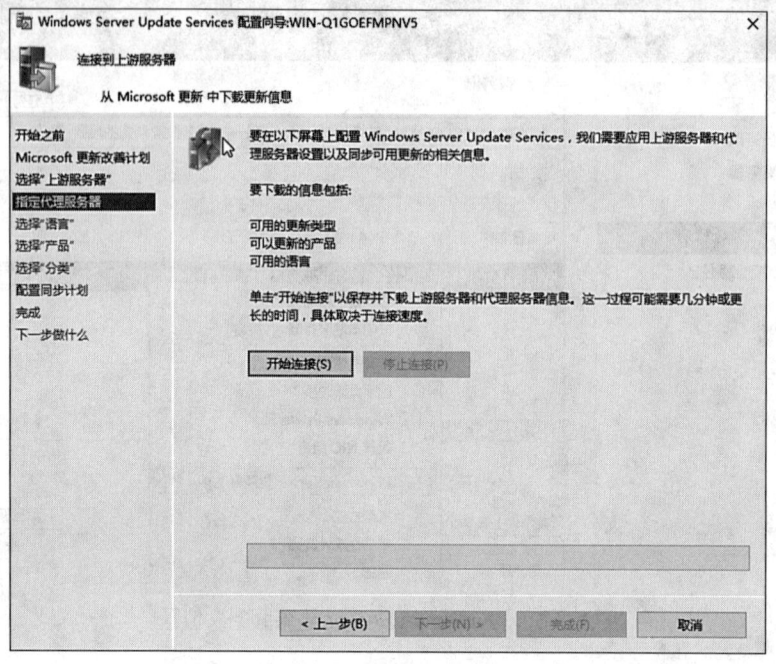

图2-57 "指定代理服务器"界面

5. 在连接完成后单击"下一步",在"选择'语言'"界面中,选中"仅下载以下语言的更新",单击"下一步",如图2-58所示。

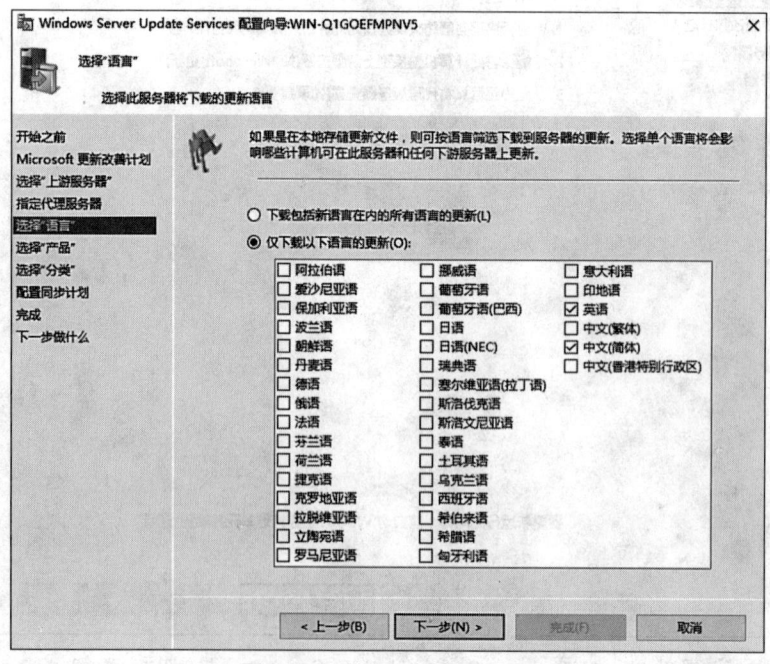

图2-58 选择"语言"界面

6. 在"选择'产品'"界面中,选中需要更新的产品,单击"下一步",如图 2-59 所示。

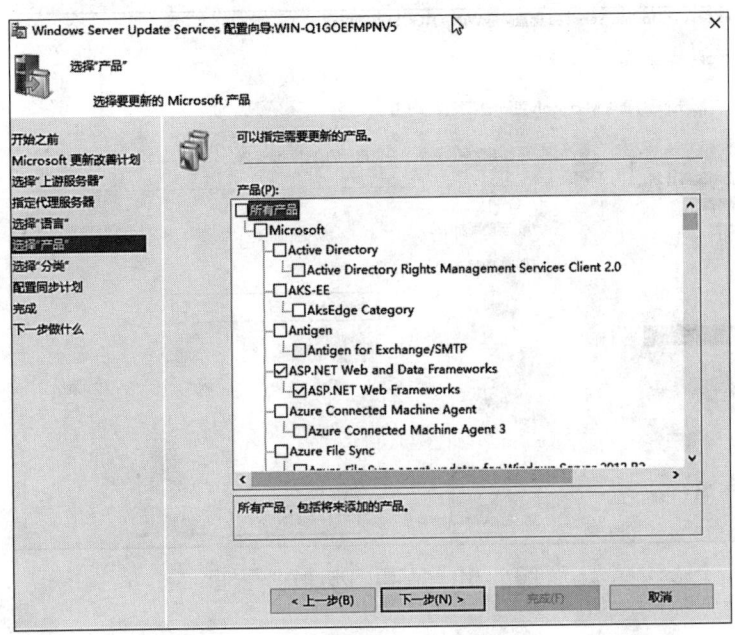

图 2-59 选择"产品"界面

7. 在"选择'分类'"界面中,选中需要更新的分类,单击"下一步",如图 2-60 所示。

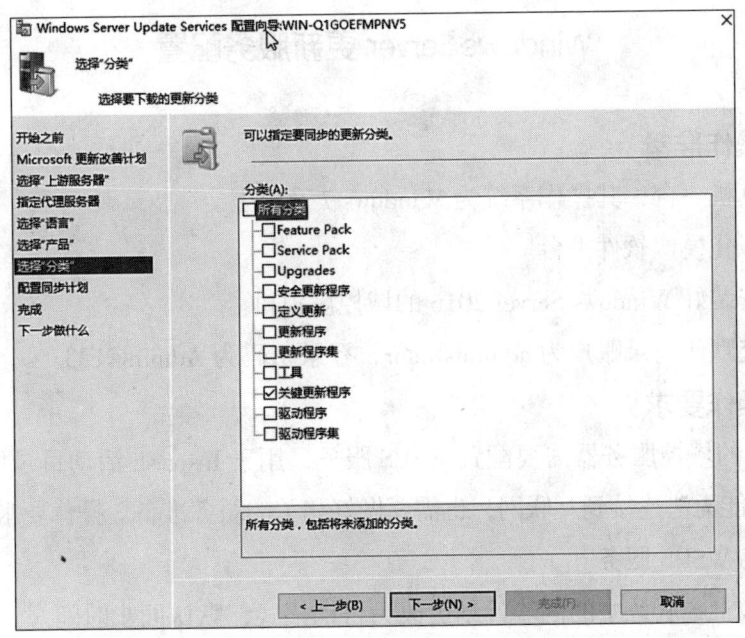

图 2-60 选择"分类"界面

8. 在"配置同步计划"界面中,选中"手动同步"后单击"下一步",最后单击完成,如图 2-61 所示。

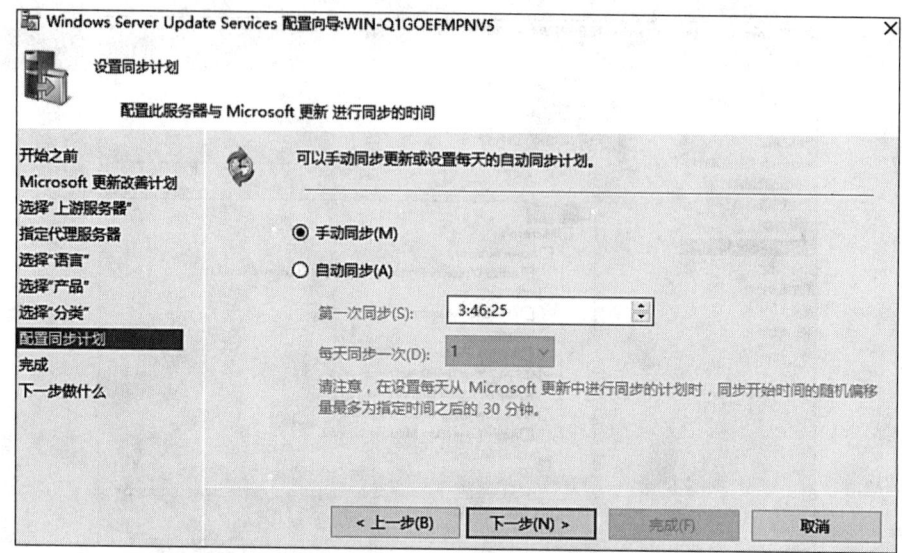

图 2-61 "配置同步计划"界面

---

## Windows Server 更新服务配置

### 一、操作准备

1. 计算机一台,其操作系统为 Windows 7 及以上。
2. 虚拟化模拟软件平台。
3. 已安装好 Windows Server 2016 的域控虚拟机。
4. 系统默认登录账户为 administrator,登录密码为 Admin@123。

### 二、操作要求

某公司的域控服务器需要配置 WSUS 服务,用于 Inspc.sh 活动目录域的更新管理。即使可能无法连接到互联网,也需要做好相关的服务准备。操作要求具体如下。

1. 安装 WSUS 服务。
2. 将 WSUS 服务中的同步计划更改为自动模式,默认同步时间。
3. 配置 WSUS 服务,仅需要收集所有 Windows 操作系统更新中的安全补丁,审核方式为自动。

## 三、操作步骤

步骤 1　安装 WSUS 服务。

（1）打开"服务器管理器"，单击"添加角色和功能"。

（2）进入"添加角色和功能向导"界面，在"服务器角色"菜单中选中"Windows Server 更新服务"。

（3）多次单击"下一步"默认安装内容，最后单击"安装"等待安装成功，如图 2-62 所示。

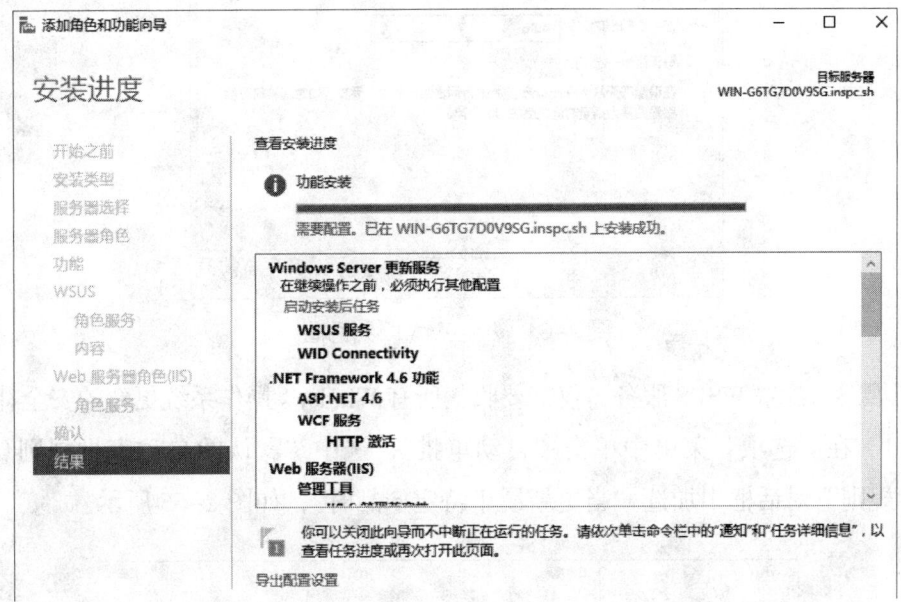

图 2-62　"Windows Server 更新服务"安装成功

（4）进行本地存储更新，如图 2-63 所示。

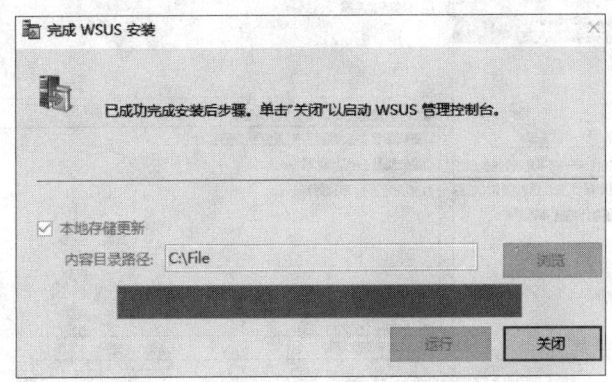

图 2-63　进行本地存储更新

步骤 2  配置 WSUS 服务中的同步计划，更改为自动模式，默认同步时间。打开"Windows Server 更新服务"窗口，单击"服务器"，在"选项"菜单中单击"同步计划"，在"同步计划"对话框中选中"自动同步"，默认同步时间，如图 2-64 所示。

图 2-64  "同步计划"对话框

步骤 3  配置 WSUS 服务，仅需要收集所有 Windows 操作系统更新的安全补丁。

（1）在"选项"菜单中单击"自动审批"，选中"默认的自动审批规则"，在"编辑规则"对话框中加选"当更新属于特定产品时"，如图 2-65 所示。

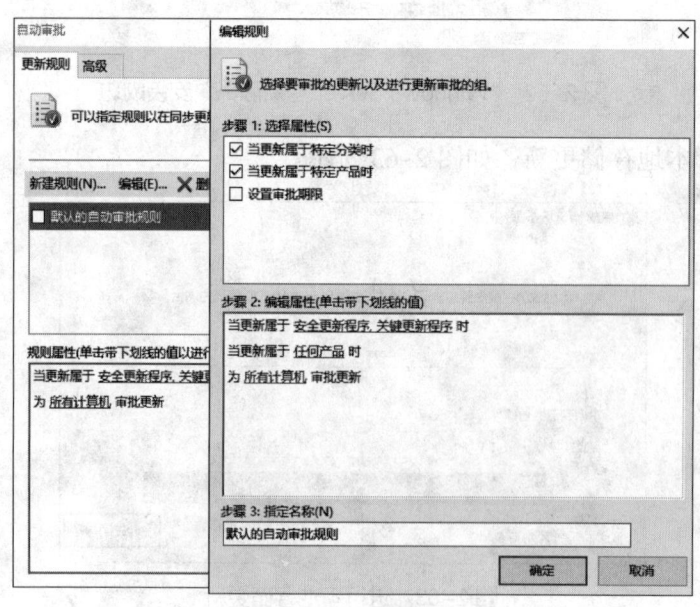

图 2-65  规则设置

（2）单击"任何产品"，仅选中 Windows 系列产品，如图 2-66 所示。

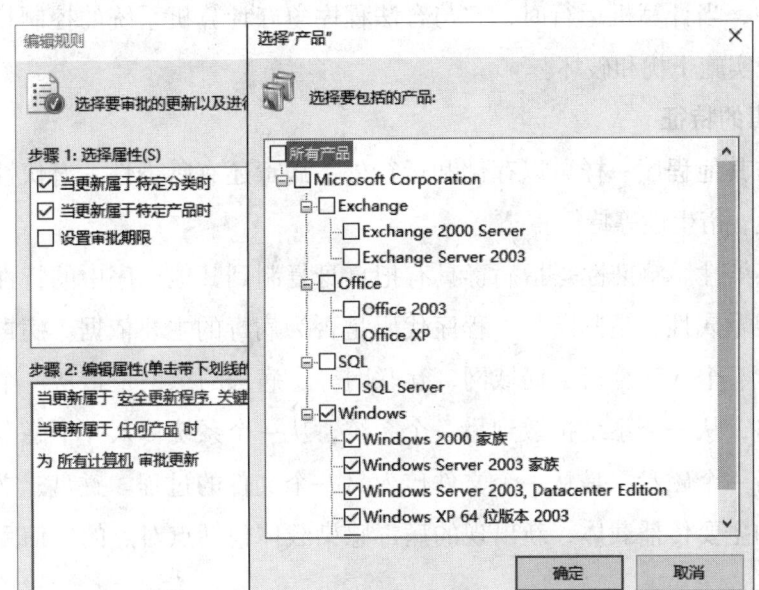

图 2-66　仅选中 Windows 系列产品

## 四、注意事项

在实际测试中，若想自动升级成功，则服务器必须能连接互联网，且应先下载好相关的补丁文件，当然，还需要设置 DNS 相关服务、配置 WSUS 主机地址以及进行更新域用户策略等操作。

# 学习单元 6　防病毒软件安全保护策略配置和定期升级服务

## 一、计算机病毒基础知识

计算机病毒（简称病毒）是指编制或者在计算机程序中插入的，破坏计算机功能或者毁坏数据，影响计算机使用，并能自我复制的一组计算机指令或者程序代码。病毒是一段特殊程序，它一般隐蔽在合法程序（被感染的合法程序称为宿主程序）中，当计算机运行时，它与合法程序争夺计算机系统的控制权，从而对计算机系统实施干扰和破坏。

**1. 病毒的特征**

除了与其他程序一样可以存储和运行外，病毒还有感染性、潜伏性、可触发性、破坏性、衍生性等特征。

（1）感染性。感染性是指病毒具有把自身复制到其他程序中的特性。感染性是病毒的根本属性，是判断一个程序代码是否为病毒的主要依据。病毒可以感染文件、磁盘、个人计算机、局域网、互联网等。病毒的感染是指从一个网络侵入另一个网络，从一个系统扩散到另一个系统，从一个系统传入一个磁盘，从一个磁盘进入另一个磁盘，是从一个文件传入另一个文件的过程。磁盘、文件、网络等是病毒的主要传播载体，新出现的病毒感染载体包括点对点的通信系统和无线通信系统等。

（2）潜伏性。潜伏性是指病毒具有依附于其他媒体而寄生的能力。病毒通过修改其他程序，把自身的复制品嵌入其他程序或磁盘的引导区（包括硬盘的主引导区）中寄生。这种寄生能力是隐蔽的，因而病毒的感染过程一般都没有外在表现。大多数病毒的感染速度极快，且都采用特殊的隐藏技术。例如，有些病毒感染正常程序时将程序文件压缩，留出空间嵌入病毒程序，这样被感染的程序文件大小变化很小，很难被发现；有些病毒修改文件的属性；还有些病毒可以加密、变型（多态病毒）或防反汇编、防跟踪等。当病毒侵入计算机系统后，一般并不立即发作，而是具有一定的潜伏期。在潜伏期，只要条件允许，病毒就会不断地进行感染。一个编制巧妙的病毒程序可以在一段很长的时间内隐藏在合法程序中，对其他系统进行感染而不被发现。病毒的潜伏性与感染性相辅相成，潜伏性越好，其在系统中存在的时间就会越长，感染范围也就越大。

（3）可触发性。病毒一般都有一个触发条件，在该条件下病毒的感染机制被激活，或者该条件触发其发作。条件判断是病毒自身特有的功能。病毒程序在运行时，每次都要检测控制条件，一旦条件成熟，病毒就开始感染或发作。触发条件可能是指定的某个时间或日期、特定用户识别符的出现、特定文件的出现或其使用次数达到某个数值、特定的用户安全保密等级、某些特定数据等。

（4）破坏性。病毒的破坏性取决于病毒设计者的目的和技术水平，体现为直接破坏计算机数据信息、抢占系统资源、影响计算机运行速度、破坏计算机硬件等。

（5）衍生性。有些病毒是一段特殊的程序代码，了解该病毒程序的人可以根据其个人意图随意改动，从而衍生出另一种不同于原版病毒的病毒，这种衍生出的病毒可能与原版病毒有相似的特征，所以被称为原版病毒的一个变种。如果衍生出的病毒已经与原版病毒有了很大甚至是根本性的差别，那么该病毒就会被认为是一种新病毒。变种病毒或新病毒可能比原版病毒有更大的危害性。

### 2. 病毒的分类

病毒按存在的媒介类型可分为引导型病毒、文件型病毒和混合型病毒，按链接方式可分为源码型病毒、嵌入型病毒和操作系统型病毒等，按病毒攻击的操作系统可分为攻击 DOS 病毒、攻击 Windows 病毒、攻击 Unix 病毒等。一些独特的新型病毒暂时无法按照常规的类型进行分类，如互联网病毒（通过网络进行传播）、电子邮件病毒等。

## 二、防病毒软件的组成和主要技术

### 1. 防病毒软件的组成

对恶意代码进行防范的一项措施就是安装防病毒软件并及时更新。防病毒软件一般由扫描器、病毒库和虚拟机组成，其主程序将它们结合为一体。防病毒软件组成部分如图 2-67 所示。

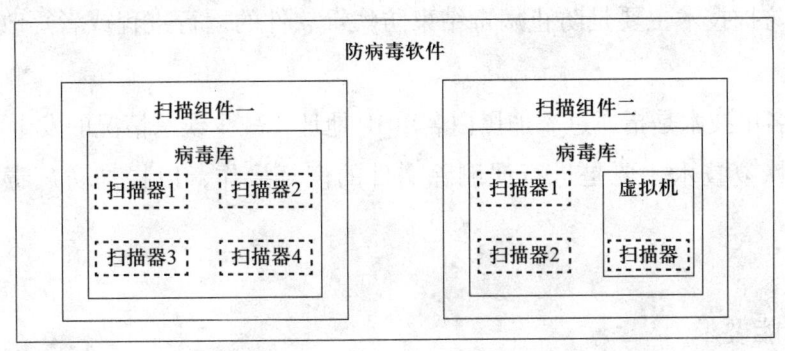

图 2-67　防病毒软件组成部分

扫描器是防病毒软件的主体，主要用于扫描病毒。防病毒软件的杀毒效果直接取决于扫描器编译技术和算法的先进程度。单个防病毒软件可由多个扫描器组成。

病毒库用于存储病毒特征码，而病毒特征码可存储于本地或云端设备上。病毒特征码主要分为内存特征码和文件特征码。防病毒软件可以提取病毒的相关特征,通过快速比对等技术实现对病毒的识别和清除。

防病毒软件通过虚拟机运行待检测程序,并根据运行结果来判断有无病毒或木马。

2. 防病毒软件的主要技术

防病毒软件在工作时,主要用到脱壳、实时升级、自我防护、黑白名单、文件恢复等技术。

加壳是一种通过一系列数学运算,将可执行程序文件或动态链接库文件的编码进行改变(一些加壳软件还可以压缩、加密驱动程序),以达到缩小文件或加密程序编码目的的技术。很多病毒、木马程序均应用了加壳技术,防止被防病毒软件查杀。而脱壳技术是一种可以对压缩文件、加花文件、加壳文件、分装类文件进行分析的技术,包括硬脱壳、动态脱壳、虚拟机脱壳等技术。其中,虚拟机脱壳技术通过给病毒、木马构造一个仿真环境,诱骗病毒、木马自己脱掉"马甲",使病毒、木马所在的虚拟环境和用户的计算机隔离,从而保护计算机不受病毒、木马影响。

防病毒软件病毒库的升级应支持增量的在线升级、离线升级等多种方式,并且在升级过程中应不影响系统的正常工作。如果病毒库在升级过程中发生异常而导致升级失败,系统也会自动回退到上一个病毒库版本,不会影响系统的正常工作。随着技术的发展,一种云升级的方式出现了,即将特征库部署于云端,在本地仅通过调用云端特征库来实现本地的轻量化部署。

自我防护技术主要是防止病毒结束防病毒软件的运行进程或者篡改防病毒软件的文件。

黑白名单技术是指通过添加黑白名单 IP 地址,减少误杀情况的发生。

文件恢复技术主要是进行误删除文件的恢复操作,以提高防病毒软件的易用性。

技能要求

# 防病毒软件安全保护策略配置和定期升级服务

一、操作准备

1. 计算机一台,其操作系统为 Windows 7 及以上。

2. 虚拟化模拟软件平台。

3. 已安装好 Windows Server 2016 的虚拟机。

4. 系统默认登录账户为 administrator，登录密码为空。

## 二、操作要求

某公司需要通过系统自带的防病毒软件正确配置服务器的病毒防护策略，同时要求开启所有的实时保护与定期升级服务。操作要求具体如下：

1. 开启系统"Windows Defender"安全实时保护与云保护策略。

2. 开启系统防病毒软件的定期升级服务计划任务，设置任务名称为"Windows Defender Update"，要求任何用户登录系统时均启用防病毒软件的自动更新功能。

## 三、操作步骤

步骤 1　开启系统"Windows Defender"安全实时保护与云保护策略。

（1）单击"开始"菜单，拉到字母"W"位置，依次单击"Windows 系统""Windows Defender"。

（2）打开"Windows Defender"界面，单击"设置"。

（3）在"设置"界面，确认各项软件保护功能均已开启。

步骤 2　开启系统防病毒软件的定期升级服务计划任务，设置任务名称为"Windows Defender Update"，要求所有用户登录系统时均启用防病毒软件的自动更新功能。

（1）打开"服务器管理器"窗口，单击"工具"菜单，选择"计算机管理"，打开"计算机管理"窗口。

（2）在左侧窗格中依次选择"系统工具""任务计划程序"，右击"任务计划程序"，从弹出的快捷菜单中单击"创建任务"，在"常规"选项卡的名称处填入"Windows Defender Update"，如图 2-68 所示。

（3）切换到"触发器"选项卡，单击"新建"，在"开始任务"下拉式菜单中选择"登录时"，同时选中"所有用户"，单击"确定"，如图 2-69 所示。

（4）切换到"操作"选项卡，单击"新建"，在"操作"下拉式菜单中选择"启动程序"，程序或脚本通过浏览方式获取，路径为"C:\Program Files\Windows Defender\MpCmdRun.exe"，在"添加参数"处输入"/SignatureUpdate"，单击"确定"，如图 2-70 所示。

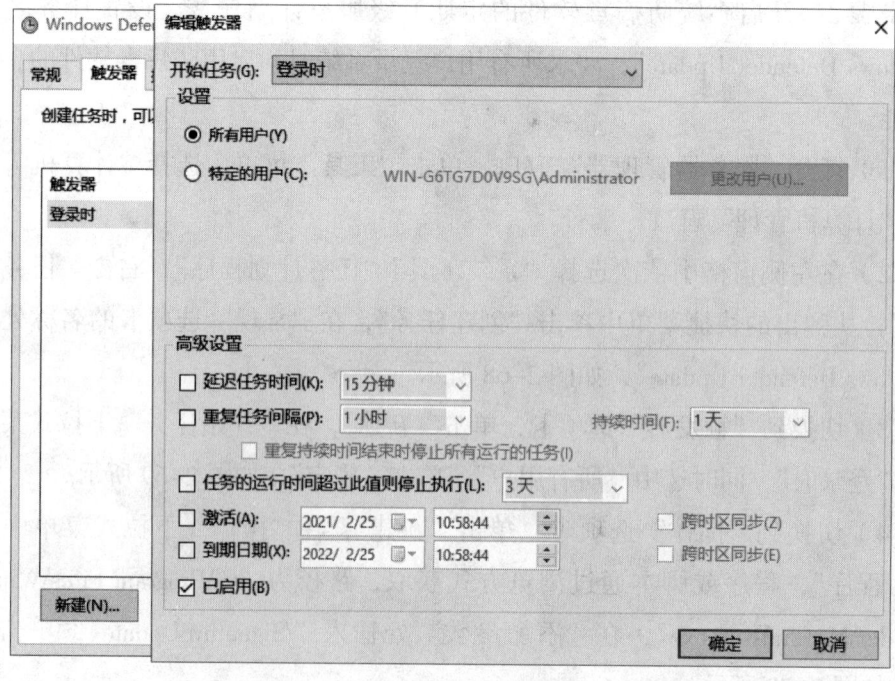

图 2-68 创建 "Windows Defender Update" 任务

图 2-69 所有用户登录系统时均启用防病毒软件的自动更新功能

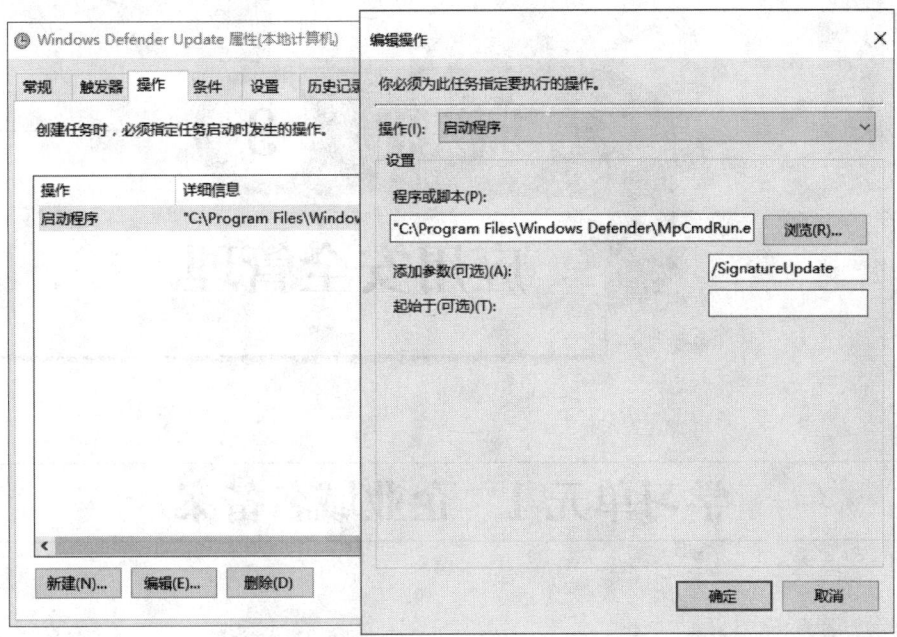

图 2-70 "编辑操作"界面

（5）其他设置默认，最后单击"确定"，主界面会显示已配置好的"Windows Defender Update"，如图 2-71 所示。

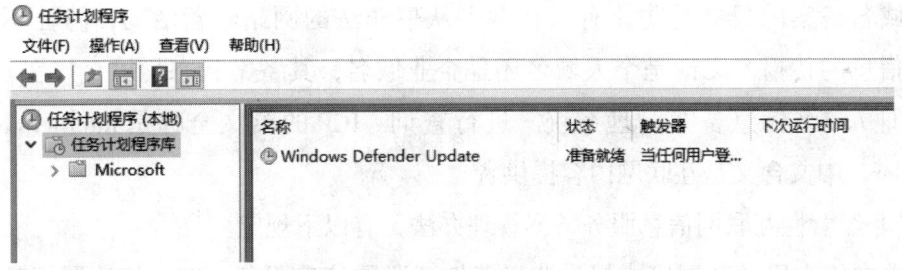

图 2-71 "Windows Defender Update"已配置好

## 四、注意事项

在测试防病毒软件安全定期升级服务计划任务时，可以使用命令行，但要注意权限问题，必须在管理员模式下运用 cmd 和 powershell 实施。

# 培训课程 3

# 应用安全管理

## 学习单元1  企业域名备案

### 一、域名备案相关规定

域名备案的目的是防止有人在网上从事非法的网站经营活动,防控不良互联网信息的传播。无论是个人域名还是企业域名,其备案状态均可直接在"ICP/IP地址/域名信息备案管理系统"进行查询。ICP的英文全称是 internet content provider,中文含义是互联网内容提供者。

《非经营性互联网信息服务备案管理办法》有以下规定。

在中华人民共和国境内提供非经营性互联网信息服务,应当依法履行备案手续。未经备案,不得在中华人民共和国境内从事非经营性互联网信息服务。这里所称在中华人民共和国境内提供非经营性互联网信息服务,是指在中华人民共和国境内的组织或个人利用通过互联网域名访问的网站或者利用仅能通过互联网 IP 地址访问的网站,提供非经营性互联网信息服务。

拟从事非经营性互联网信息服务的,应当通过工信部备案管理系统如实填报《非经营性互联网信息服务备案登记表》,履行备案手续。

非经营性互联网信息服务提供者应当在其网站开通时,在主页底部的中央位置标明备案编号,并在备案编号下方按要求链接工信部备案管理系统网址,供公众查询核对。

## 二、域名备案流程

如果网站托管在中国内地的服务器上,则需要根据要求进行备案申请。下面分别介绍域名申请和域名备案流程。

**1. 域名申请流程**

现在申请域名比较方便,网上能查到很多域名注册服务商,如西部数码、阿里云、腾讯云、华为云等。本书以阿里云为例介绍域名申请流程,供读者参考。

(1)域名唯一性查询。打开阿里云官方网站(https://wanwang.aliyun.com),如图2-72所示,在首页可以找到域名查询处。在注册一个域名之前,需要查询该域名是否可以注册。例如,在"查域名"文本框中输入想要注册的域名,然后选择一个后缀名(如 .com)进行域名唯一性查询。

图2-72 阿里云官方网站的域名查询处

(2)域名购买。如图2-73所示,如果经查询发现想要注册的域名已注册(如ymba.com),则可以更换域名或者域名后缀后再次查询。在域名唯一性查询通过后,可以将想要注册的域名"加入清单"(单击即可),然后输入阿里云账号、密码,根据阿里云网站要求填写注册个人或企业的相关信息,最后完成付款,域名就注册成功了。

图 2-73　阿里云域名购买页面

 **相关链接**

## 域名常见问题

1. 域名已注册

如果某域名已经被别人抢先注册，目前属于无法注册状态，那么除非联系域名拥有者进行购买，否则无法获得该域名的使用权。

2. 域名期限问题

域名通常是按年注册的（至少一年），逾期未续费会进入 12~15 天的保留期，保留期过后是 30 天的赎回期（域名的赎回价格往往是域名原价的 20 倍左右），最后进入 5 天的删除期。删除期过后，该域名方能再次注册。

### 2. 域名备案流程

准备好网站的域名以及网站服务器，就可以进行域名备案申请了。为了便于管理，很多 Web 服务器选择使用云主机进行网站的搭建。在这种情况下，网站站长就需要向云服务提供商发起备案请求并确定备案单位，然后根据备案单位的规定准备好相关材料,发起域名备案请求。因为各地通信管理局(以下简称管局)要求不同,所以需要准备的资料也有所不同。建议备案前详细了解各省、自治区、直辖市管局的备案规则,或访问工信部备案管理系统了解更多细则。

(1)域名备案前的准备。备案的域名及域名注册商需要满足以下三个要求。

1)域名的顶级域名(即后缀)已获工信部批复,未获工信部批复的顶级域名无法备案。工信部批复的顶级域名请读者自行查询中国互联网域名体系(https://domain.miit.gov.cn/chinayu.jsp)。

2)域名已完成实名认证且有效期大于90天,部分地区要求域名有效期大于45天。

3)域名注册商已获工信部批复。如果域名注册商未获工信部批复,则需要在备案前将域名转入已获批复的域名服务机构进行管理。

4)个人性质备案域名注册者应为本人;单位性质备案域名注册者应为单位,包含公司股东、单位主要负责人或高级管理人员。

5)实名认证的主体应与备案主体一致。

6)申请备案时填报的备案主体信息应与域名注册人(域名持有者)实名认证信息保持一致。

域名实名认证完成后,管局一般需要三天左右时间将域名实名认证信息入库。建议在实名认证完成的三天后再申请备案,否则可能存在因为管局审核时检查不到最新域名实名认证信息,导致备案失败的风险。域名备案要求可参考图2-74。

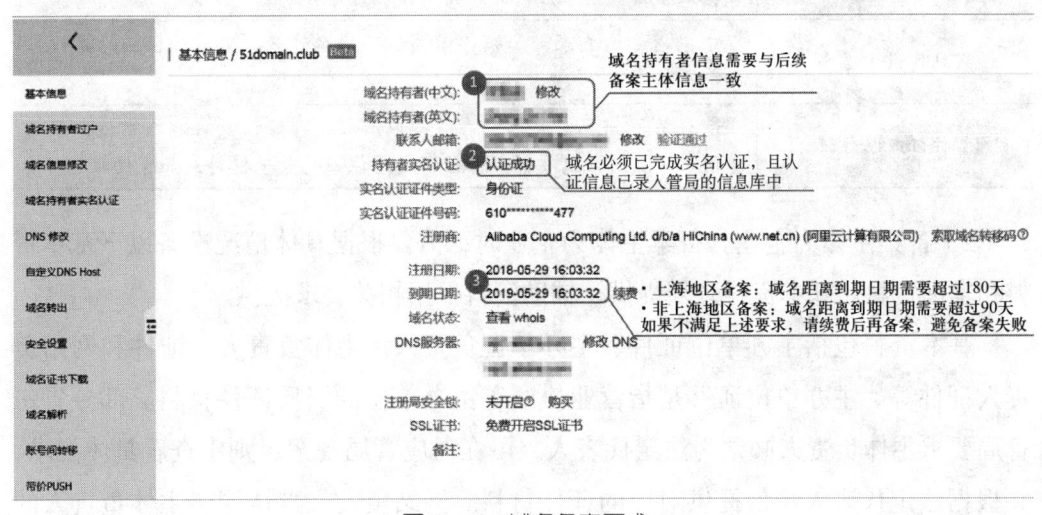

图2-74 域名备案要求

(2)域名备案所需的资料。备案时需要提交备案主体及相关负责人的证件资料，对应管局会核查所提交资料是否满足备案要求。备案资料分为基础资料和辅助资料。备案主体是个人和备案主体是企业，这两种情况的基础资料和辅助资料有所不同。

1）备案主体为个人。当备案主体为个人时，需要根据情况准备以下基本资料和辅助资料。基本资料必须提供，包括备案主体的身份证（或其他个人基本资料）。个人基本资料参考表2-4。

表2-4 个人基本资料

| 身份 | 可用证件 |
| --- | --- |
| 中国内地居民 | 身份证 |
| 中国港澳居民 | 港澳居民居住证或港澳居民来往内地通行证 |
| 中国台湾居民 | 台湾居民居住证或台湾居民来往大陆通行证 |
| 非中国内地居民 | 护照 |

因备案网站数目较多或用于其他备案场景等，需要准备部分辅助资料用于备案申请。个人辅助资料参考表2-5。

表2-5 个人辅助资料

| 辅助资料类型 | 适用场景 |
| --- | --- |
| 域名证书 | 部分省份管局要求提供 |
| 手持个人证件照片 | 个人备案时，部分省市管局要求上传网站负责人手持个人证件的照片，如手持身份证照片、手持户口照片等 |
| 网站建设方案书 | 广东省管局要求，如果备案主体下域名过多，需要提供网站建设方案书 |
| 暂住证或居住证 | 部分省份如福建要求，当备案申请人的身份证户籍地与申请备案的省份不一致时，需要提供暂住证或居住证的电子材料，如原件照片 |

2）备案主体为企业。备案主体为企业时，需要根据具体情况准备以下基本资料和辅助资料。基本资料必须提供，辅助资料根据相关要求提供。

基本资料包括主办单位证件、主办单位负责人（主体负责人）证件和网站负责人证件等。主办单位证件是指营业执照等主办单位的资质证件材料。部分省份管局要求主体负责人必须为法定代表人，可在对应管局备案规则中查看具体要求，并根据法定代表人身份提供对应的证件材料。网站负责人默认同步主体负责人的资料，如果企业的网站负责人与主体负责人不是同一人，则需要另外准备网站负责人的证件材料。主办单位负责人（主体负责人）证件和网站负责人证件支持的类型同前。

根据各管局要求，不同备案场景可能需要准备部分辅助资料用于备案申请。企业辅助资料见表 2-6。

表 2-6 企业辅助资料

| 辅助资料类型 | 适用场景 |
| --- | --- |
| 授权书 | 部分省市管局要求，当主体负责人或网站负责人不是企业的法定代表人时，需要提供主体负责人或网站负责人授权书 |
| 域名证书 | 部分省份管局要求提供 |
| 手持单位证件照片 | 单位备案时，部分省市管局要求上传网站负责人手持单位证件的照片，如手持营业执照照片等 |
| 网站备案域名注册人的证明 | 部分省市管局要求域名必须在单位名下，个人名下的域名需要提供网站备案域名注册人的证明 |
| 编办证明 | 部分省份（云南、内蒙古、黑龙江、江西）管局要求事业单位和政府机关申请备案时，需要提供上级部门颁发的编办证明 |
| 变更证明 | 备案主体为企业时，如果企业名称发生变更，此种场景下备案时需要提供对应省份工商行政管理部门颁发的变更证明 |
| 网站建设方案书 | 广东省管局要求，如果备案主体下域名过多，需要提供网站建设方案书 |
| 工作证明 | 同一个主体负责人或网站负责人的证件号码出现在多个单位或个人的备案信息中，部分省份管局要求提供该主体负责人或网站负责人的工作证明 |
| 暂住证或居住证 | 部分省份如福建要求，当备案申请人的身份证户籍地与申请备案的省份不一致时，需要提供暂住证或居住证的电子材料，如原件彩色拍照照片 |
| 经营性说明书 | 四川省单位备案，如果单位名称、经营范围、网站名称、网站备注等含有经营性字样，在办理经营性 ICP 许可证时，会被当地管局告知无须办理。需要在备案过程中提供单位的经营性说明书 |

（3）备案申请。在提交备案申请时，域名注册服务商目前均支持在 PC 端和移动端两种渠道提交，大部分域名注册服务商的移动端可对主流证件进行 OCR（optical character reader，光学字符识别）智能识别并自动填写部分备案信息，填写效率比 PC 端快。备案时需要通过移动端上传备案所需资料时，应进行人脸核验，保证提交的备案资料真实有效。材料全部上传成功且核验审核通过后备案就成功了。

备案成功后需要在网站底部添加备案号，并添加链接，跳转至工信部，以便网站访问者查询、确认备案信息。部分省份还要求在网站底部添加"版权所有"。若网站涉及经营性业务，需要在域名备案后申请 ICP 经营许可证。待网站在工信部备案成功后，需要在网站开通之日起 30 日内提交公安联网备案申请。

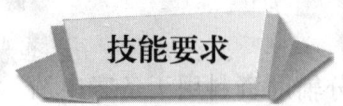

# 域名备案

## 一、操作准备

1. Windows Server 2016 服务器环境。
2. 购买完成的待备案域名 www.Inspc.com。
3. 公司营业执照信息。
4. 主体负责人证件材料。
5. 分管网站负责人证件材料。

## 二、操作要求

Inspc 公司管理员已经完成域名采购工作,按照公司要求需要根据服务商提供的备案信息对系统进行备案。

管理员登录"域名备案考试平台"并按以下要求完成操作。

1. 打开桌面图标"域名备案考试平台",提交备案信息。
2. 在"域名备案考试平台"成功提交备案材料,相关材料在桌面"备案材料"文件夹中。

## 三、操作步骤

步骤 进入备案系统,并按照要求填写备案信息。

(1)打开"域名备案考试平台",如图 2-75 所示。

图 2-75 域名备案考试平台

（2）依次对备案信息进行填写。备案地址选择：上海市 – 市辖区 – 长宁区。备案性质选择：企业。证件类型选择：营业执照。主办者名称输入：Inspc 公司。证件号码输入主办单位负责人身份证号码。证件住所输入营业执照上的地址。域名输入：www.Inspc.com。域名备案信息填写界面如图 2–76 所示。

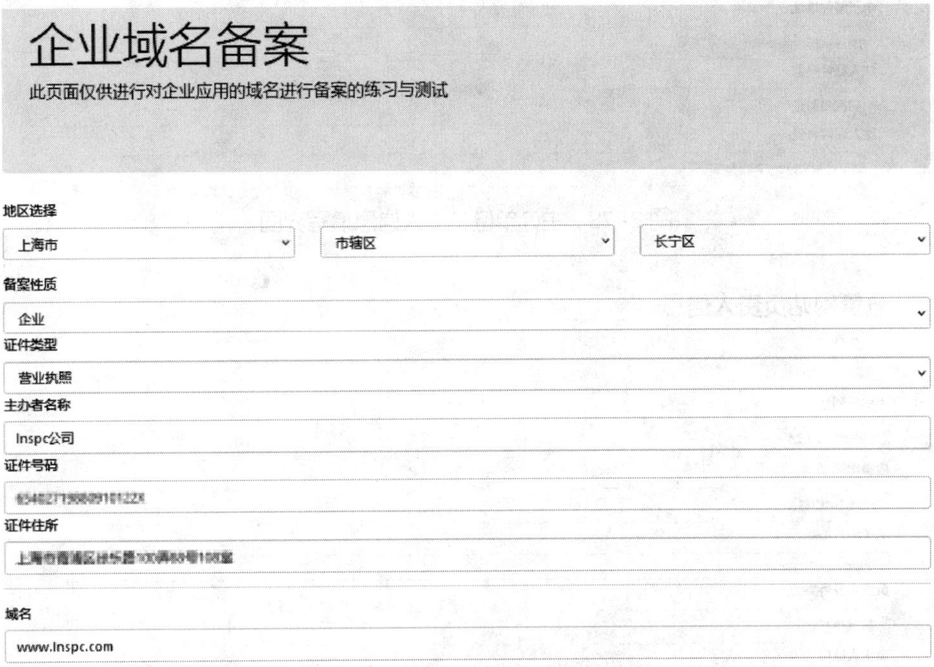

图 2–76　域名备案信息填写界面

（3）上传主办单位负责人证件扫描件及营业执照扫描件，如图 2–77 所示。

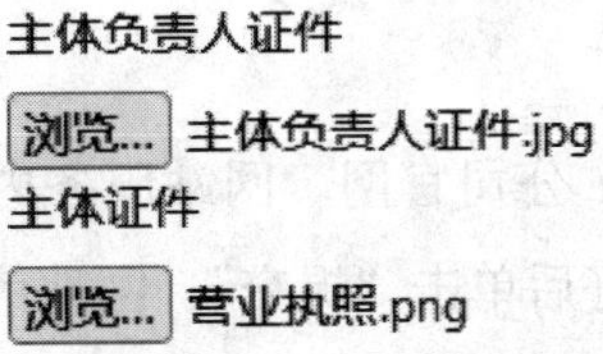

图 2–77　证件上传

（4）填写主办单位负责人信息，如图 2–78 所示。依次输入法人姓名、手机号码、应急电话、电子邮件地址。选择法人证件类型，此处以居民身份证为例。在法人证件类型处输入法人身份证号码。

（5）填写分管网站负责人信息，如图 2–79 所示。依次输入负责人姓名、手机号码、应急电话、电子邮件地址。选择负责人证件类型，此处以居民身份证为例。最后输入负责人身份证号码并上传身份证扫描件。

图 2-78 主办单位负责人信息填写界面

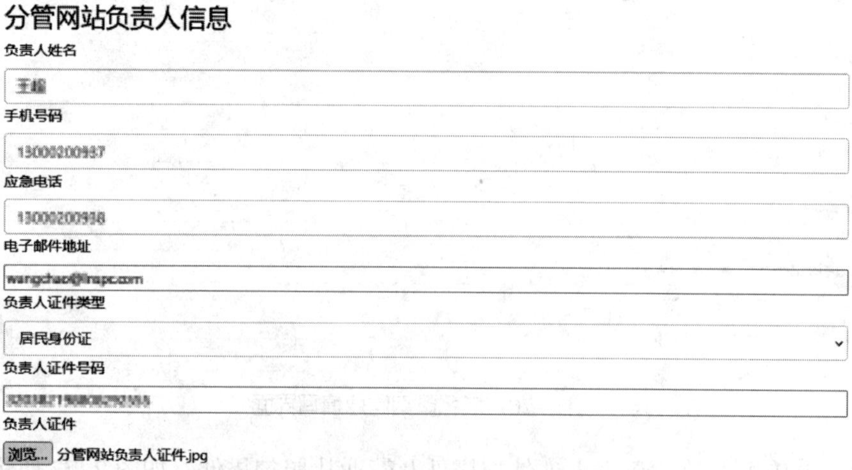

图 2-79 分管网站负责人信息填写界面

（6）填写网站信息

1）网站名称输入：Inspc 公司官网。网站服务内容选择：单位门户。网站语言类别选择：中文简体。填好后单击"提交"。网站信息填写界面如图 2-80 所示。

图 2-80 网站信息填写界面

2）如果界面返回状态是"提交成功"，则说明备案成功，如图 2-81 所示。

图 2-81　备案成功界面

# 学习单元 2　配置企业应用域名解析

## 一、域名相关知识

域名是由一串用点分隔的字符串组成的，它是互联网上某一台计算机或计算机组的名称，用于在数据传输时对计算机进行定位标识。通俗地讲，域名相当于网站的名字。通常情况下，一个域名与一个 IP 地址或另一个域名绑定，浏览器最终通过 IP 地址来访问实际网站。

域名是为了解决 IP 地址不方便记忆且不能显示组织的名称和性质等问题而设计的。在域名系统将域名和 IP 地址相互映射后，就可以通过域名访问互联网了，非常方便，因为不用去记忆 IP 地址。

一个完整的域名由 2 个或 2 个以上部分组成，各部分用符号"."隔开。最后一个"."的右边部分称为顶级域名，最后一个"."的左边部分称为二级域名，二级域名的左边部分称为三级域名，以此类推。每一级的域名控制它下一级域名的分配。例如，百度的域名是 baidu.com，其 IP 是 39.156.69.79（各地解析可能不同），com 是它的顶级域名，baidu 是它的二级域名。显然，baidu.com 比 39.156.69.79 更容易记忆。

## 二、域名解析配置流程

首先，确定好网站的域名和 IP 地址。其次，做好域名备案工作。最后，在 DNS 服务器（若网站部署在云端，则是云服务器）中配置域名解析，一般配置成功后，一两天内即可生效。

## DNS 服务器搭建

### 一、操作准备

1. Windows Server 2016 服务器环境。

2. 域名信息 Inspc.com。

### 二、操作要求

某公司自建机房后，管理员需要在内网搭建公司的 DNS 服务器。要求在已经准备好的 Windows Server 2016 环境中搭建 DNS 服务器，同时要先完成网站和 FTP 的测试再完成 DNS 解析访问，内部员工应能及时以网站域名的形式看到网站信息。网络拓扑图同前。

操作要求具体如下。

1. 完成 DNS 服务器的安装。

2. 对 DNS 服务器进行基本配置。

3. 测试 DNS 访问是否正常。

### 三、操作步骤

步骤 1　按照要求部署 DNS 服务器，并添加 DNS 各类组件功能。

（1）打开"服务器管理器"，单击"添加角色和功能"。

（2）进入"添加角色和功能向导"界面，单击"下一步"。

（3）进入"安装类型"界面，选择"基于角色或基于功能的安装"，单击"下一步"。

（4）进入"服务器选择"界面，选择"从服务器池中选择服务器"，单击"下一步"。

（5）进入"服务器角色"界面，如图 2-82 所示，选中"DNS 服务器"。

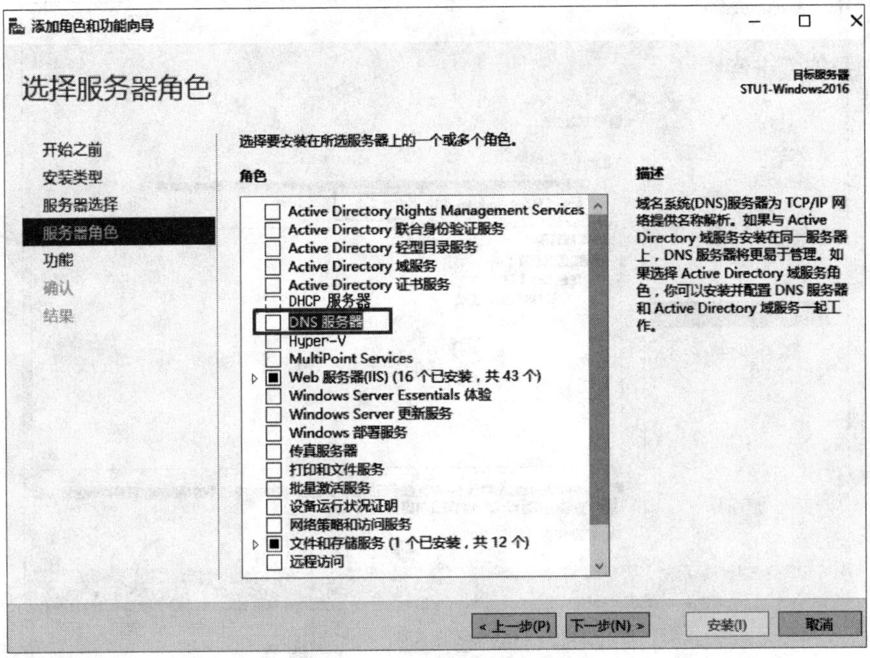

图 2-82 "服务器角色"界面

（6）对弹出的"添加角色和功能向导"对话框的设置内容保持默认，如图 2-83 所示，单击"添加功能"，返回"服务器角色"界面，单击"下一步"。

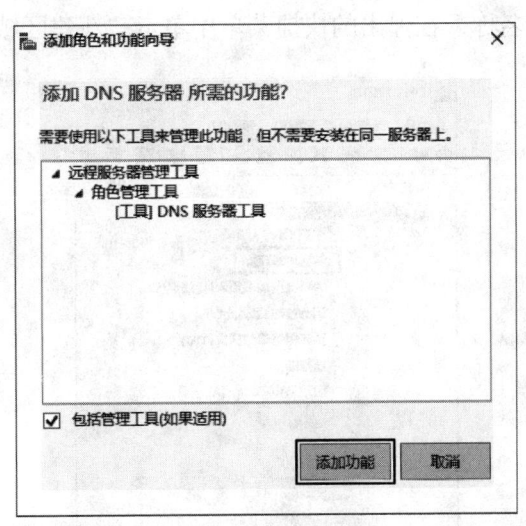

图 2-83 "添加角色和功能向导"对话框

（7）继续默认设置内容，直到单击"安装"。

（8）等待安装，当安装进度显示已经安装成功时，即 DNS 各类组件功能添加成功，如图 2-84 所示。

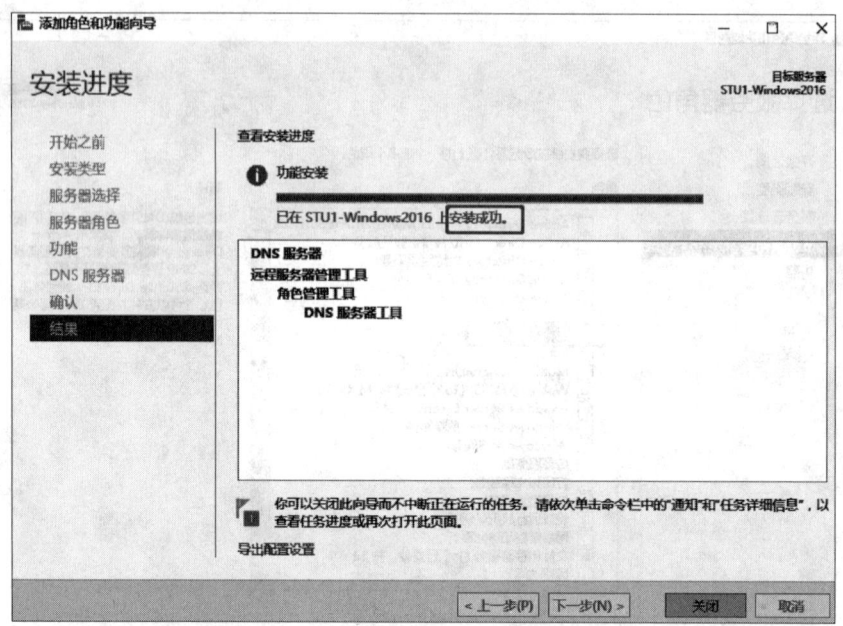

图 2-84　DNS 各类组件功能添加成功

步骤 2　对 DNS 管理器进行正向区域配置。

（1）依次单击"开始""Windows 管理工具""DNS 管理器"，打开"DNS 管理器"界面。

（2）右击服务器名称，在弹出的快捷菜单中单击"新建区域"，如图 2-85 所示。

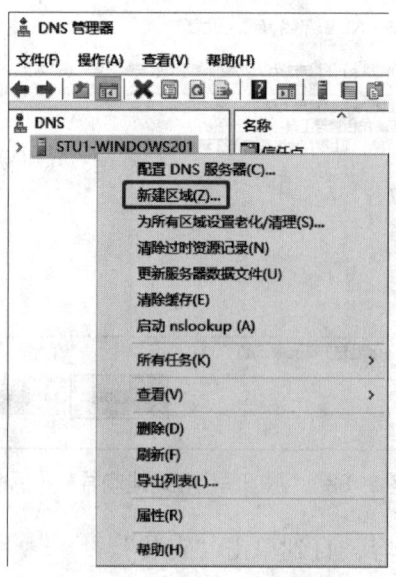

图 2-85　"新建区域"位置

(3)在"欢迎使用新建区域向导"界面中,单击"下一步",如图 2-86 所示。

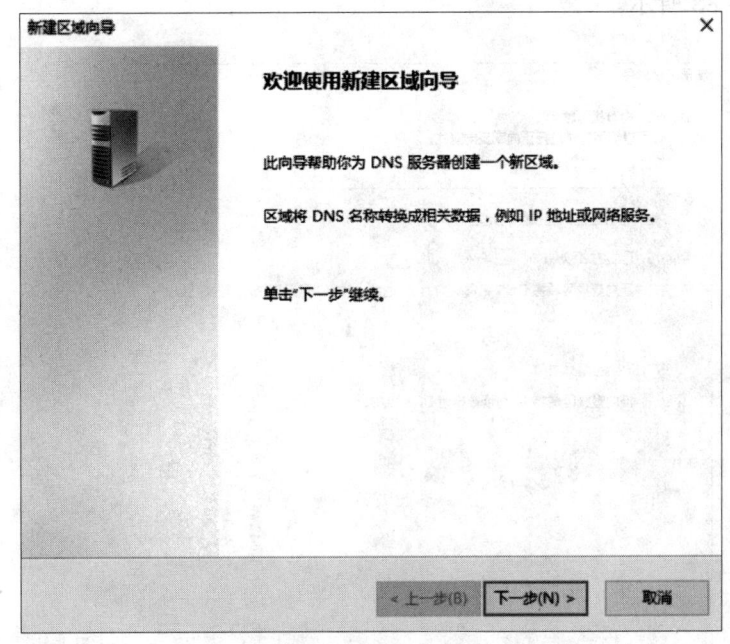

图 2-86 "欢迎使用新建区域向导"界面

(4)在"区域类型"界面中,选中"主要区域",单击"下一步",如图 2-87 所示。

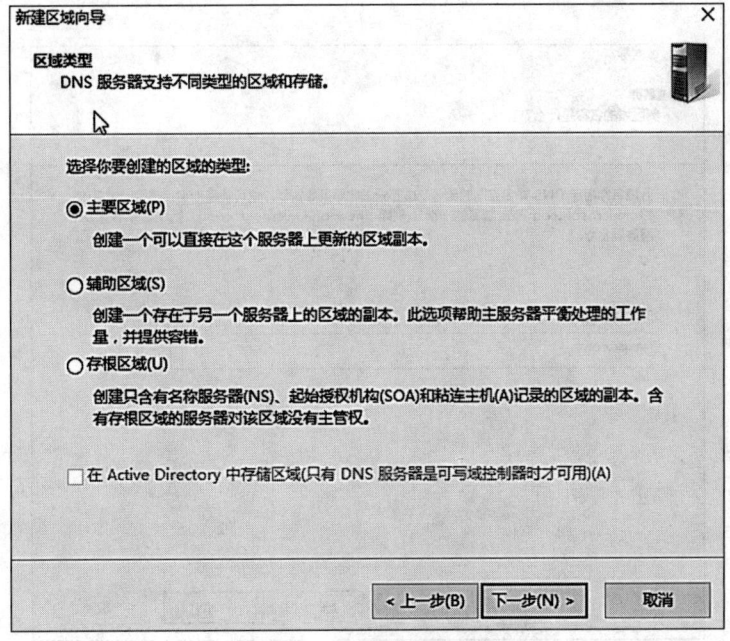

图 2-87 "区域类型"界面

（5）在"正向或反向查找区域"界面中，选中"正向查找区域"，单击"下一步"，如图 2-88 所示。

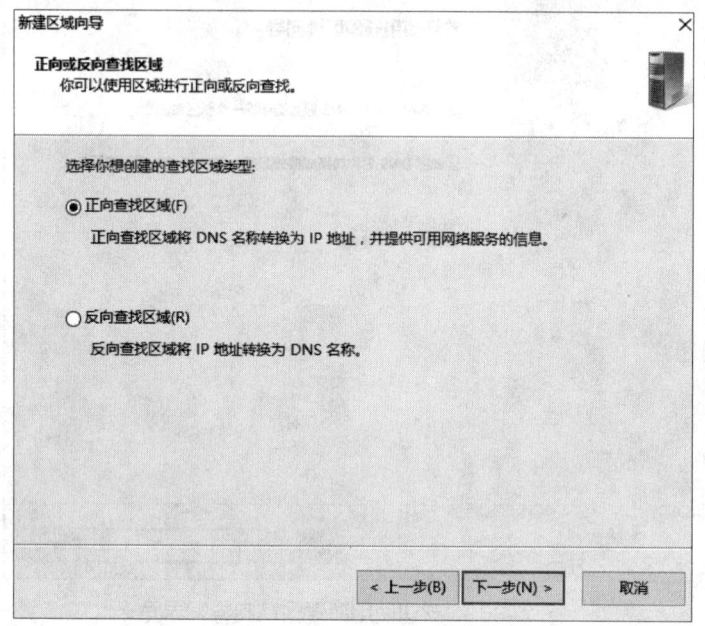

图 2-88　选中"正向查找区域"

（6）在"区域名称"文本框中输入"Inspc.com"，单击"下一步"，如图 2-89 所示。

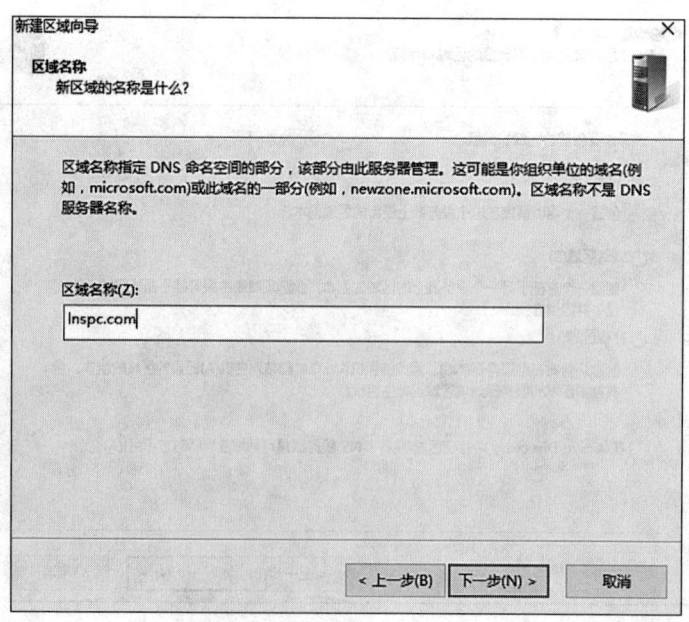

图 2-89　"区域名称"文本框

（7）在"区域文件"界面中，默认设置内容，单击"下一步"，如图2-90所示。

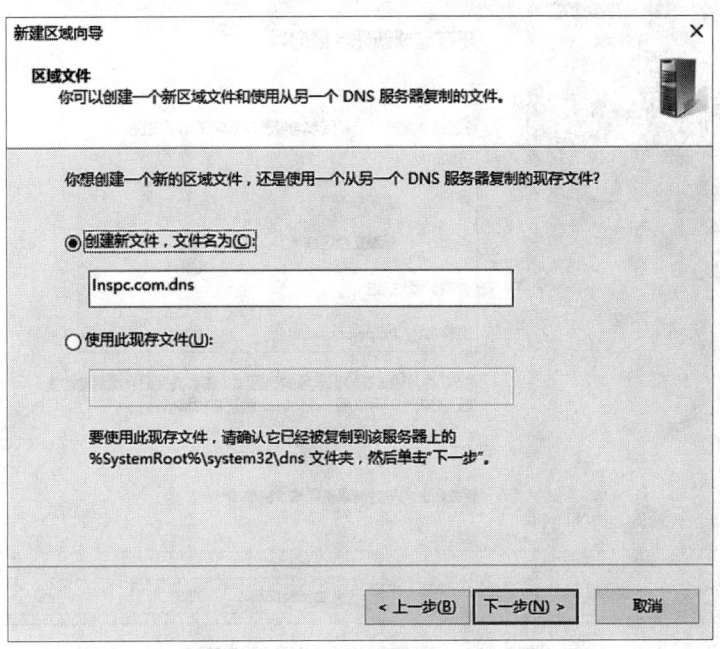

图 2-90 "区域文件"界面

（8）在"动态更新"界面中，选中"不允许动态更新"，如图2-91所示。

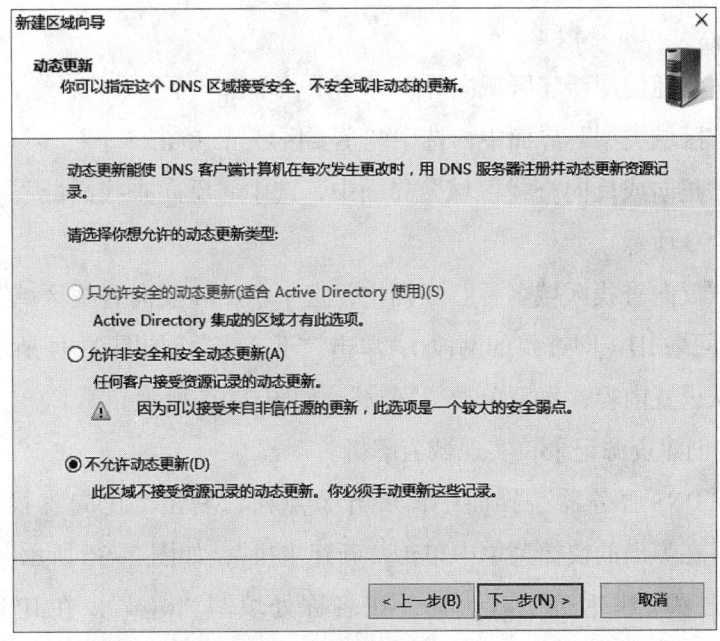

图 2-91 "动态更新"界面

（9）在"正在完成新建区域向导"界面中，单击"完成"，如图 2-92 所示。

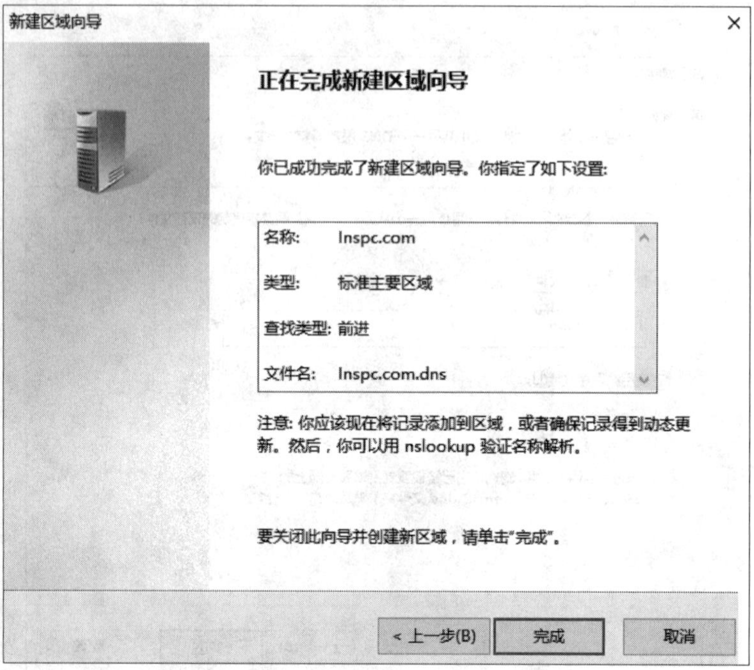

图 2-92　完成正向查找区域的新建

步骤 3　对 DNS 管理器进行反向区域配置。

（1）在"DNS 服务器"界面中，右击服务器名称，在弹出的快捷菜单中单击"新建区域"。

（2）在"欢迎使用新建区域向导"界面中，单击"下一步"。

（3）在"区域类型"界面中，选中"主要区域"，单击"下一步"。

（4）在"正向或反向查找区域"界面中，选中"反向查找区域"，单击"下一步"，如图 2-93 所示。

（5）在"反向查找区域名称"界面中，选中"IPv4 反向查找区域"，单击"下一步"；输入网络 ID（即查找的网段），单击"下一步"，如图 2-94 所示。

（6）默认设置内容，直至单击"完成"，如图 2-95 所示。

步骤 4　创建资源记录，实现域名解析。

（1）在"DNS 服务器"界面中，展开节点树，右击"正向查找区域"下的"Inspc.com"，在弹出的快捷菜单中单击"新建主机"，如图 2-96 所示。

（2）弹出"新建主机"对话框，在名称处填写"www"，在 IP 地址处填写"192.168.1.102"，单击"添加主机"，如图 2-97 所示。

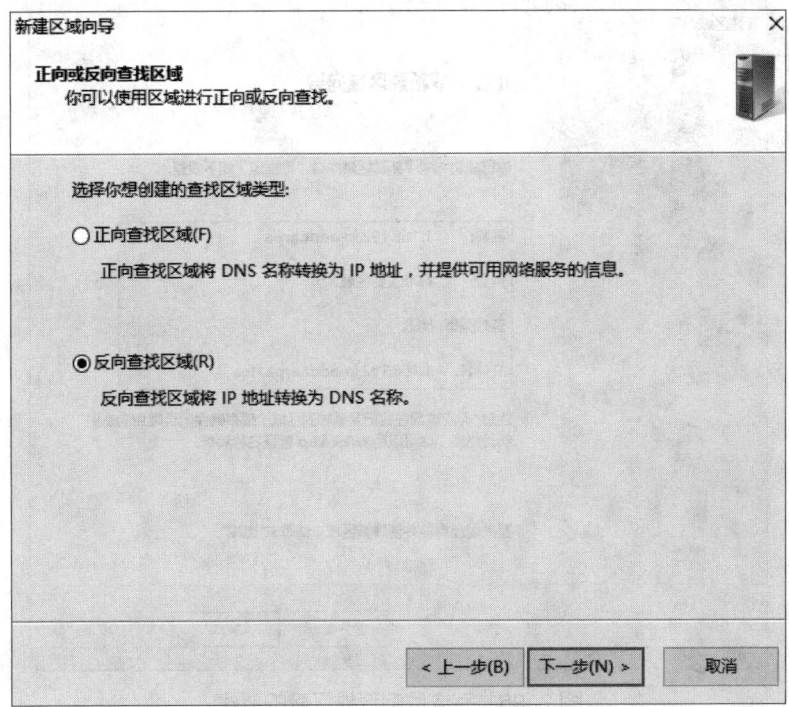

图 2-93 选中"反向查找区域"

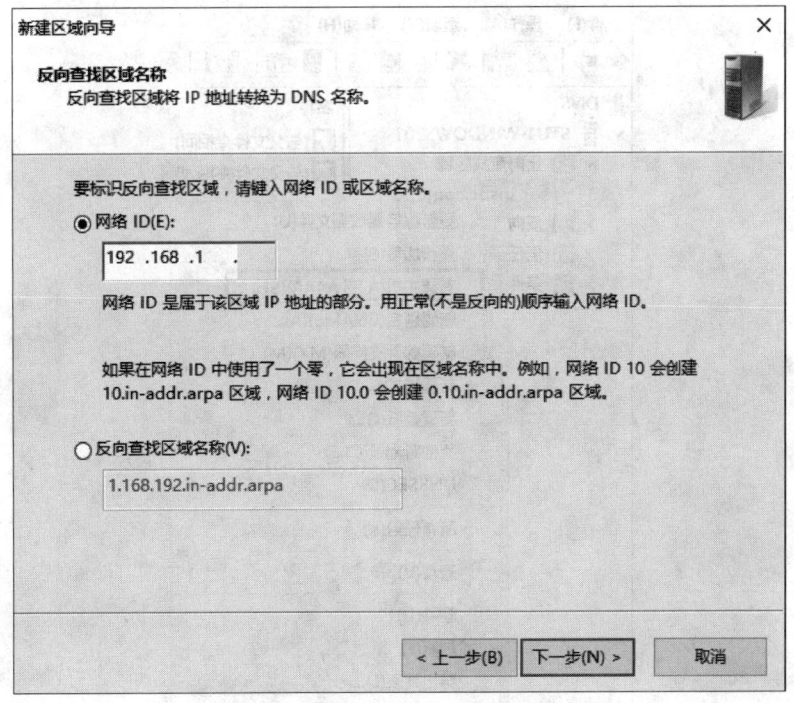

图 2-94 输入反向查找区域的网络 ID

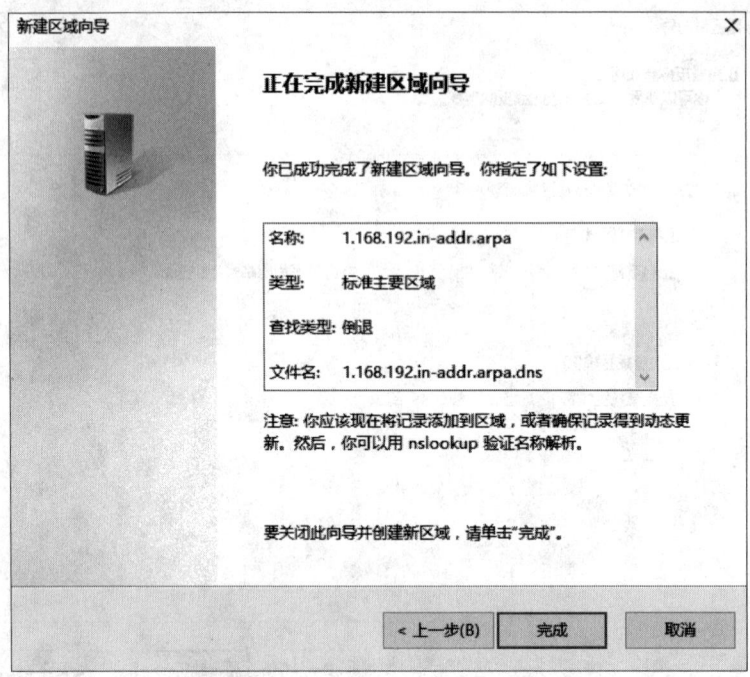

图 2-95 完成反向查找区域的新建

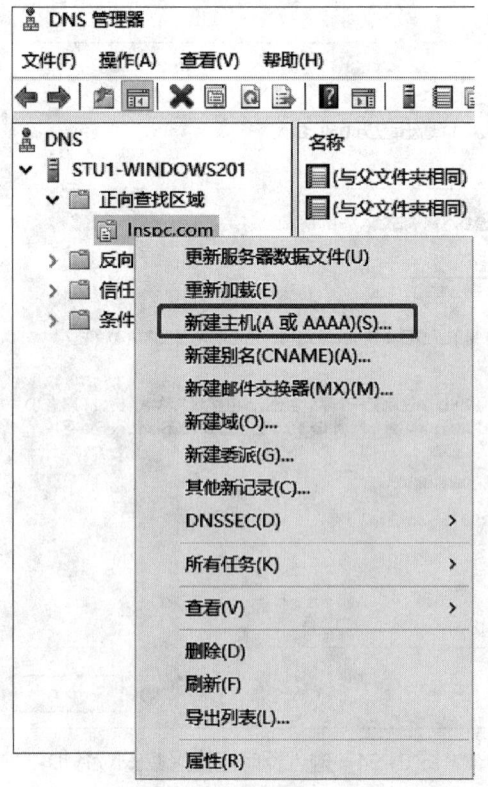

图 2-96 "新建主机"位置

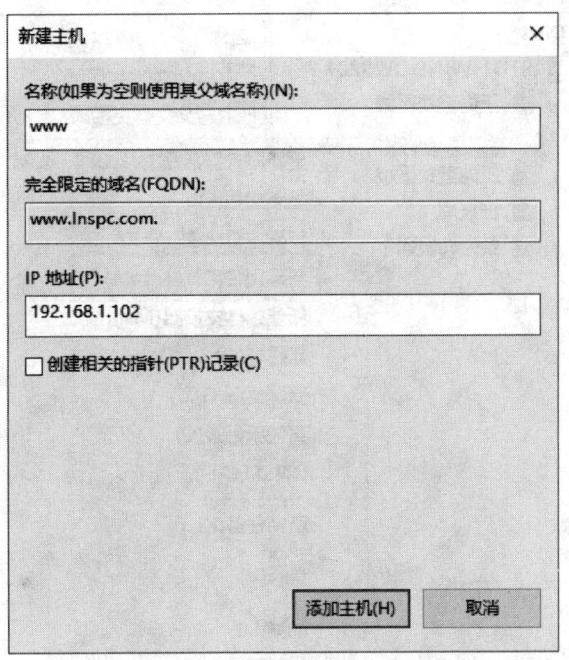

图 2-97 "新建主机"对话框

（3）弹出的"DNS"提示框显示"成功地创建了主机记录 www.Inspc.com。"，单击"确定"，如图 2-98 所示。

图 2-98 "DNS"提示框

（4）右击"正向查找区域"下的"Inspc.com"，单击"新建别名"，如图 2-99 所示。

（5）在"新建资源记录"对话框中的"别名"处填写"ftp"，单击"浏览"，找到目标主机的完全合格的域名（FQDN）（当然也可以手动输入 www.Inspc.com），单击"确认"，完成别名记录的创建，如图 2-100 所示。

（6）管理员在 PC 机上确认配置的 DNS 地址为 192.168.1.102。使用命令 nslookup 进行域名解析，如图 2-101 所示，测试"www.Inspc.com"和"ftp.Inspc.com"，可以发现成功解析到主机，至此 DNS 服务器搭建成功。

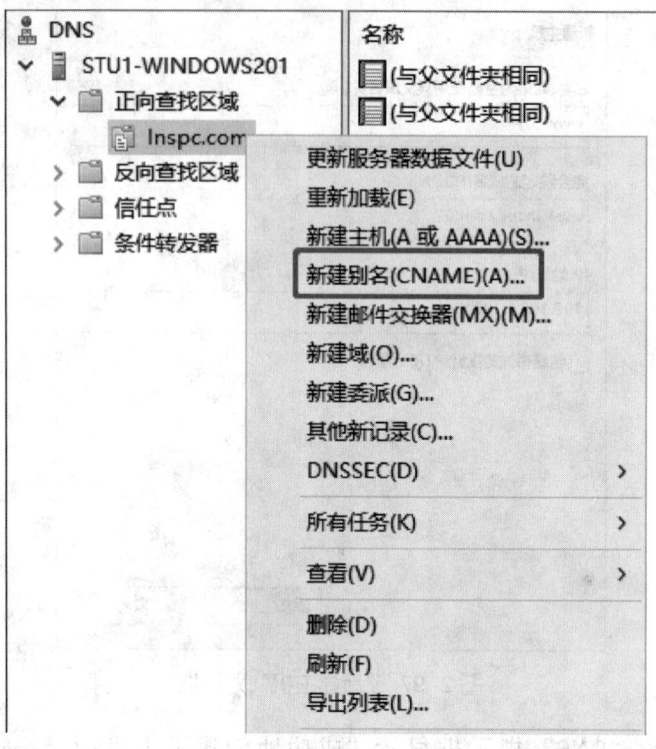

图 2-99 "新建别名"位置

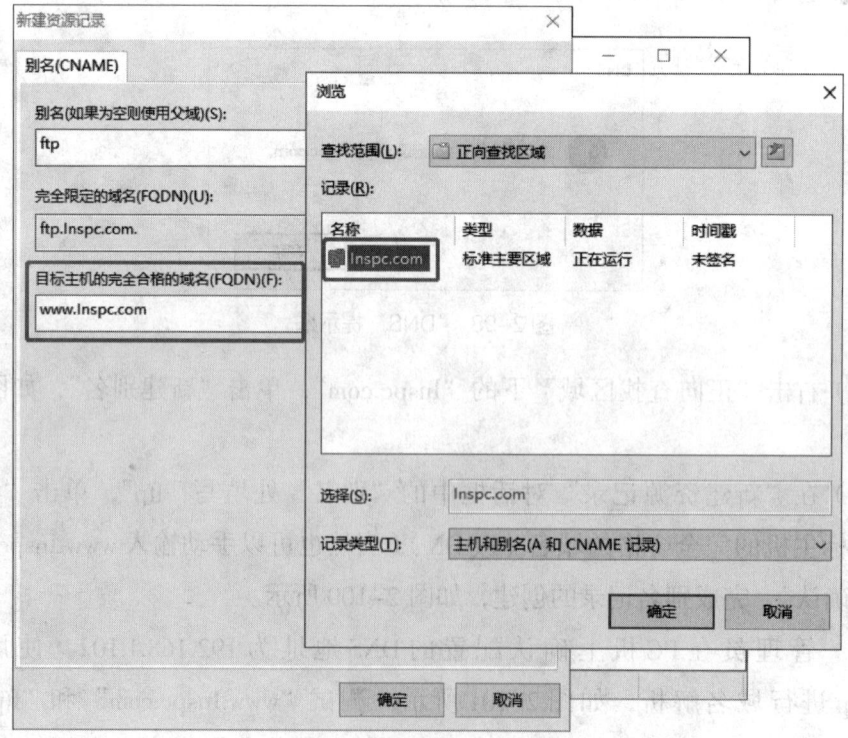

图 2-100 完成别名记录的创建

图 2-101　使用命令 nslookup 进行域名解析

## 学习单元 3　应用数据备份

### 知识要求

#### 一、数据备份简介

备份是指为了防止因操作失误、系统故障等导致数据丢失，而将全部或部分数据集合从应用主机的硬盘或阵列复制到其他存储介质的过程。它是容灾的基础。在日常生活或工作中，不可避免会出现数据丢失、损坏等情况，最好的办法就是有"备"无患，即事先对数据进行备份。

**1. 数据备份的方式**

按照备份的数据量，数据备份方式可分为全量备份和增量备份。

（1）全量备份。全量备份是指备份所有数据对象的过程，不论这些数据对象自上次备份后是否被更改。全量备份是增量备份的基础。全量备份需要的时间长、空间大，但进行数据还原时较快。

（2）增量备份。增量备份是指仅备份上次备份后更改过的数据，又可分为累积增量备份和差分增量备份。累积增量备份是指备份自上次备份后更改过的所有数据对象的过程。使用累积增量备份恢复数据时，需要上次备份和累积增量备份。差分增量备份是指备份上次全量备份后更改过的数据对象的过程。使用差分增量备份恢复数据时，需要最新的全量备份和自最新全量备份后的所有差分增量备份。增量备份需要的时间短、空间小，但进行数据还原时速度相对全量备份较慢。

**2. 数据备份的类型**

根据数据备份方式和应用场景的不同，数据备份可分为以下四种类型。

（1）本地备份。本地备份只在本地进行数据备份，用于备份的磁带、光盘等只在本地保存，其容灾恢复能力最弱。在这种容灾方案中，最常用的备份设备就是磁带机。根据实际需要，可以手工加载磁带机也可以自动加载磁带机。除了选择磁带机，还可以选择磁带库、光盘塔、光盘库等存储设备进行本地备份存储。

（2）异地热备。异地热备是指在异地建立一个热备份点，通过网络进行数据备份。也就是说，通过网络以同步或异步的方式，把主站点的数据备份到备份站点。备份站点一般只备份数据，不承担业务。当发生灾难时，备份站点接替主站点工作，从而保证业务运行的连续性。这种容灾方案的容灾地点通常要选择在距离主站点不小于 30 km 的范围内，且采用与本地磁盘阵列相同的配置，并通过光纤以双冗余方式接入 SAN（storage area network，存储区域网络），实现本地关键应用数据的实时同步复制。当本地数据及整个应用系统发生灾难时，至少会在异地保存一份可用的关键业务镜像数据。该数据是本地生产数据的完全实时拷贝。

（3）异地互备。异地互备与异地热备类似，区别在于主站点和备份站点并不是固定的，而是互为对方的备份系统。这两个站点分别建立在相隔较远的两个地方，它们都处于工作状态，并进行相互数据备份。当某个站点发生灾难时，另一个站点能够接替其工作。通常在这两个站点的光纤设备连接中还有冗余通道，以备工作通道出现故障时及时接替。当然，采取这种容灾方案的主要是实力较为雄厚的大型企业。

（4）云备份。云备份是基于网络存储技术的一种容灾备份方案，它采用"两朵云"式设计。即在主数据中心部署"生产云"，为客户提供业务系统平台；而在容灾中心另外部署一套独立的"容灾云"，为"生产云"提供数据容灾保护。当主数据中心发生灾难时，就可以将整套相关业务系统全部切换到容灾中心的"容灾云"中，继续提供服务。将云存储技术应用于容灾备份，在很大程度上降低了异地容灾的成本。此外，使用云服务的企业，也可以选择快照或镜像的方式进行备份。

### 3. 数据备份的对象

备份对象一般分为数据库、文件、数据卷、操作系统等，可对备份对象的数据、结构和状态进行备份。

## 二、Windows 操作系统备份功能

Windows Server Backup 是 Windows 操作系统的一种功能，它提供了一组向导和工具，是 Windows 操作系统自带的备份和恢复功能，可以为已安装该功能的服务器执行基本备份和恢复任务。

使用 Windows Server Backup 可以备份整个服务器（所有卷）、选定卷、系统状态、特定的文件或文件夹、某些应用程序，并且可以创建用于裸机恢复的备份。此外，在发生诸如硬盘故障之类的灾难时，Windows Server Backup 可以执行裸机恢复操作。为此，需要备份整个服务器，或只备份包含操作系统文件的卷以及 Windows 环境，这样就能完整地将系统还原到旧系统中或新的硬盘上。可以使用 Windows Server Backup 为本地计算机或远程计算机创建和管理备份，并且可以使备份自动运行。Windows Server Backup 主要是需要基本备份解决方案的企业或个人在使用，它适合于小型企业或非 IT（information technology，信息技术）专业人员的个人。

Windows Server Backup 可以在虚拟机环境中使用，使用方式与在物理服务器上的方式相同。例如，可以在 Windows Azure 虚拟机中将它用于裸机的备份和恢复、系统状态的备份和恢复、文件或文件夹的备份和恢复。

## Windows Server Backup 功能配置

### 一、操作准备

Windows Server 2016 服务器环境。

## 二、操作要求

为了保证公司系统稳定运行,遇到故障时可及时恢复业务,管理员需要在 Windows Server 2016 中添加 Windows Server Backup 功能,并设置系统网站目录文件"C:\www"在每日 1:30 时自动进行全量备份,数据按要求备份至 E 盘根目录下。

## 三、操作步骤

步骤 1  按照要求添加 Windows Server Backup 功能。

(1)打开"服务器管理器",单击"添加角色和功能"。

(2)进入"添加角色和功能向导"界面,单击"下一步"。

(3)进入"安装类型"界面,选择"基于角色或基于功能的安装",单击"下一步"。

(4)进入"服务器选择"界面,选择"从服务器池中选择服务器",单击"下一步"。

(5)进入"服务器角色"界面,默认设置内容,单击"下一步",如图 2-102 所示。

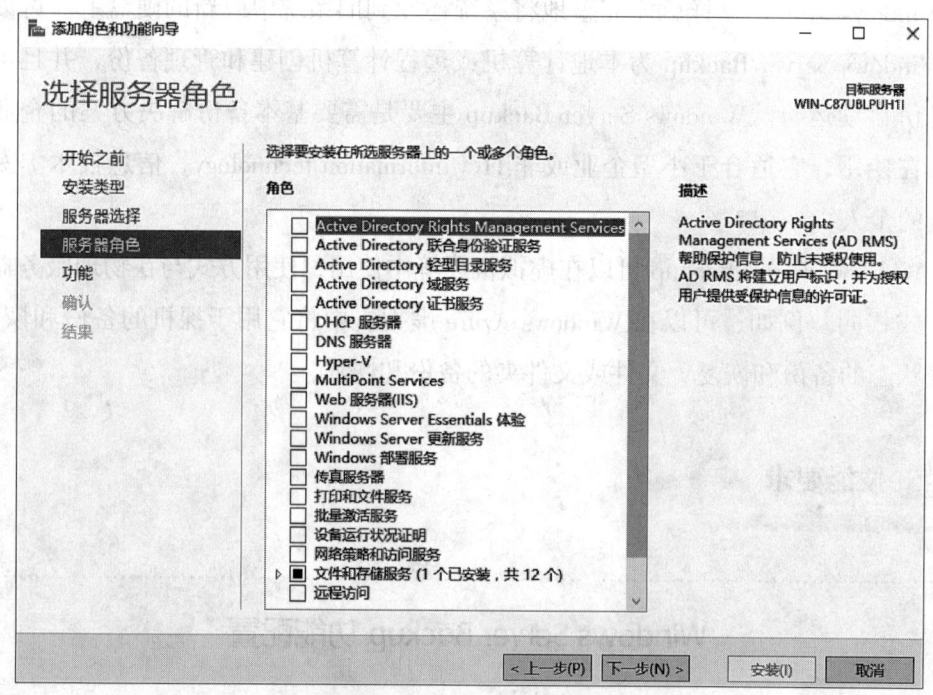

图 2-102 "服务器角色"界面

(6)进入"功能"界面,选中"Windows Server Backup",单击"下一步",如图 2-103 所示。

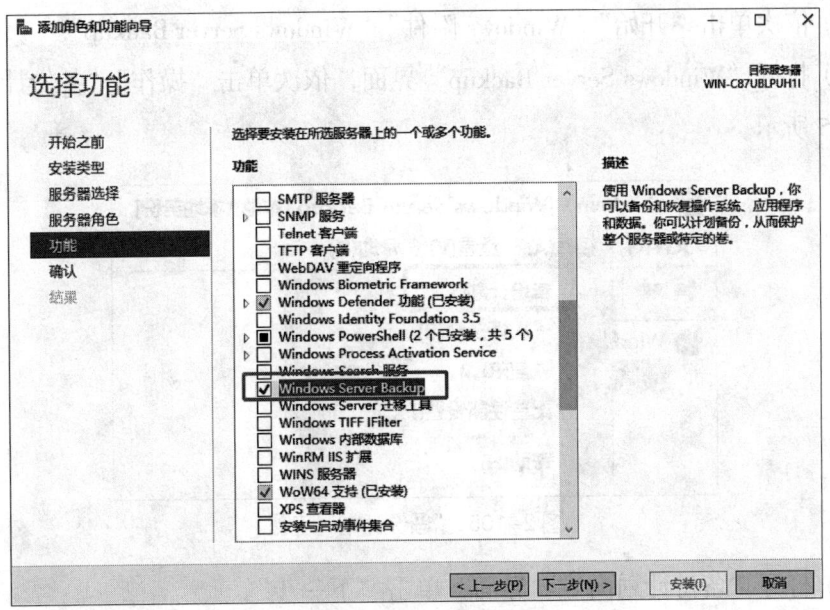

图 2-103 选中 "Windows Server Backup"

（7）单击"安装"，等待安装，当安装进度显示已经安装成功时，即 Windows Server Backup 功能添加成功，如图 2-104 所示。

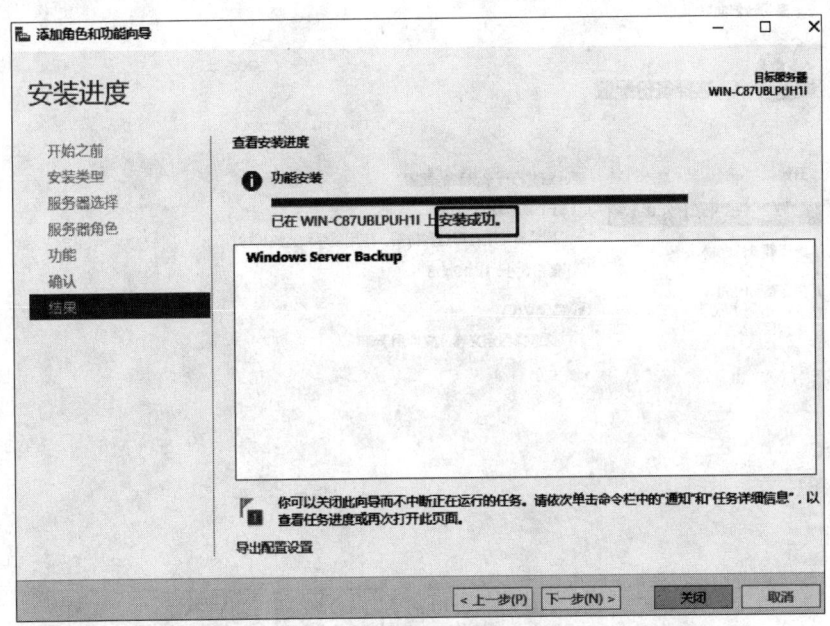

图 2-104 Windows Server Backup 功能添加成功

**步骤 2** 对 "C:\www" 网站目录进行定时备份，每日 1：30 自动全量备份至 E 盘根目录下。

（1）依次单击"开始""Windows 附件""Windows Server Backup"。

（2）打开"Windows Server Backup"界面，依次单击"操作""备份计划"，如图 2-105 所示。

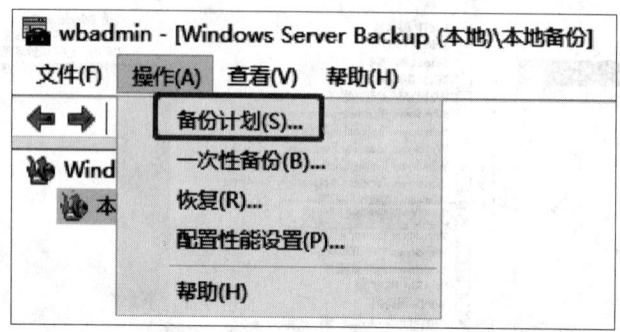

图 2-105 "备份计划"位置

（3）打开"备份计划向导"界面，单击"下一步"。

（4）在"选择备份配置"界面中，如果需要对整个服务器存储的数据、应用和系统运行状态进行备份，则可选中"整个服务器"。这里只对网站目录做备份，所以选中"自定义"，单击"下一步"，如图 2-106 所示。

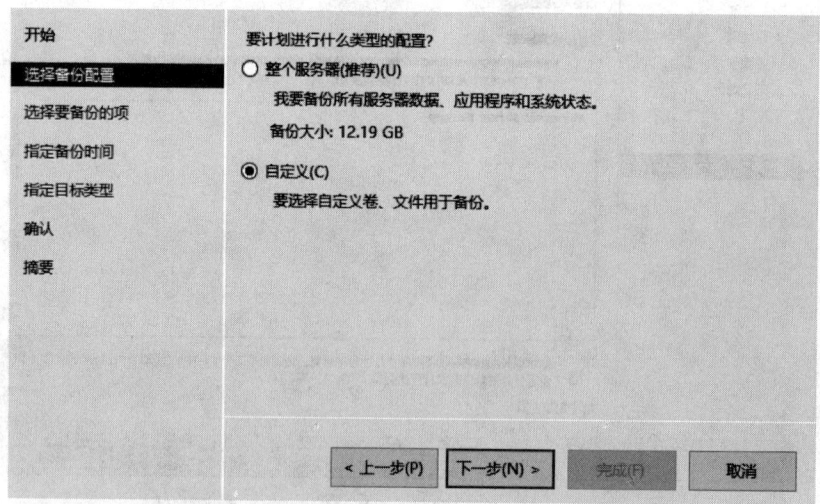

图 2-106 选中"自定义"的备份配置

（5）在"选择要备份的项"界面中，单击"添加项目"，选中"C:\www"网站目录，单击"下一步"，如图 2-107 所示。

职业模块 2　网络与信息安全管理

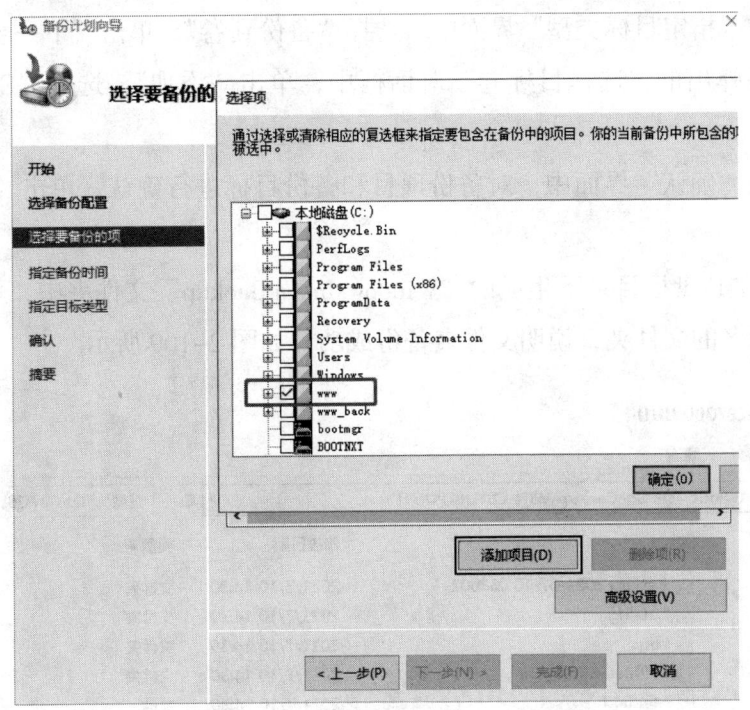

图 2-107　"选择要备份的项"界面

（6）在"指定备份时间"界面中，选中"每日一次"，选择时间为"1：30"，单击"下一步"，如图 2-108 所示。

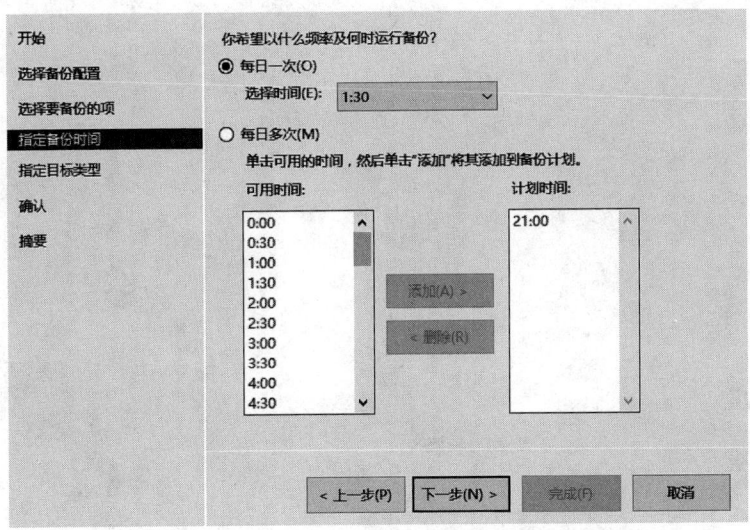

图 2-108　"选择备份时间"界面

（7）在"指定目标类型"界面中，选择"备份到卷"，单击"下一步"。

（8）在弹出的"选择目标卷"对话框中，单击"添加"，选择"E盘"，单击"下一步"。

（9）在"确认"界面中，对备份项目和备份目标进行确认，单击"完成"，直至备份结束。

（10）在E盘根目录下生成的"WindowsImageBackup"文件夹中，可找到以计算机名称命名的文件夹，说明文件夹备份成功，如图2-109所示。

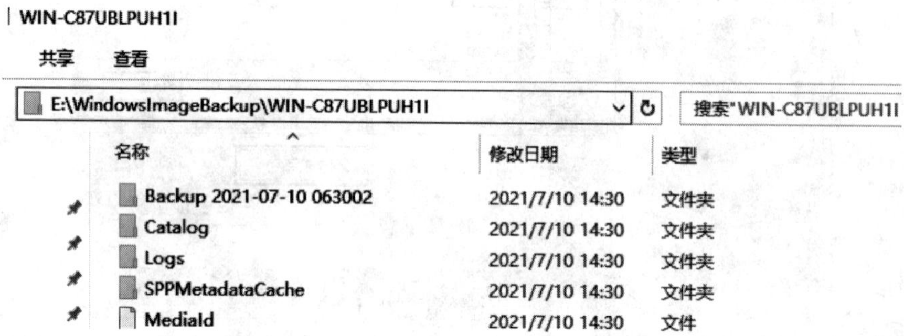

图2-109 文件夹备份成功

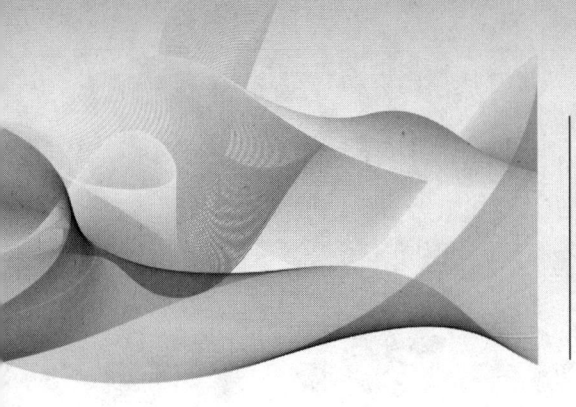

# 职业模块 ❸ 网络与信息安全处置

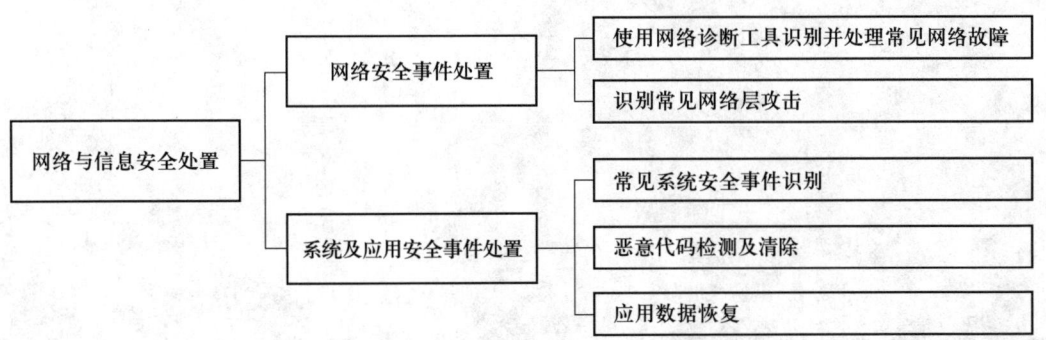

职业模块 3　网络与信息安全处置

# 培训课程 1

# 网络安全事件处置

## 学习单元 1　使用网络诊断工具识别并处理常见网络故障

### 一、常用网络诊断工具

不管是 Windows 操作系统还是 Linux 操作系统，都提供了一些基础的网络诊断工具。在 Windows 操作系统中可以使用 ping、tracert、netstat、arp、ipconfig 等命令，在 Linux 操作系统上可以使用 ping、traceroute、arp、ifconfig 等命令，具体用法可参考各命令的帮助。Windows 操作系统中的 ping、tracert、netstat、arp、ipconfig 命令用法如图 3–1 至图 3–5 所示。

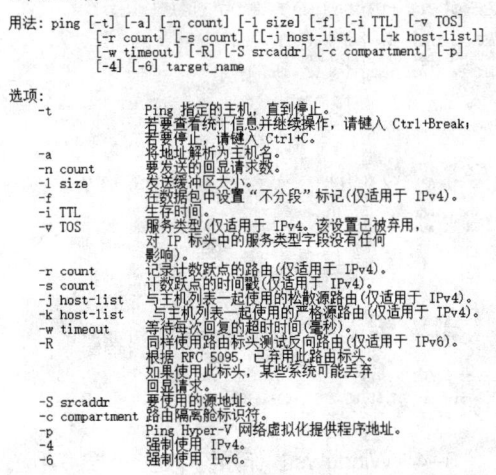

图 3–1　Windows 操作系统中的 ping 命令用法

```
C:\Users\HP>tracert
用法: tracert [-d] [-h maximum_hops] [-j host-list] [-w timeout]
              [-R] [-S srcaddr] [-4] [-6] target_name

选项:
    -d                       不将地址解析成主机名。
    -h maximum_hops          搜索目标的最大跃点数。
    -j host-list             与主机列表一起的松散源路由(仅适用于 IPv4)。
    -w timeout               等待每个回复的超时时间(以毫秒为单位)。
    -R                       跟踪往返程路径(仅适用于 IPv6)。
    -S srcaddr               要使用的源地址(仅适用于 IPv6)。
    -4                       强制使用 IPv4。
    -6                       强制使用 IPv6。
```

图 3-2　Windows 操作系统中的 tracert 命令用法

```
C:\Users\HP>netstat -h

显示协议统计信息和当前 TCP/IP 网络连接。

NETSTAT [-a] [-b] [-e] [-f] [-n] [-o] [-p proto] [-r] [-s] [-t] [-x] [-y] [interval]

    -a            显示所有连接和侦听端口。
    -b            显示在创建每个连接或侦听端口时涉及的
                  可执行文件。在某些情况下，已知可执行文件托管
                  多个独立的组件，此时会
                  显示创建连接或侦听端口时
                  涉及的组件序列。在此情况下，可执行文件的
                  名称位于底部 [] 中，它调用的组件位于顶部，
                  直至达到 TCP/IP。注意，此选项
                  可能很耗时，并且可能因为你没有足够的
                  权限而失败。
    -e            显示以太网统计信息。此选项可以与 -s 选项
                  结合使用。
    -f            显示外部地址的完全限定
                  域名(FQDN)。
    -n            以数字形式显示地址和端口号。
    -o            显示拥有的与每个连接关联的进程 ID。
    -p proto      显示 proto 指定的协议的连接; proto
                  可以是下列任何一个: TCP、UDP、TCPv6 或 UDPv6。如果与 -s
                  选项一起用来显示每个协议的统计信息，proto 可以是下列任何一个:
                  IP、IPv6、ICMP、ICMPv6、TCP、TCPv6、UDP 或 UDPv6。
    -q            显示所有连接、侦听端口和绑定的
                  非侦听 TCP 端口。绑定的非侦听端口
                  不一定与活动连接相关联。
    -r            显示路由表。
    -s            显示每个协议的统计信息。默认情况下，
                  显示 IP、IPv6、ICMP、ICMPv6、TCP、TCPv6、UDP 和 UDPv6 的统计信息；
                  -p 选项可用于指定默认的子网。
    -t            显示当前连接卸载状态。
    -x            显示 NetworkDirect 连接、侦听器和共享
                  终结点。
    -y            显示所有连接的 TCP 连接模板。
                  无法与其他选项结合使用。
    interval      重新显示选定的统计信息，各个显示间暂停的
                  间隔秒数。按 CTRL+C 停止重新显示
                  统计信息。如果省略，则 netstat 将打印当前的
                  配置信息一次。
```

图 3-3　Windows 操作系统中的 netstat 命令用法

```
C:\Users\HP>arp -h

显示和修改地址解析协议(ARP)使用的"IP 到物理"地址转换表。

ARP -s inet_addr eth_addr [if_addr]
ARP -d inet_addr [if_addr]
ARP -a [inet_addr] [-N if_addr] [-v]

    -a            通过询问当前协议数据，显示当前 ARP 项。
                  如果指定 inet_addr，则只显示指定计算机
                  的 IP 地址和物理地址。如果不止一个网络
                  接口使用 ARP，则显示每个 ARP 表的项。
    -g            与 -a 相同。
    -v            在详细模式下显示当前 ARP 项。所有无效项
                  和环回接口上的项都将显示。
    inet_addr     指定 Internet 地址。
    -N if_addr    显示 if_addr 指定的网络接口的 ARP 项。
    -d            删除 inet_addr 指定的主机。inet_addr 可
                  以是通配符 *，以删除所有主机。
    -s            添加主机并且将 Internet 地址 inet_addr
                  与物理地址 eth_addr 相关联。物理地址是用
                  连字符分隔的 6 个十六进制字节。该项是永久的。
    eth_addr      指定物理地址。
    if_addr       如果存在，此项指定地址转换表应修改的接口
                  的 Internet 地址。如果不存在，则使用第一
                  个适用的接口。
示例:
    > arp -s 157.55.85.212   00-aa-00-62-c6-09 .... 添加静态项。
    > arp -a                                    .... 显示 ARP 表。
```

图 3-4　Windows 操作系统中的 arp 命令用法

```
C:\Users\HP>ipconfig -h
错误: 无法识别或不完整的命令行。
用法:
    ipconfig [/allcompartments] [/? | /all |
                                  /renew [adapter] | /release [adapter] |
                                  /renew6 [adapter] | /release6 [adapter] |
                                  /flushdns | /displaydns | /registerdns |
                                  /showclassid adapter |
                                  /setclassid adapter [classid] |
                                  /showclassid6 adapter |
                                  /setclassid6 adapter [classid] ]

其中
    adapter             连接名称
                        (允许使用通配符 * 和 ?,参见示例)

选项:
    /?                  显示此帮助消息
    /all                显示完整配置信息。
    /release            释放指定适配器的 IPv4 地址。
    /release6           释放指定适配器的 IPv6 地址。
    /renew              更新指定适配器的 IPv4 地址。
    /renew6             更新指定适配器的 IPv6 地址。
    /flushdns           清除 DNS 解析程序缓存。
    /registerdns        刷新所有 DHCP 租用并重新注册 DNS 名称
    /displaydns         显示 DNS 解析程序缓存的内容。
    /showclassid        显示适配器允许的所有 DHCP 类 ID。
    /setclassid         修改 DHCP 类 ID。
    /showclassid6       显示适配器允许的所有 IPv6 DHCP 类 ID。
    /setclassid6        修改 IPv6 DHCP 类 ID。
```

图 3-5　Windows 操作系统中的 ipconfig 命令用法

## 二、网络故障的排除过程

常见的网络故障有协议故障、连通性故障、DDoS 攻击、配置策略失效故障、硬软件故障等。网络故障的排除过程大致可分为以下五个步骤。

### 1. 提出问题

管理员需要对故障进行全面了解，之后对引发故障的原因进行探讨。客户或者网络用户的意见是最好的信息来源，管理员可以从他们的意见中获取有用信息，进而从复杂的故障原因中理出头绪。一般情况下，列出故障发生之前的事件的发生顺序有助于了解问题。可以在一张表格中系统地列出以下问题：在何时注意到问题或错误？最近是否移动过计算机？最近是否在软件或者硬件上有所更改？工作任务是否发生变化？是否有重物砸到计算机？是否有液体洒在键盘上？问题发生的确切时间是什么时候，是在启动过程中，还是在午休后，或是在发送电子邮件之后？可以使问题或错误再现吗？问题或者错误的表现是什么样的？

### 2. 找出原因

首先排除明显与故障无关的上述问题，然后再排除复杂的、隐晦的一些问题，目标是将关注范围缩小。

要确保亲眼见到故障。如果可能的话，让相关操作人员演示一下发生故障的情况。如果故障是操作人员引起的，那么观察故障是如何发生的以及故障造成的后果就非常重要。

管理员可以提醒用户，在日常工作中发生故障时注意以下几点：及时对故障出现之前和出现时的情况进行记录，并在出现故障时尽量不对计算机进行任何操作，故障发生后及时通知管理员。

管理员进一步收集信息，包括对网络进行扫描，以及寻找故障的明显原因。快速扫描主要是对网络的历史记录进行查询，以确定故障以前是否发生过；如果故障发生过，是否存在记录在案的解决办法。管理员以收集到的信息为基础，同时参考用户记录，并与当前的网络情况进行比较，找出故障发生前后的变化，这些变化都可能指示原因。

### 3. 制订计划并修复

在缩小关注范围之后，就可以制订修复计划。首先根据目前已经掌握的情况确定修复方法。一般先尝试使用简单方法，然后再采用更复杂的方法。

在制订好修复计划后，必须按照计划步骤进行操作，且必须对每个操作和操作结果进行记录。

如果一个计划没有成功修复故障（非常有可能），那么应在该计划的基础上重新制订一个计划，同时对原计划进行检查和重新评估。

在确定故障原因后，或者对缺陷进行修复，或者替换有缺陷的部件。如果故障原因与软件有关，那么一定要对修复前后的变化进行记录。

### 4. 测试和验证

在修复故障之后，需要用户对修复方法进行测试和验证，同时要确保修复没有带来新的问题。

### 5. 做修复记录

最后，对问题和修复过程进行记录。每个新问题都是积累经验的机会，当故障（或类似故障）再次出现时，查看之前的修复记录就非常有帮助。

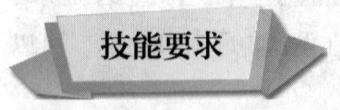

技能要求

## 服务器系统检测

### 一、操作准备

1. 计算机一台。
2. 虚拟化模拟软件平台。

3. 已安装好 CentOS 7 的虚拟机。

## 二、操作要求

某公司要求管理员对服务器系统进行网络和系统层面的周期性检测，操作要求具体如下。

1. 收集以下信息：当前系统的版本、当前的网络配置、系统对外开放的服务情况、服务器的各类缓存等。

2. 熟悉基本的检测命令。

## 三、操作步骤

步骤1　打开虚拟机，用"uname-a"命令查看当前的 Linux 操作系统版本，如图 3-6 所示。

```
[inspc@localhost ~]$ uname -a
Linux localhost.localdomain 3.10.0-1160.el7.x86_64 #1 SMP Mon Oct 19 16:18:59 UTC 2020 x86_64 x86_64 x86_64 GNU/Linux
```

图 3-6　查看当前的 Linux 操作系统版本

步骤2　使用 ifconfig 命令查看当前的 IP 地址与网卡信息，如图 3-7 所示。

```
[inspc@localhost ~]$ ifconfig
lo: flags=73<UP,LOOPBACK,RUNNING>  mtu 65536
        inet 127.0.0.1  netmask 255.0.0.0
        inet6 ::1  prefixlen 128  scopeid 0x10<host>
        loop  txqueuelen 1000  (Local Loopback)
        RX packets 0  bytes 0 (0.0 B)
        RX errors 0  dropped 0  overruns 0  frame 0
        TX packets 0  bytes 0 (0.0 B)
        TX errors 0  dropped 0 overruns 0  carrier 0  collisions 0

virbr0: flags=4099<UP,BROADCAST,MULTICAST>  mtu 1500
        inet 192.168.122.1  netmask 255.255.255.0  broadcast 192.168.122.255
        ether 52:54:00:c6:e5:02  txqueuelen 1000  (Ethernet)
        RX packets 0  bytes 0 (0.0 B)
        RX errors 0  dropped 0  overruns 0  frame 0
        TX packets 0  bytes 0 (0.0 B)
        TX errors 0  dropped 0 overruns 0  carrier 0  collisions 0
```

图 3-7　查看当前的 IP 地址与网卡信息

步骤3　使用 netstat 命令查看当前的连接信息及路由信息，如图 3-8 所示。

步骤4　使用 traceroute 命令查看路由跟踪信息，如图 3-9 所示。

步骤5　使用 host 和 hostname 命令查看域名及主机名，如图 3-10 所示。

步骤6　使用 route 命令查看路由表，并进行路由表条目的增加和删减，如图 3-11 和图 3-12 所示。

步骤7　使用 arp 命令查看本地缓存的地址解析表，对 arp 表中的条目进行增加和删减操作，如图 3-13 所示。

```
[inspc@localhost ~]$ netstat -?
usage: netstat [-vWeenNcCF] [<Af>] -r         netstat {-V|--version|-h|--help}
       netstat [-vWnNcaeol] [<Socket> ...]
       netstat { [-vWeenNac] -I[<Iface>] | [-veenNac] -i | [-cnNe] -M | -s [-6tuw] } [delay]

       -r, --route              display routing table
       -I, --interfaces=<Iface> display interface table for <Iface>
       -i, --interfaces         display interface table
       -g, --groups             display multicast group memberships
       -s, --statistics         display networking statistics (like SNMP)
       -M, --masquerade         display masqueraded connections

       -v, --verbose            be verbose
       -W, --wide               don't truncate IP addresses
       -n, --numeric            don't resolve names
       --numeric-hosts          don't resolve host names
       --numeric-ports          don't resolve port names
       --numeric-users          don't resolve user names
       -N, --symbolic           resolve hardware names
       -e, --extend             display other/more information
       -p, --programs           display PID/Program name for sockets
       -o, --timers             display timers
       -c, --continuous         continuous listing

[inspc@localhost ~]$ netstat -r
Kernel IP routing table
Destination     Gateway         Genmask         Flags  MSS Window  irtt Iface
default         gateway         0.0.0.0         UG     0   0       0    eth0
192.168.21.0    0.0.0.0         255.255.255.0   U      0   0       0    eth0
192.168.122.0   0.0.0.0         255.255.255.0   U      0   0       0    virbr0
```

图 3-8　查看当前的连接信息及路由信息

```
[inspc@localhost ~]$ traceroute 192.168.21.1
traceroute to 192.168.21.1 (192.168.21.1), 30 hops max, 60 byte packets
 1  localhost.localdomain (192.168.21.17)  3010.436 ms !H  3009.915 ms !H  3009.796 ms !H
[inspc@localhost ~]$ traceroute 192.168.122.1
traceroute to 192.168.122.1 (192.168.122.1), 30 hops max, 60 byte packets
 1  localhost.localdomain (192.168.122.1)  0.090 ms  0.026 ms  0.023 ms
```

图 3-9　查看路由跟踪信息

```
[inspc@localhost ~]$ host 192.168.21.17
;; connection timed out; no servers could be reached
[inspc@localhost ~]$ hostname
localhost.localdomain
```

图 3-10　查看域名及主机名

```
[inspc@localhost ~]$ route
Kernel IP routing table
Destination     Gateway     Genmask         Flags  Metric  Ref   Use Iface
default         gateway     0.0.0.0         UG     101     0     0   eth1
default         gateway     0.0.0.0         UG     102     0     0   eth0
192.168.1.0     0.0.0.0     255.255.255.0   U      101     0     0   eth1
192.168.21.0    0.0.0.0     255.255.255.0   U      102     0     0   eth0
192.168.122.0   0.0.0.0     255.255.255.0   U      0       0     0   virbr0
```

图 3-11　查看路由表

```
[inspc@localhost ~]$ route del
Usage: inet_route [-vF] del {-host|-net} Target[/prefix] [gw Gw] [metric M] [[dev] If]
       inet_route [-vF] add {-host|-net} Target[/prefix] [gw Gw] [metric M] [[dev] If]
                                         [netmask N] [mss Mss] [window W] [irtt I]
                                         [mod] [dyn] [reinstate] [[dev] If]
       inet_route [-vF] add {-host|-net} Target[/prefix] [metric M] reject
       inet_route [-FC] flush            NOT supported
```

图 3-12　路由表条目的增加和删减

```
[inspc@localhost ~]$ arp -?
Usage:
  arp [-vn]  [<HW>] [-i <if>] [-a] [<hostname>]              <Display ARP cache
  arp [-v]          [-i <if>] [-d] <host> [pub]              <Delete ARP entry
  arp [-vnD] [<HW>] [-i <if>] [-f] [<filename>]              <Add entry from file
  arp [-v]   [<HW>] [-i <if>] [-s] <host> <hwaddr> [temp]    <Add entry
  arp [-v]   [<HW>] [-i <if>] [-Ds] <host> <if> [netmask <nm>] pub  <''-

        -a                       display (all) hosts in alternative (BSD) style
        -e                       display (all) hosts in default (Linux) style
        -s, --set                set a new ARP entry
        -d, --delete             delete a specified entry
        -v, --verbose            be verbose
        -n, --numeric            don't resolve names
        -i, --device             specify network interface (e.g. eth0)
        -D, --use-device         read <hwaddr> from given device
        -A, -p, --protocol       specify protocol family
        -f, --file               read new entries from file or from /etc/ethers

  <HW>=Use '-H <hw>' to specify hardware address type. Default: ether
  List of possible hardware types (which support ARP):
    ash (Ash) ether (Ethernet) ax25 (AMPR AX.25)
    netrom (AMPR NET/ROM) rose (AMPR ROSE) arcnet (ARCnet)
    dlci (Frame Relay DLCI) fddi (Fiber Distributed Data Interface) hippi (HIPPI)
    irda (IrLAP) x25 (generic X.25) infiniband (InfiniBand)
```

图 3-13　查看本地缓存的地址解析表

# 学习单元 2　识别常见网络层攻击

## 一、常见网络层攻击

常见的网络层攻击方式主要有 Smurf 攻击（通过将回复地址设置为受害网络的广播地址，使用数据包淹没目标主机）、ICMP（internet control message protocol，互联网控制报文协议）路由欺骗攻击、IP 分片攻击、ping of death 攻击、IP 欺骗伪造攻击。其共性都是通过制造大量的无用数据包，对目标服务器或者主机发动攻击，使目标服务器或者主机对外拒绝服务，可以理解为 DDoS 攻击或者类 DDoS 攻击。

防范网络层攻击的手段如下：通过扩大带宽并部署 DDoS 防御系统来防御、拒绝攻击；对于发生过攻击的 IP 地址和确认安全的 IP 地址，可以通过设置防火墙上 IP 白名单和黑名单对通信主机的地址进行限制、绑定，防止欺骗行为发生。

## 二、OPNsense 简介

OPNsense 是一个开源、易用且易于构建的基于 FreeBSD 的防火墙和路由平台。它具有丰富的产品功能集，具有开放和可验证来源的优势。

OPNsense 的功能集包括高端功能，如正向缓存代理、流量整形、入侵检测和简单的 OpenVPN 客户端设置等。OPNsense 最新版本基于最新的 FreeBSD，并使用基于 Phalcon 的新开发的模型－视图－控制器（model–view–controller，MVC）框架。

## OPNsense 入侵防御功能部署

### 一、操作准备

1. 计算机一台。
2. 虚拟化模拟软件平台。
3. 已分别安装好 OPNsense、DVWA、Windows 7 的虚拟机三台。

### 二、操作要求

某公司有很多业务都发布在互联网上，因为很多入侵行为都发生在网络资源访问的过程中，为了能够有效防范网络入侵行为，现要求管理员对相关目标站点部署有针对性的入侵防御措施。该公司网络拓扑图如图 3-14 所示。其中，服务器对应安装 DVWA 的虚拟机，防火墙对应安装 OPNsense 的虚拟机，外部不可信网络 Internet 对应安装 Windows 7 的虚拟机。使用安装 Windows 7 的虚拟机模拟外来用户去访问服务器，要求对 FW1 开启入侵监测功能，并生成日志。

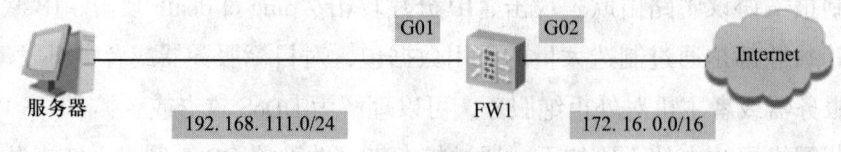

图 3-14　某公司网络拓扑图

操作要求具体如下。

1. 为防火墙分配端口，添加外网端口描述为"G01"、静态 IPv4 地址为"192.168.111.100"，添加内网端口描述为"G02"、静态 IPv4 地址为"172.16.0.200"，这两个端口用于连接服务器，确保服务器与防火墙的连通性。

2. 为防火墙配置基本流量策略，G01 接口与 G02 接口均放行所有流量。

3. 激活防火墙的入侵防御功能，对访问服务器的流量进行实时监测，并生成日志，日志存放条数设为 50 条。

### 三、操作步骤

步骤 1　对设备进行基本网络配置。

（1）打开 VMware Workstation，依次单击"编辑""虚拟网络编辑器"。

（2）在"虚拟网络编辑器"界面添加网络"VMnet11"。

（3）选中"仅主机模式"，配置子网"192.168.111.0"及子网掩码"255.255.255.0"，如图 3-15 所示。

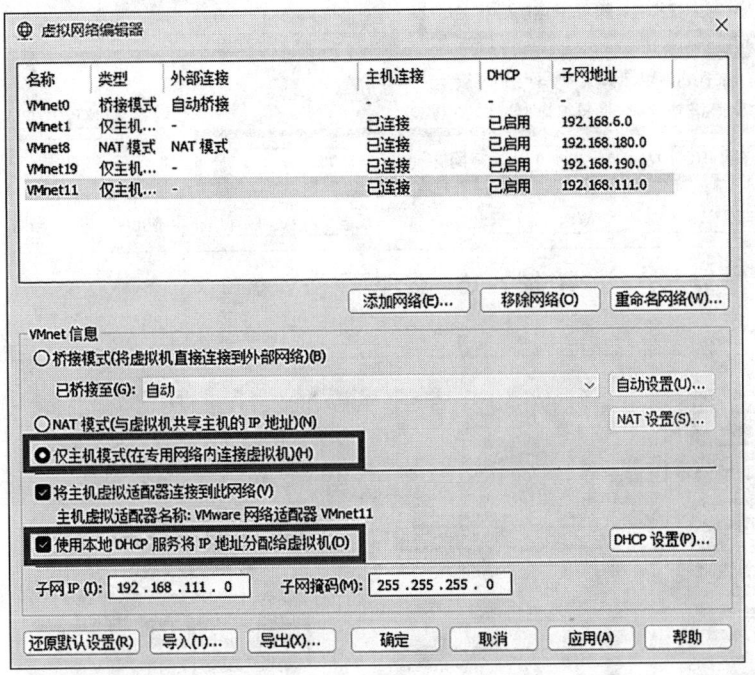

图 3-15　添加网络"VMnet11"

（4）添加网络"VMnet12"，选中"仅主机模式"，配置子网"172.16.0.0"及子网掩码"255.255.0.0"，如图 3-16 所示。

（5）对安装 DVWA 的虚拟机进行设置，添加网络适配器，将网络连接设置成"自定义"，选中"VMnet11（仅主机模式）"，如图 3-17 所示。

（6）对安装 OPNsense 的虚拟机进行设置，添加网络适配器，将网络连接设置成"自定义"，选中"VMnet11（仅主机模式）"；再次添加网络适配器，将网络连接设置成"自定义"，选中"VMnet12（仅主机模式）"，如图 3-18 所示。

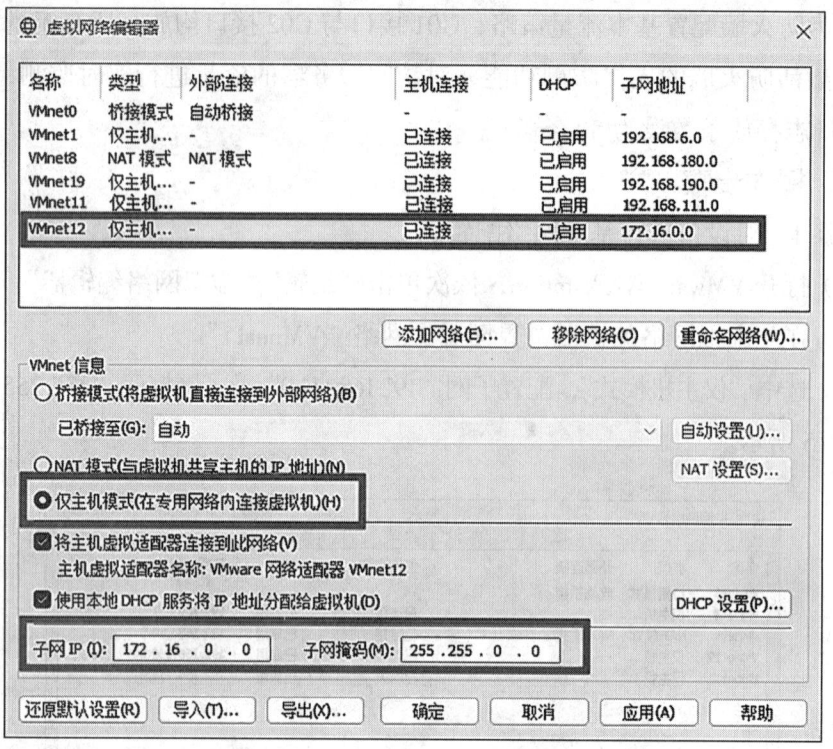

图 3-16 添加网络 "VMnet12"

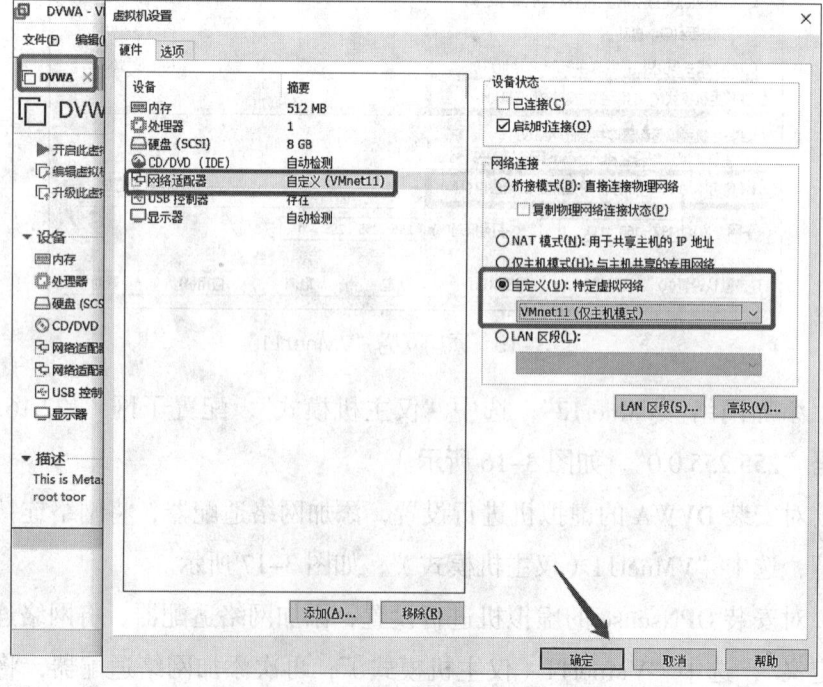

图 3-17 "虚拟机设置"界面 1

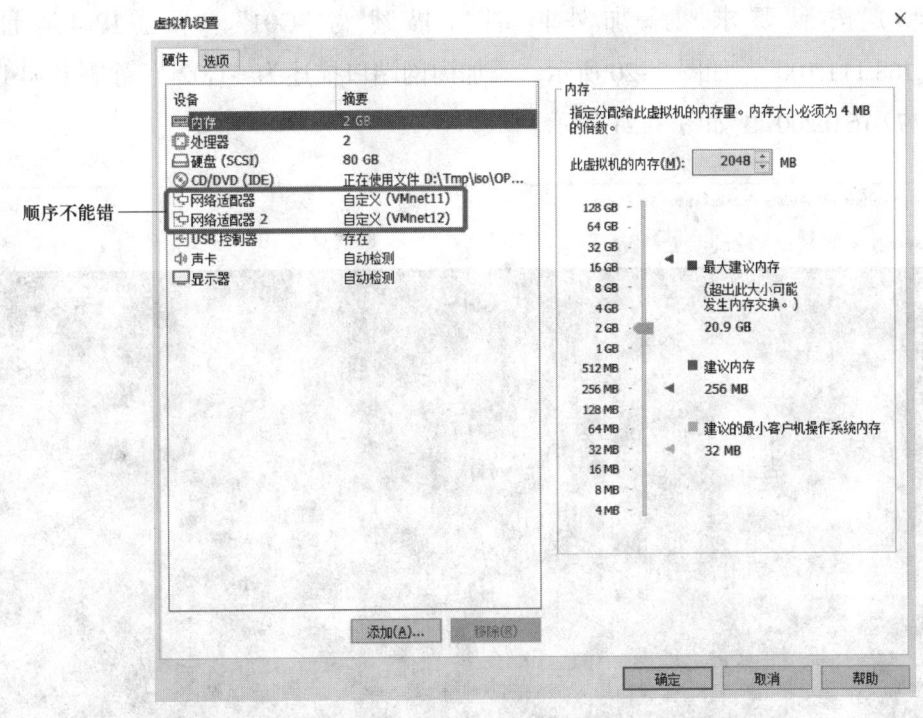

图 3-18 "虚拟机设置"界面 2

（7）对安装 Windows7 的虚拟机进行设置，添加网络适配器，将网络连接设置成"自定义"，选中"VMnet11（仅主机模式）"；再次添加网络适配器，将网络连接设置成"自定义"，选中"VMnet12（仅主机模式）"。

（8）打开安装 OPNsense 的虚拟机，默认用户名为 root、密码为 OPNsense，如图 3-19 所示。

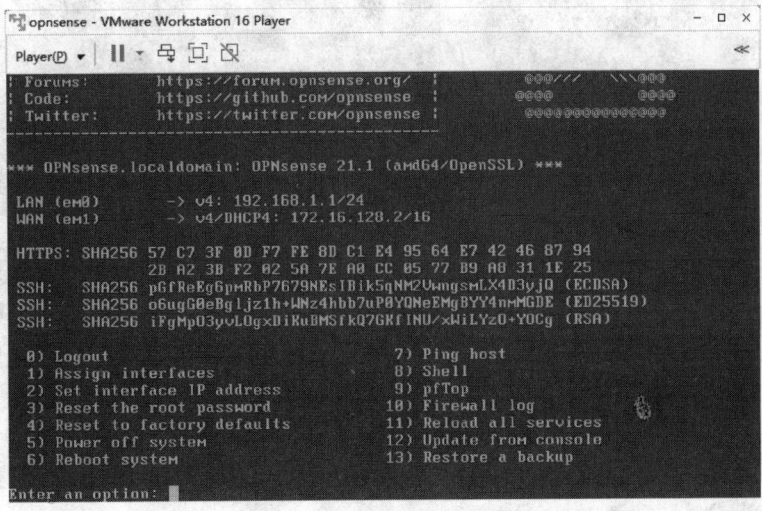

图 3-19 打开安装 OPNsense 的虚拟机

（9）按照要求，添加外网端口描述为"G01"、静态 IPv4 地址为"192.168.111.100"，如图 3-20 所示；添加内网端口描述为"G02"、静态 IPv4 地址为"172.16.0.200"，如图 3-21 所示。

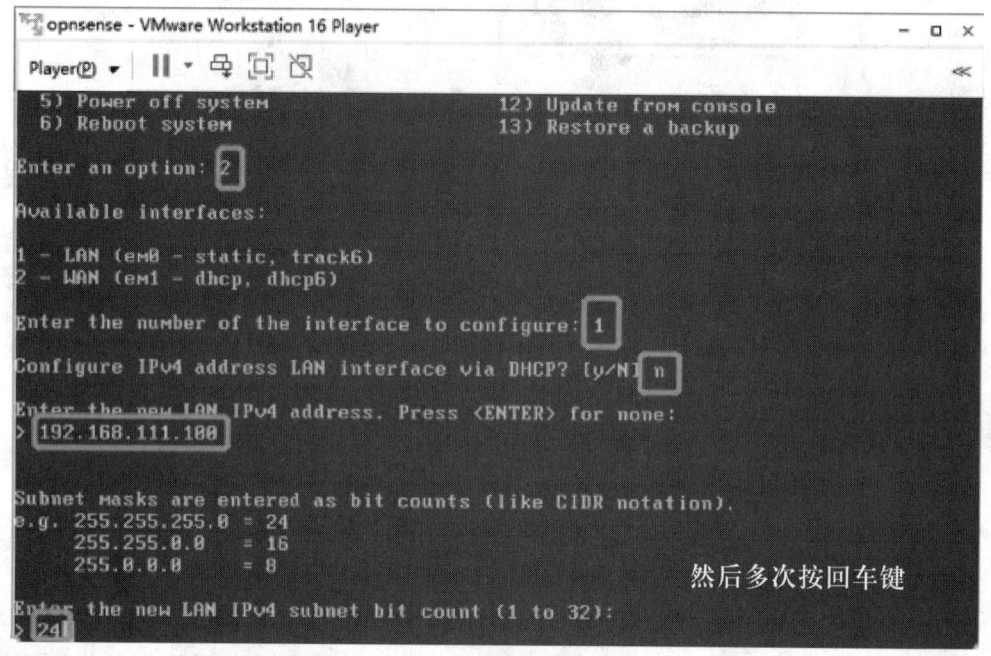

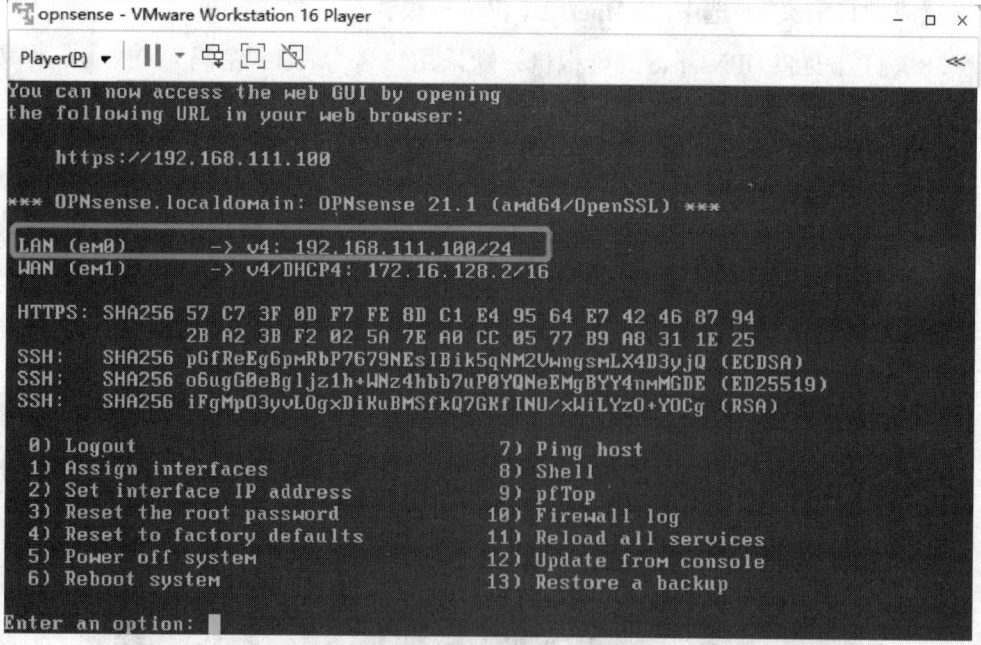

图 3-20 外网端口设置

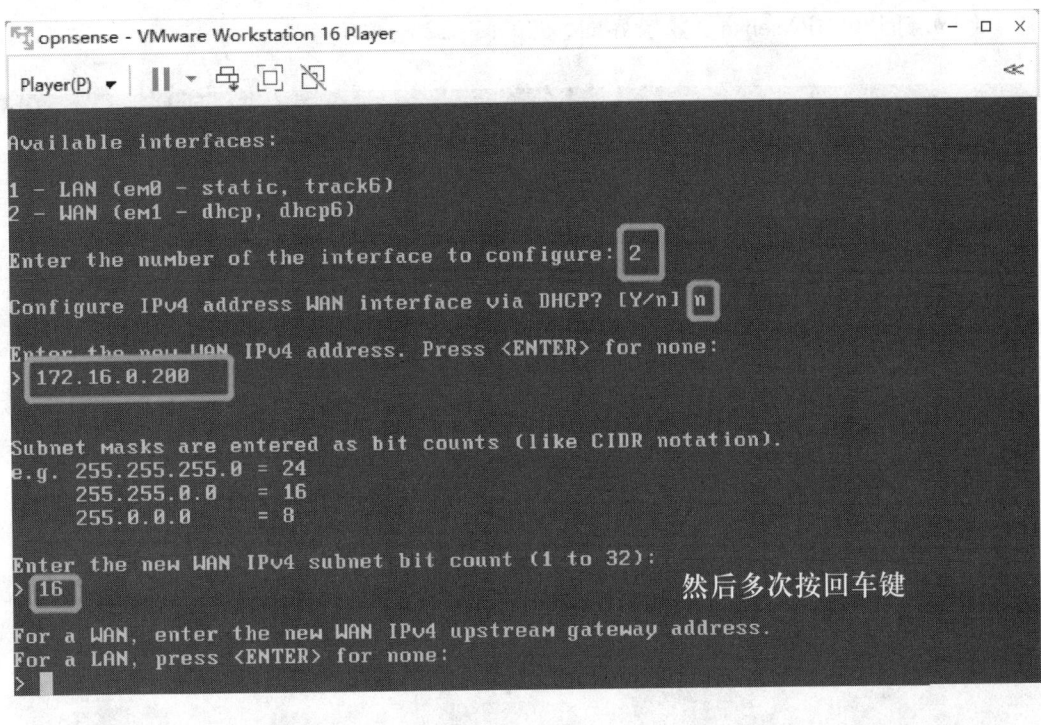

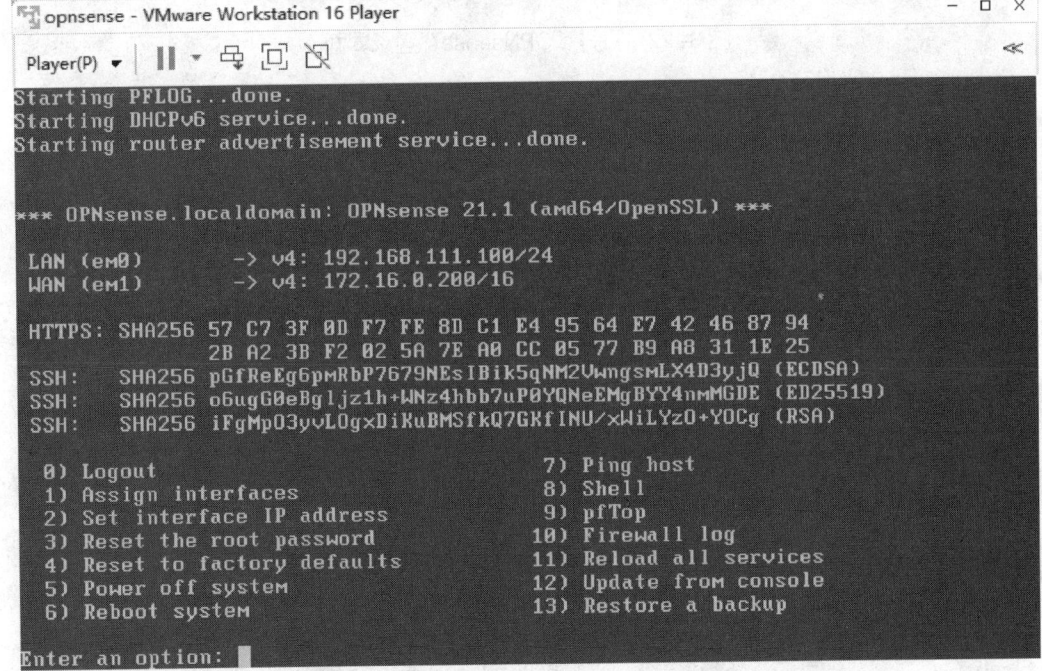

图 3-21　内网端口设置

步骤 2　为防火墙配置基本流量策略，设置 G01 接口、G02 接口均放行所有流量。

（1）打开"OPNsense"登录界面，如图3-22所示。

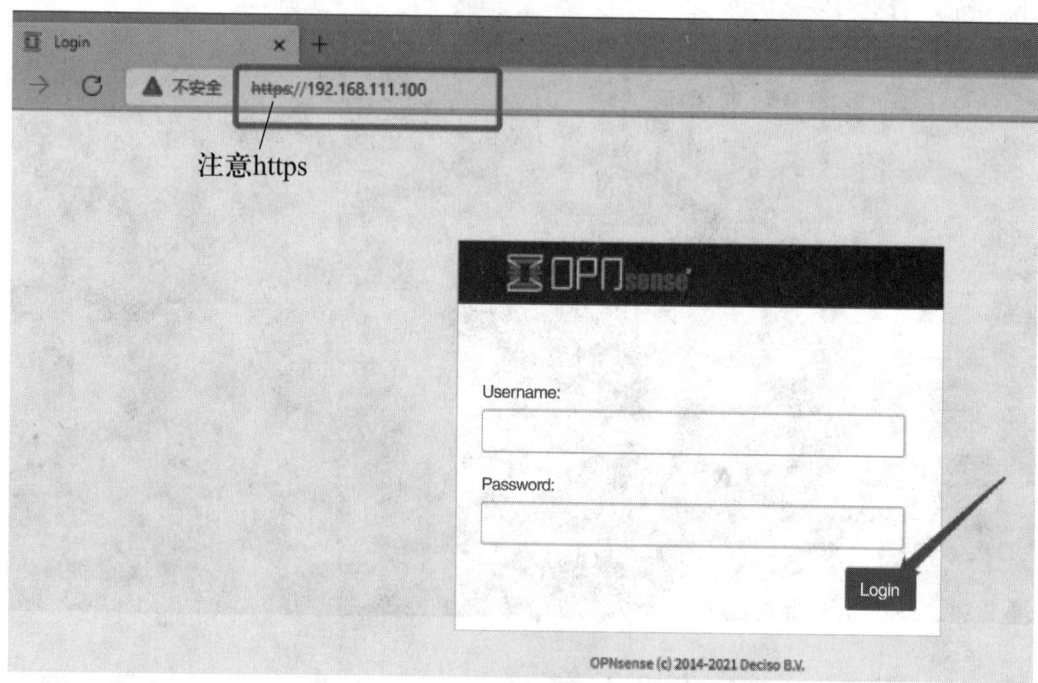

图3-22 打开"OPNsense"登录界面

（2）设置为中文环境，具体操作如图3-23至图3-25所示，"OPNsense"中文环境如图3-26所示。

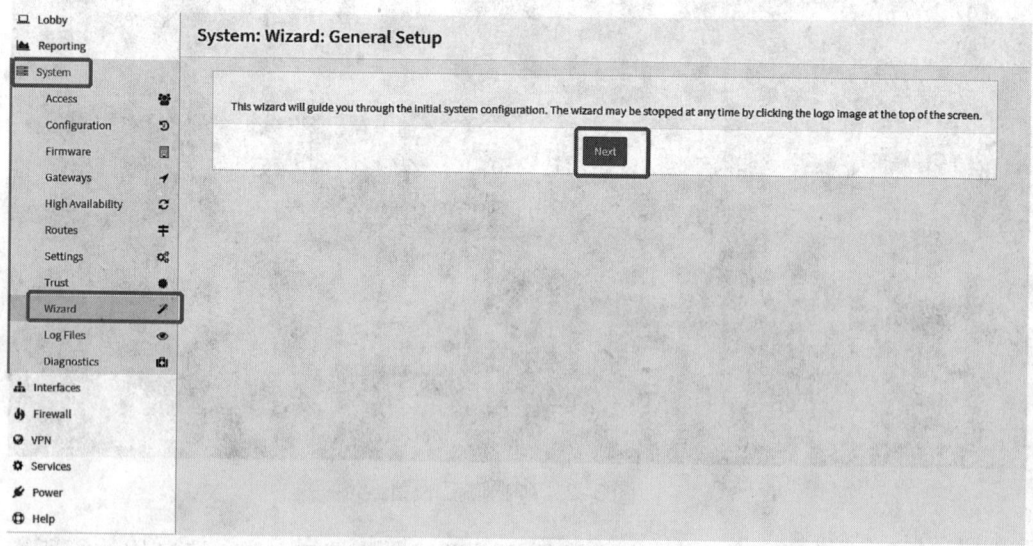

图3-23 依次单击"System""Wizard"

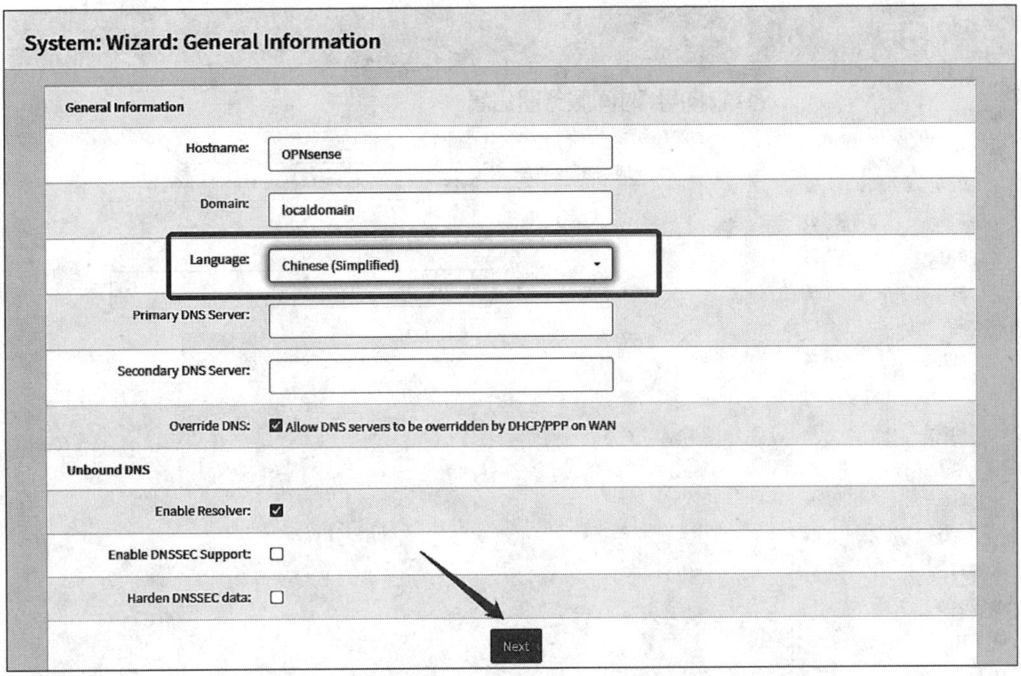

图 3-24 在 Language 下拉式菜单中选择 "Chinese（Simplified）"

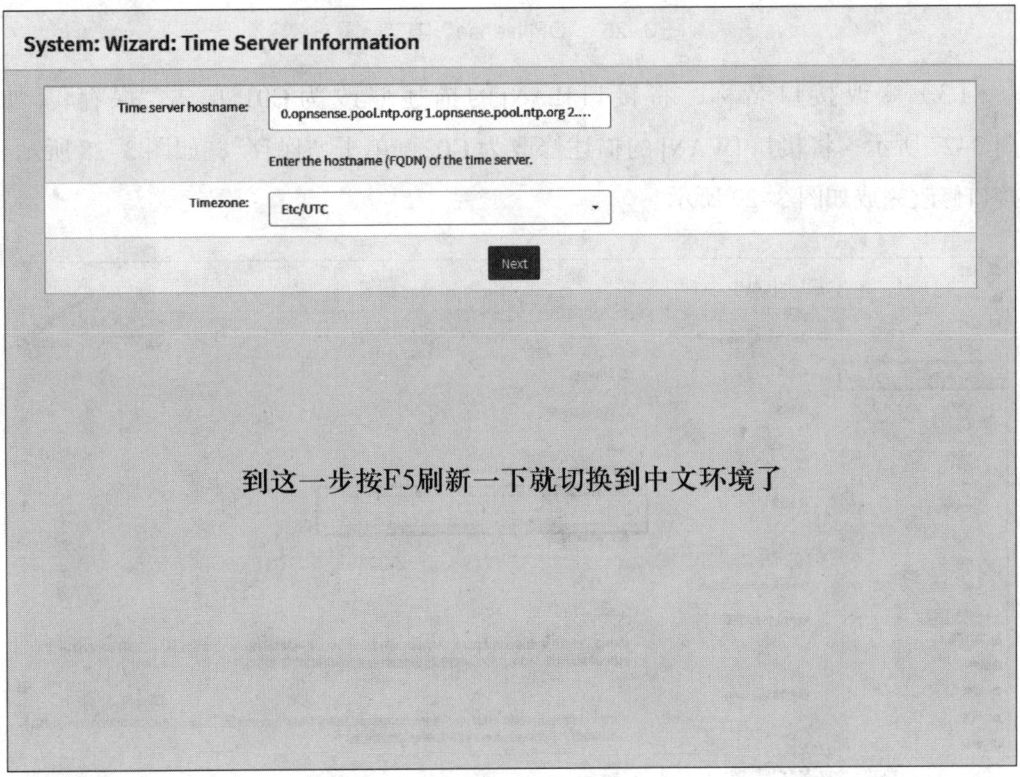

到这一步按 F5 刷新一下就切换到中文环境了

图 3-25 按 F5 刷新

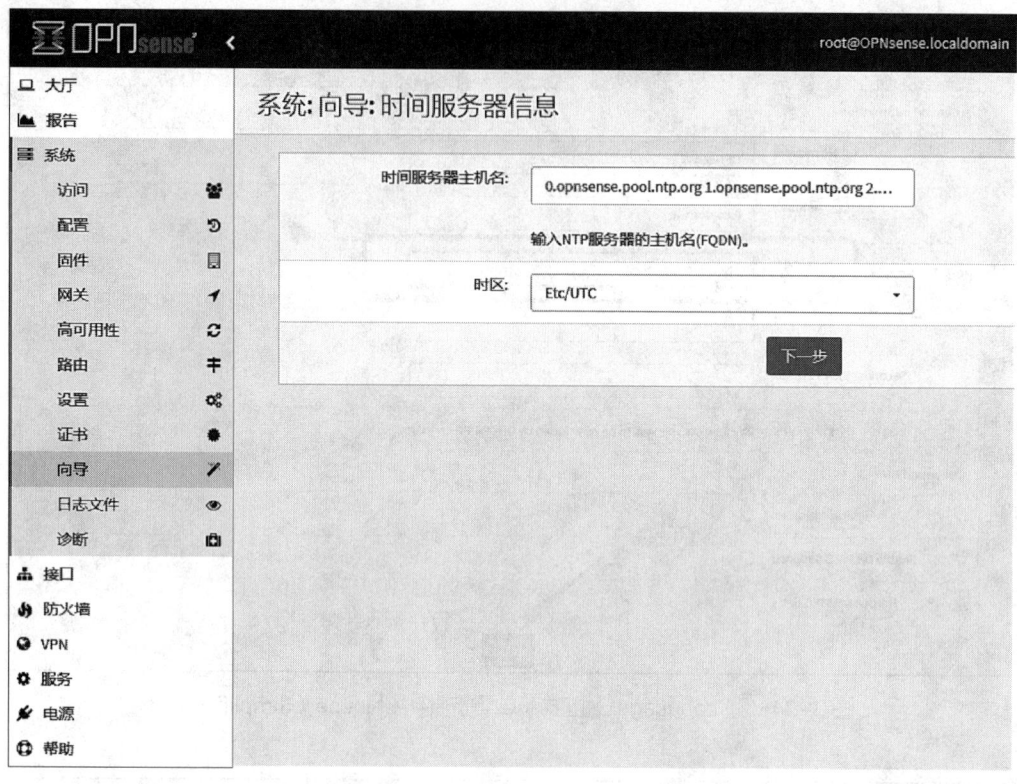

图 3-26 "OPNsense"中文环境

(3)修改接口名称,将接口[LAN]的描述修改为G01,单击"保存",如图 3-27 所示;将接口[WAN]的描述修改为G02,单击"保存",如图 3-28 所示。接口修改完成如图 3-29 所示。

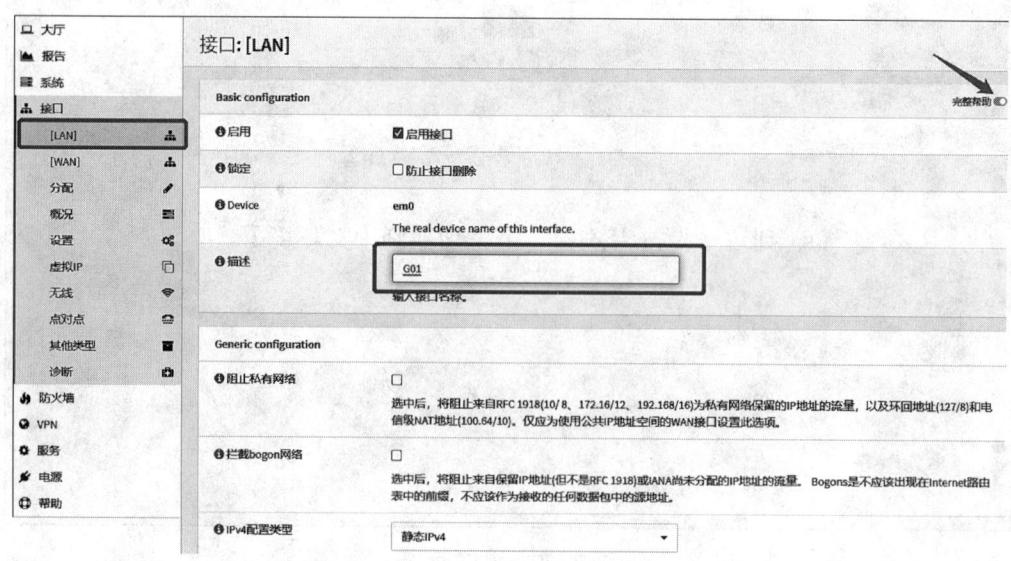

职业模块 3　　网络与信息安全处置

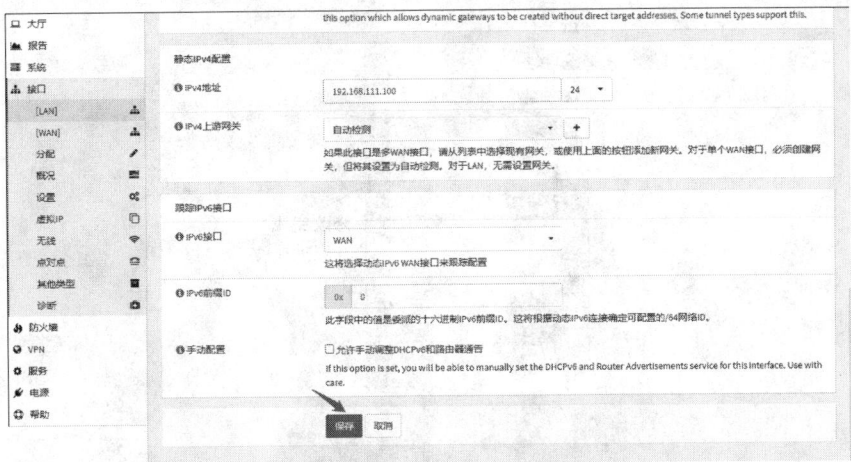

图 3-27　将 [LAN] 的描述改为 G01 并保存

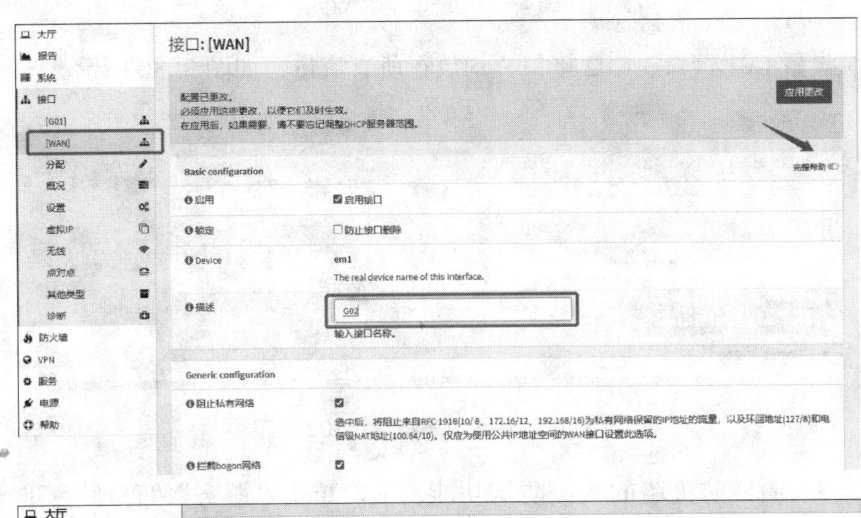

图 3-28　将 [WAN] 的描述改为 G02 并保存

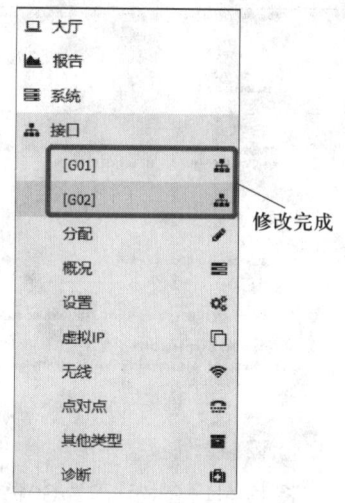

图 3-29 接口修改完成

（4）设置 G01 接口、G02 接口，均放行所有流量，如图 3-30 所示。

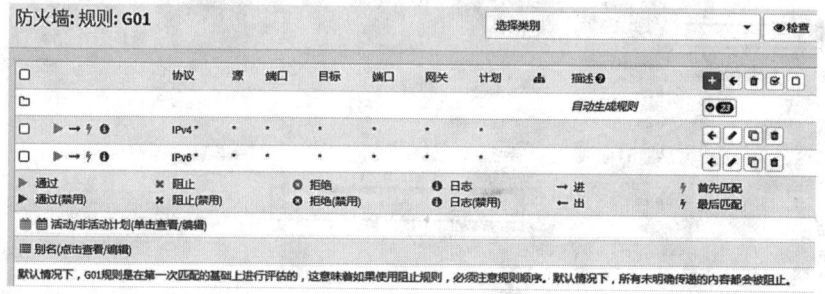

图 3-30 设置 G01 接口、G02 接口

步骤 3 激活防火墙的入侵防御功能，依次单击"服务""管理"，进行设置并单击"应用"，如图 3-31 所示；在"用户自定义"选项卡中添加"警报"操作，设置好内容后依次单击"保存""应用"，如图 3-32 所示。

职业模块 3　网络与信息安全处置

图 3-31　"设置"选项卡的操作

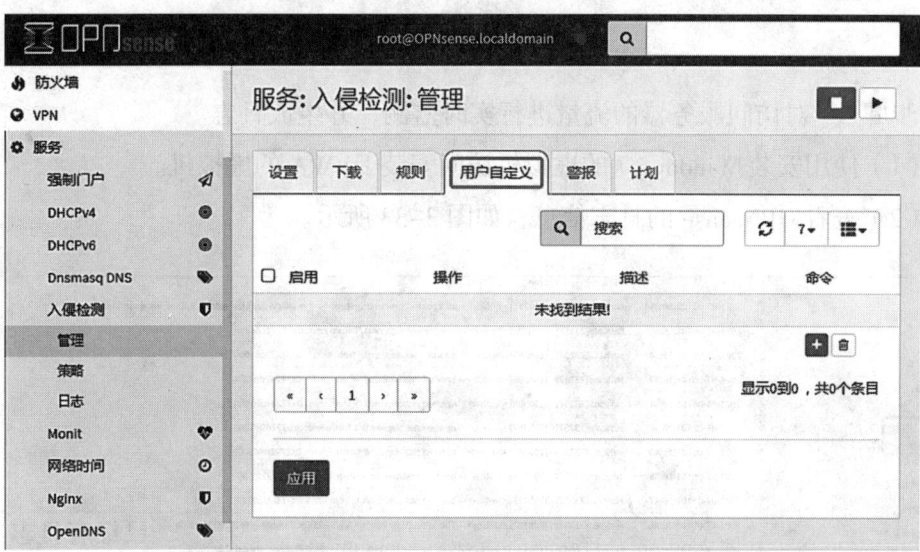

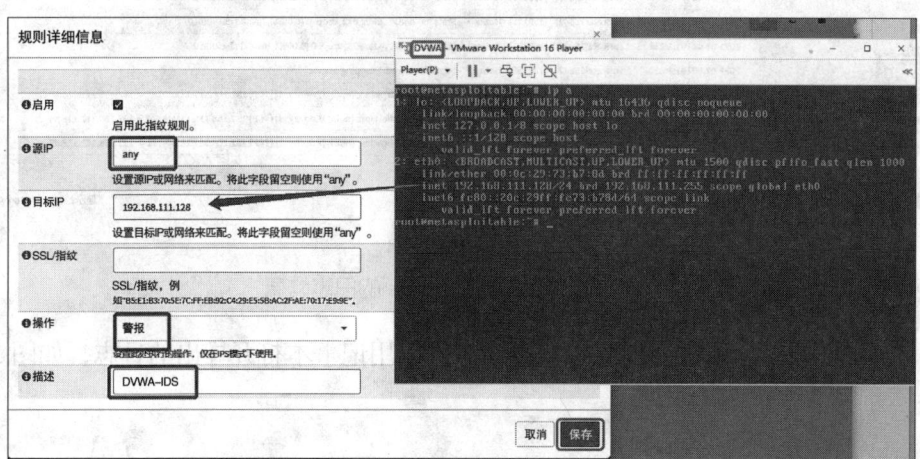

图 3-32 "用户自定义"选项卡的操作

步骤 4  对访问服务器的流量进行实时监测，并生成日志。

（1）使用安装 Windows 7 的虚拟机访问安装 DVWA 的虚拟机。

（2）查看 OPNsense 的日志信息，如图 3-33 所示。

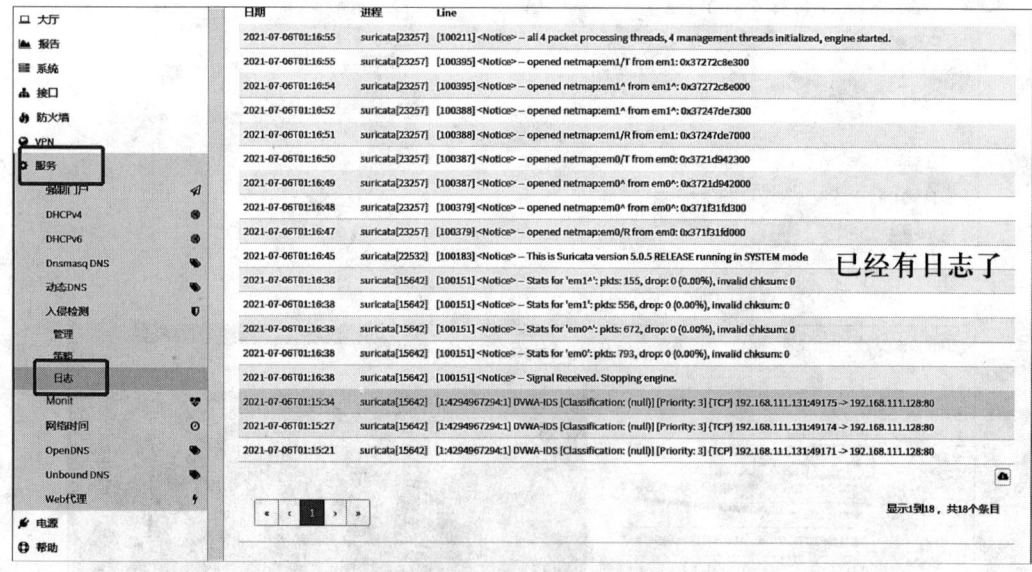

图 3-33  查看 OPNsense 的日志信息

（3）单击右下角图标，导出日志。可以用记事本打开导出的日志，如图 3-34 所示。

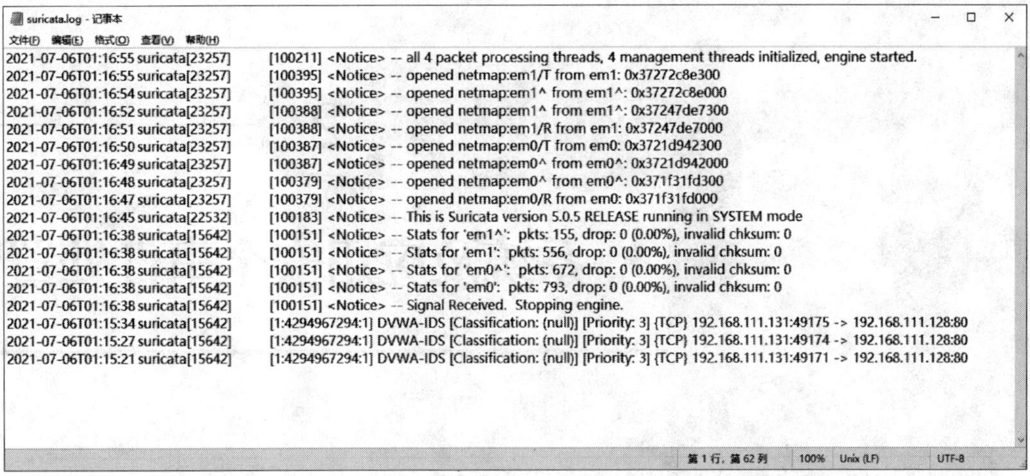

图 3-34　用记事本打开导出的日志

# 培训课程 2

# 系统及应用安全事件处置

## 学习单元 1　常见系统安全事件识别

常见系统安全事件按照处理方式可分为以下几类。

### 一、病毒、木马、蠕虫事件

病毒是以寄生形式存在的。所谓寄生,是指病毒的指令存在于其他可执行程序的空指令部分。例如,在运行可执行程序时,一个 jmp 指令会导致程序跳转到病毒所在的指令处开始执行,执行完毕之后再跳转回正常代码区开始执行可执行程序。

木马是独立存在的,一般具有潜伏期,其文件后缀一般是 .exe、.com、.pif、.scr 等。

蠕虫具有强制传染性,常利用主机的漏洞在网络中传播。蠕虫的一个重要特点是存在扫描模块与感染模块。蠕虫的基本结构如图 3-35 所示。

由病毒、木马、蠕虫导致的入侵事件区别并不明显,因而将其归为一类。

### 二、Web 服务器入侵事件或第三方服务入侵事件

在互联网发展的早期阶段,Web 并非互联网的主流应用,相对来说,基于 SMTP、POP(post office protocol,邮局协议)、FTP 等协议的服务拥有绝大多数用户,加上攻击系统软件能直接获取 root 权限,因此,黑客的主要攻击目标是网络、操作

系统、软件等领域，因而 Web 安全领域的攻击与防御技术均处于非常原始的阶段。

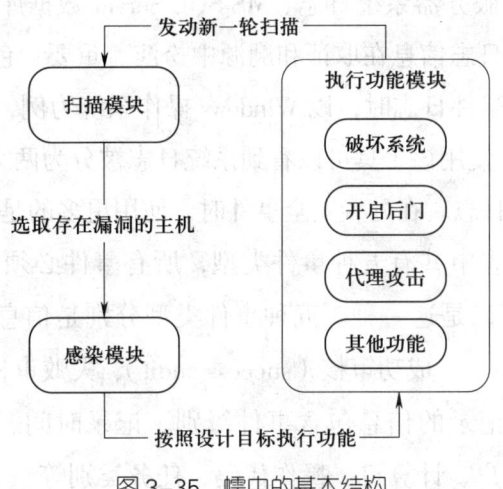

图 3-35　蠕虫的基本结构

在 Web1.0 时代，黑客更关注服务器动态脚本的安全问题，如将一个可执行脚本 webshell（一种黑客经常使用的恶意脚本）上传到服务器，从而获得权限。动态脚本的普及，以及 Web 技术发展初期对安全问题认识的不足，虽然导致很多入侵事件发生，但远未达到不可控的程度。

SQL 注入（即在用户输入的字符串中添加 SQL 语句）大概出现在 1999 年，它很快就成为 Web 安全领域的头号大敌，程序员们不得不夜以继日地修改程序中存在的漏洞。黑客发现通过 SQL 注入进行网络攻击，可以获取很多重要的敏感数据，甚至可以获取系统访问权限。

随着 Web2.0 的兴起，像跨站脚本攻击（XSS 攻击）、跨站请求伪造攻击（CSRF 攻击）等 Web 安全问题如雨后春笋般出现，Web 攻击的思路也从服务器转向客户端，这也促使 Web 安全防控工作走向成熟。目前，越来越多的入侵事件发生在直接面向公众的 Web 层，进而导致服务器被入侵。

### 三、系统入侵事件

利用 Windows 的漏洞入侵、利用弱口令入侵、利用其他服务的漏洞入侵，与 Web 入侵有所区别。发生 Web 入侵事件需要对 Web 日志进行分析，而发生系统入侵事件需要查看操作系统的事件日志。

可以这样理解，系统入侵事件是由操作系统本身配置问题和补丁问题导致的。在黑客对操作系统进行口令爆破或利用漏洞时，均会在操作系统的事件日志中留下痕迹，同时操作系统在其运行的生命周期中会记录大量的日志信息。这些日志信息包括事件日志、服务器系统日志、MS SQL Server 数据库日志等。处理应急系统入侵事件时，这些日志信息在取证和溯源中扮演着重要角色。

查看操作系统的事件日志时，以 Windows 操作系统为例，可以使用系统自带的"事件查看器"工具。使用该工具可以看到系统日志被分为两大类：Windows 系统日志、应用程序和服务日志。在处置安全事件时，使用更多的是 Windows 系统日志。

Windows 系统日志中共有五种事件类型，所有事件必须属于这五种事件类型的其中一种，且只可以是这一种。五种事件类型分别是信息（information）、警告（warning）、错误（error）、成功审核（success audit）、失败审核（failure audit）。

Windows 日志中记录的信息包含事件级别、记录时间、事件来源、事件 ID、事件描述、涉及的用户、计算机、操作代码、任务类别等。其中，事件 ID 与操作系统版本有关，表 3-1 列出的事件 ID 适用于 Vista/Windows 7/Windows 8/Windows 10/Windows Server 2008/Windows Server 2012 等版本的操作系统。

表 3-1 事件 ID

| 事件 ID | 说明 |
| --- | --- |
| 1102 | 清理审核日志 |
| 4624 | 账户登录成功 |
| 4625 | 账户登录失败 |
| 4768 | Kerberos 身份验证 |
| 4769 | Kerberos 服务票证请求 |
| 4776 | NTLM 身份验证 |
| 4672 | 授予特殊权限 |
| 4720 | 创建用户 |
| 4726 | 删除用户 |
| 4728 | 将成员添加到启用安全的全局组中 |
| 4729 | 将成员从安全的全局组中移除 |
| 4732 | 将成员添加到启用安全的本地组中 |
| 4733 | 将成员从启用安全的本地组中移除 |
| 4756 | 将成员添加到启用安全的通用组中 |
| 4757 | 将成员从启用安全的通用组中移除 |
| 4719 | 系统审核策略修改 |

在 Windows Server 2016 中，各类日志存储位置如下：安全日志在"%SystemRoot%\System32\Winevt\Logs\Security.evtx"，系统日志在"%SystemRoot%\System32\Winevt\Logs\System.evtx"，应用日志在"%SystemRoot%\System32\Winevt\Logs\Application.evtx"。

在真实的安全事件溯源中，会对安全事件进行高效应急响应，多会借助第三方工具，如 Log Parser、星图等 Windows 安全日志分析工具，为管理员快速提取更多的有用信息。

### 四、网络攻击事件

网络攻击事件是指通过网络或其他技术手段，利用信息系统的配置缺陷、协议缺陷、程序缺陷或对信息系统实施暴力攻击，造成信息系统异常或对信息系统当前运行造成潜在危害的安全事件。网络攻击事件包括拒绝服务攻击事件、后门攻击事件、漏洞攻击事件、网络扫描窃听事件、网络钓鱼事件、干扰事件和其他网络攻击事件。

技能要求

## 日志分析

### 一、操作准备

Windows Server 2016 服务器环境。

### 二、操作要求

为了保证服务器安全稳定运行，管理员采用 Windows 日志功能对服务器登录用户的行为进行分析，操作要求具体如下。

1. 打开 Windows 日志功能，对用户登录行为进行分析。

2. 筛选近 24 小时登录成功的用户记录，并将日志保存至桌面。

### 三、操作步骤

步骤1　利用 Windows 日志功能，对用户登录行为进行分析。

（1）单击"开始"，在搜索框中输入"eventvwr"并按下回车键，在匹配的结果中单击"事件查看器"，如图 3-36 所示。

图 3-36 "事件查看器"位置

（2）在"事件查看器"界面中，打开"Windows 日志"界面，如图 3-37 所示。

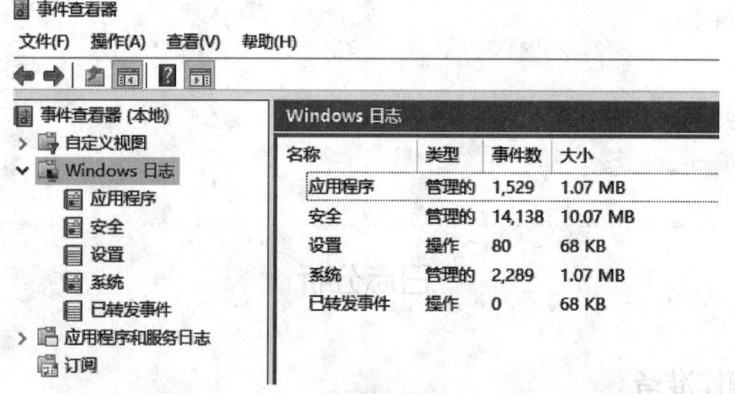

图 3-37 "Windows 日志"界面

（3）打开"安全"界面，可以从关键字、记录时间、事件 ID、任务类别等方面查看用户的登录状态，如图 3-38 所示。

（4）在右侧操作栏中单击"筛选当前日志"，对当前日志进行筛选，如图 3-39 所示。

（5）在"筛选当前日志"界面中，在"所有事件 ID"处输入事件 ID "4625"，将系统中所有登录失败的日志筛选出来，如图 3-40 所示。

（6）返回"事件查看器"界面，可看到所显示的系统日志均为审核失败状态，如图 3-41 所示。在"常规"选项卡中，会对用户的登录失败状态做记录，"常规"选项卡内容如图 3-42 所示。

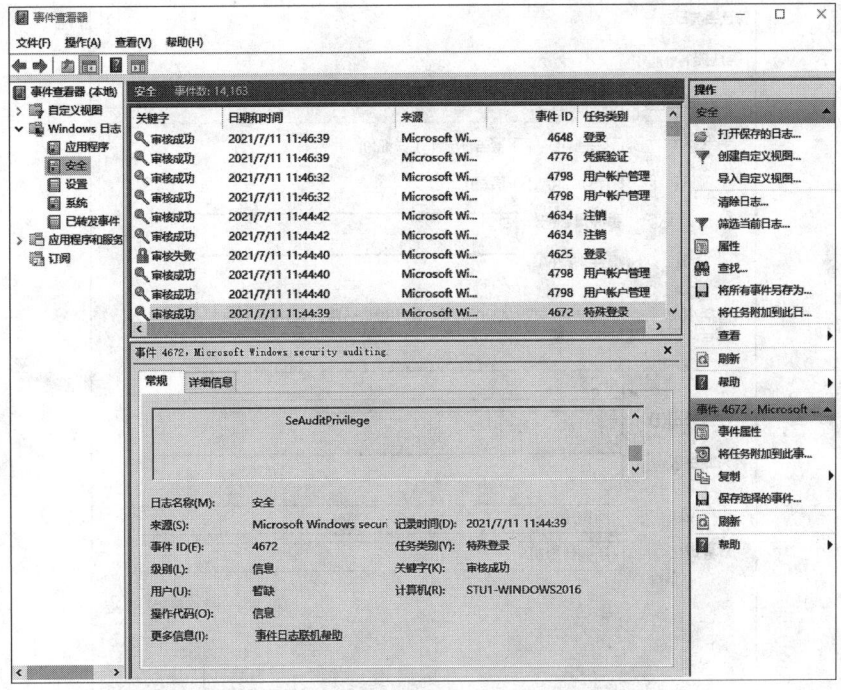

图 3-38　通过安全日志查看用户状态

图 3-39　筛选当前日志界面

图 3-40 筛选所有登录失败的日志

图 3-41 审核失败状态的系统日志

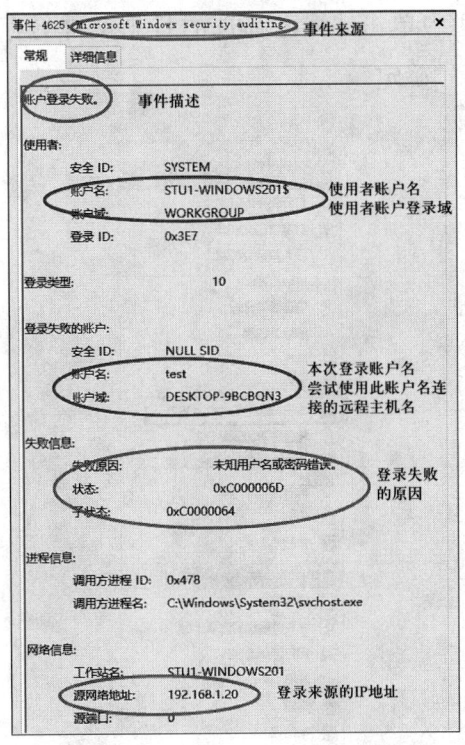

图 3-42 "常规"选项卡内容

步骤 2 筛选近 24 小时登录成功的记录,并将日志保存至桌面。

(1)打开"筛选当前日志"界面,在记录时间的下拉式菜单中选择"近 24 小时",输入事件 ID "4624",单击"确定",如图 3-43 所示。

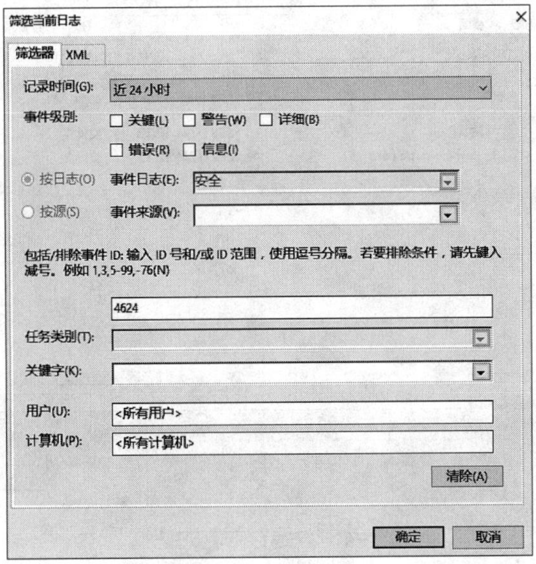

图 3-43 筛选近 24 小时登录成功的记录

（2）在右侧操作栏中单击"将已筛选的日志文件另存为"，如图3-44所示。在弹出的对话框中单击"确定"。

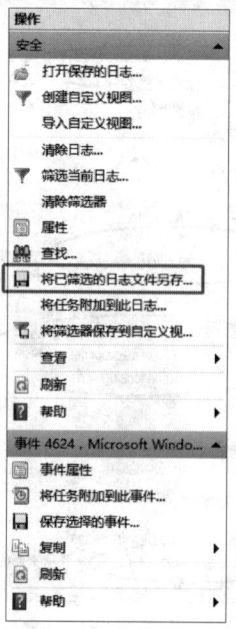

图3-44 "将已筛选的日志文件另存为"位置

（3）在弹出的"另存为"对话框中，选择"桌面"，输入文件名"登录成功"，单击"保存"，如图3-45所示。

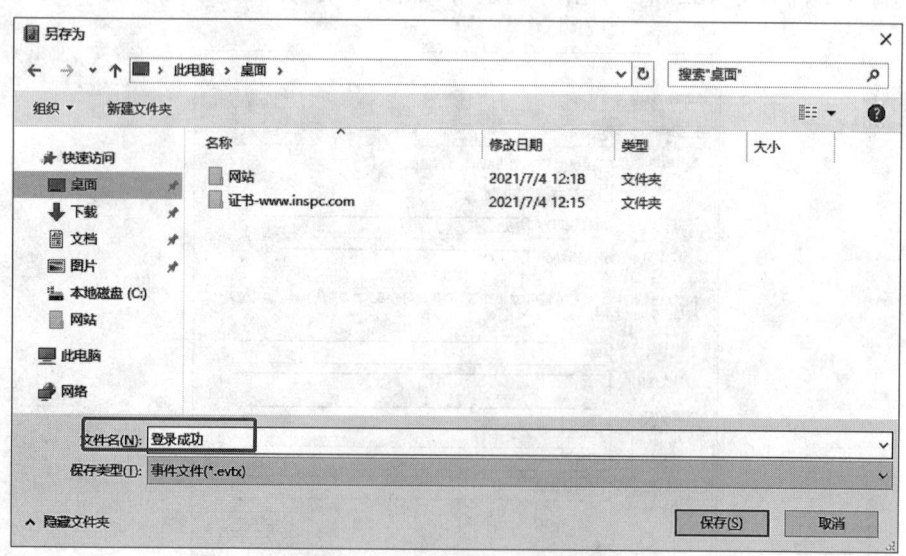

图3-45 "另存为"对话框

## 学习单元 2　恶意代码检测及清除

知识要求

### 一、恶意代码工作基本原理

恶意代码需要运行起来才可能产生危害，如窃取数据、恶意控制等。这些恶意代码在进行攻击时常见的一些行为包括以下几类：文件类操作，如创建恶意文件、删除用户文件、读取机密文件、恶意加密用户文件等；进程或服务类操作，如创建进程拖慢系统运行速度等；网络连接类操作，如建立网络连接下载恶意程序或向外传送数据等；其他操作，如创建账户、修改注册表等。

鉴于恶意代码常有以上行为，可以通过监测系统运行时的一些状态进行汇总分析，以发现恶意攻击。

### 二、恶意代码扫描与清除

Windows Defender 的定义库更新频繁。它不像其他同类免费产品一样只能扫描系统，它还可以对系统进行实时监控，移除已安装的 Active X 插件，清除大多数微软程序和其他常用程序的历史记录。在 Windows 10 版本中，Windows Defender 添加了右键扫描和离线杀毒功能，查杀率得到提高。

Windows Defender 具有三种扫描类型，分别是完全扫描、快速扫描、自定义扫描。在工具（Tools）界面中，用户可以通过选项（Options）对 Windows Defender 的实时防护、自动扫描计划进行修改，或进行更高级的设置。用户可以在工具界面中加入 Microsoft Spynet 社区，以及对已隔离程序进行处理。用户可以通过单击"检查更新"，或使用 Windows Update 对 Windows Defender 进行升级。在 Windows Server 2016 中，Windows Defender 会配合操作中心防范恶意软件，以维护 Windows 稳定安全运行。

## Windows Defender 配置

### 一、操作准备

Windows Server 2016 服务器环境。

### 二、操作要求

为了保证服务器安全稳定运行，管理员采用 Windows Defender 功能定期对服务器进行全盘查杀，确保服务器中无任何已知的木马、后门等。

操作要求具体如下。

1. 开启 Windows Defender 主动保护功能。

2. 通过 Windows Defender 功能对服务器进行全盘查杀。

### 三、操作步骤

步骤1　开启 Windows Defender 主动保护功能。

（1）单击"开始"，在搜索栏中输入"Windows Defender 设置"，选择匹配的结果，打开"Windows Defender 设置"界面。

（2）开启"实时保护""基于云的保护"功能。

步骤2　使用 Windows Defender 功能对服务器进行全盘查杀。

（1）再次打开"Windows Defender 设置"界面，在"扫描选项"处选中"完全"，单击"立即扫描"，如图 3-46 所示。

图 3-46　进行完全扫描

（2）等待完全扫描完成，单击"清理电脑"，即可清除木马，如图 3-47 所示。

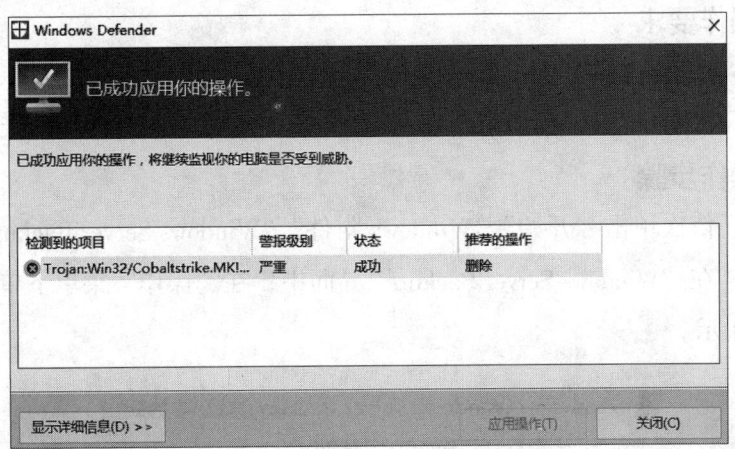

图 3-47　清除木马

# 学习单元 3　应用数据恢复

数据备份是应对数据丢失等问题最好的方法，一旦数据遭到破坏，首先应该想到的就是还原备份数据。如果前期没有备份数据，就只能考虑进行数据恢复了。数据恢复按照恢复方式可以分为软恢复和硬恢复。软恢复又称逻辑恢复，一般借助一些软件工具通过修复文件系统、文件格式等完成数据恢复。硬恢复又称物理恢复，一般需要处理磁盘坏道、磁盘固件等问题。

## Windows Server Backup 数据恢复

### 一、操作准备

1. Windows Server 2016 服务器环境。

2. 已完成备份策略下的文件备份。

## 二、操作要求

某网站管理员在对网站资源进行梳理时，误将部分文件删除，现要通过 Windows Server Backup 功能使用最近一次的备份对"C:\www"网站目录进行恢复。

## 三、操作步骤

步骤1　依次单击"开始""Windows 附件""Windows Server Backup"。

步骤2　在"Windows Server Backup"界面中，在"操作"菜单下单击"恢复"，如图 3-48 所示。

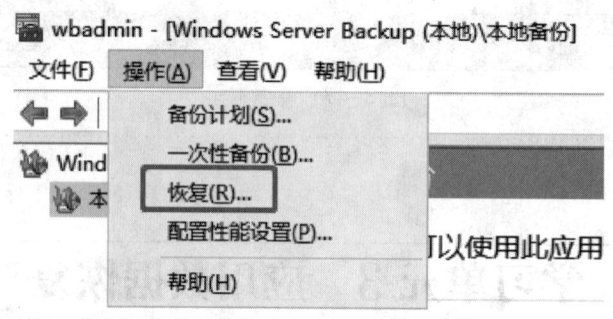

图 3-48　"恢复"位置

步骤3　在"开始"界面中，选中"此服务器"，单击"下一步"，如图 3-49 所示。

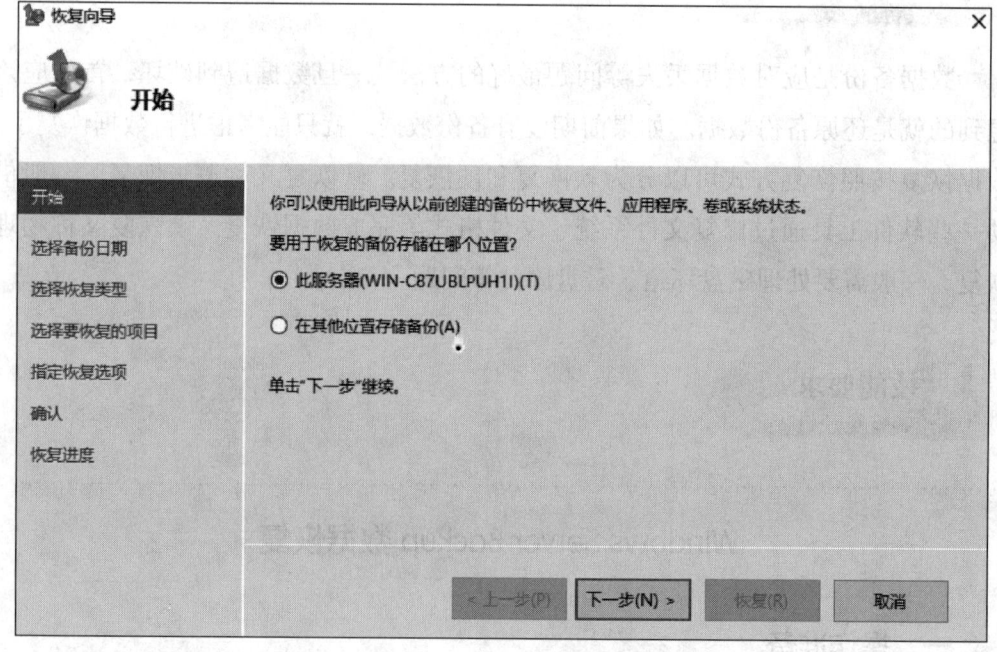

图 3-49　选中"此服务器"

步骤 4 在"选择备份日期"界面中,选择最近的一次备份,单击"下一步",如图 3-50 所示。

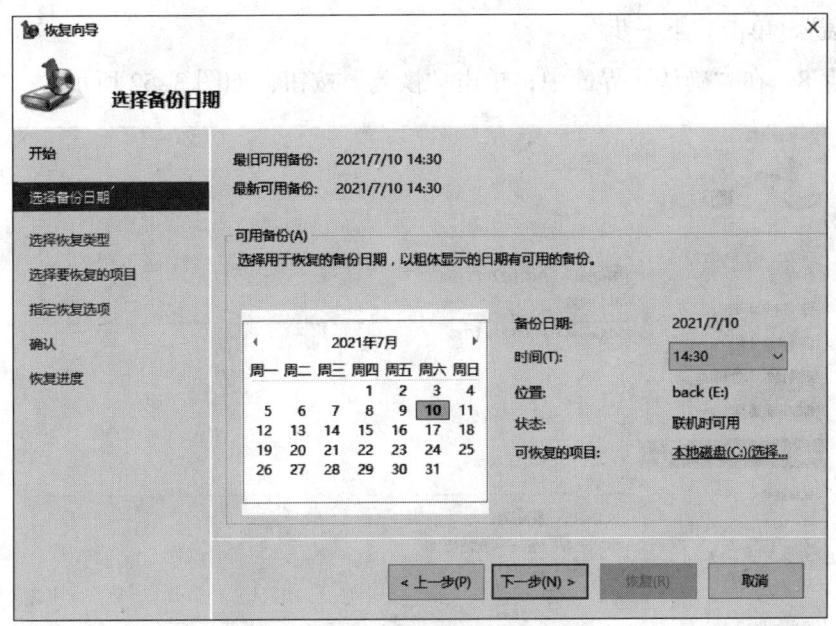

图 3-50 选择最近的一次备份

步骤 5 在"选择恢复类型"界面中,选中"文件和文件夹",单击"下一步",如图 3-51 所示。

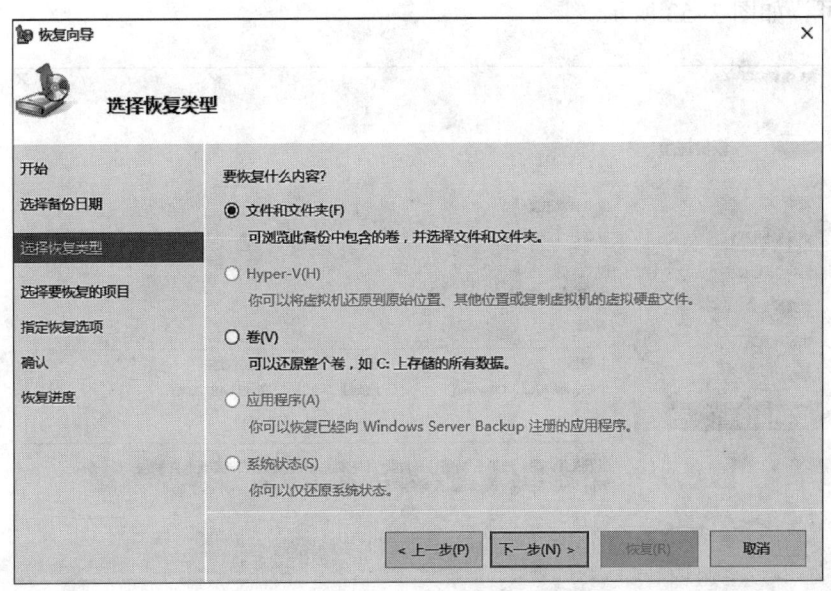

图 3-51 选中"文件和文件夹"

步骤 6 在"选择要恢复的项目"界面中,选择备份至"C:\www",单击"下一步"。

步骤7 在"指定恢复选项"界面中,选中"原始位置",选中"使用已恢复文件覆盖",单击"下一步"。

步骤8 在"确认"界面中,单击"恢复"按钮,如图3-52所示。

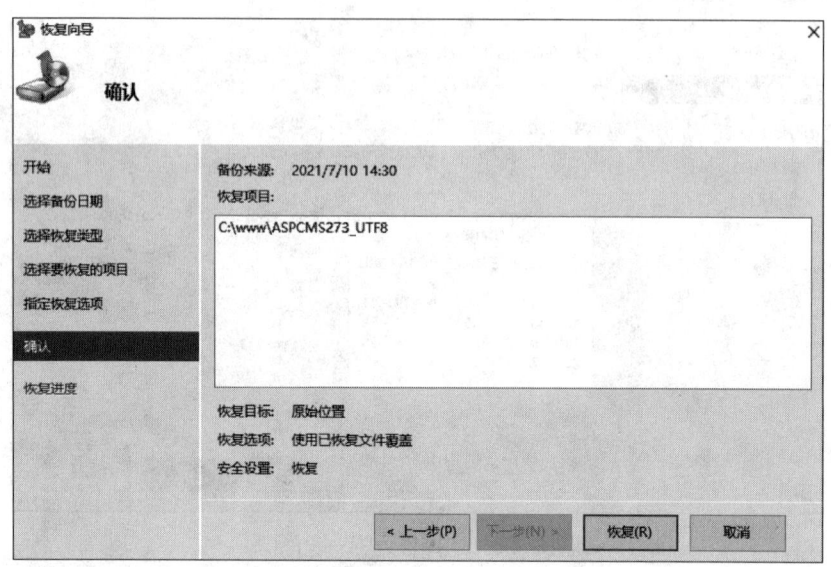

图3-52 "确认"界面

步骤9 在"恢复进度"界面等待恢复,当状态显示"已完成"时,单击"关闭"即可,如图3-53所示。

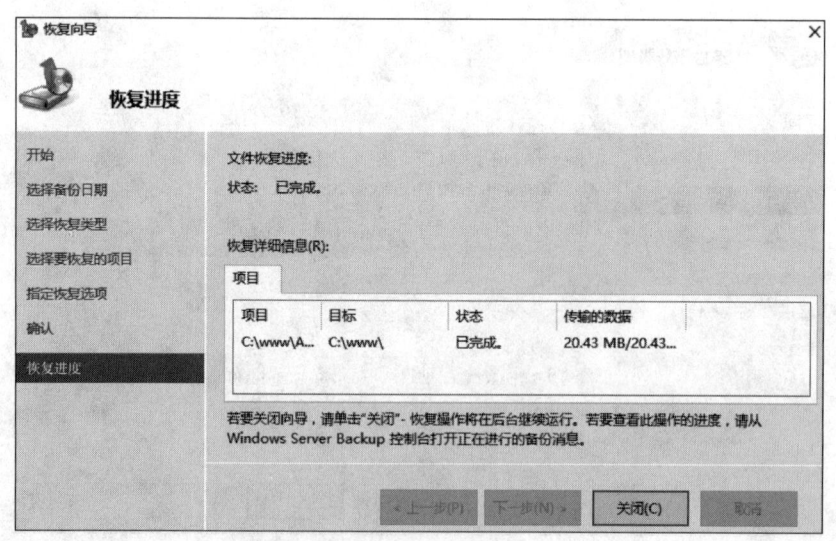

图3-53 完成恢复